北大社普通高等教育“十三五”规划教材
西北师范大学教材建设项目资助出版

概率论与数理统计

（基于 R 语言）

主　编　杨　宏　孙晋易

内 容 简 介

本书是在数据科学与人工智能科学飞速发展的新形势下，结合各专业学生“概率论与数理统计”课程的教学基本要求，在编者多年教学经验的基础上编写而成的.

全书内容包括概率论、数理统计和R语言初步知识等. 本书保持了对数学基础课程的较高要求，同时力争适应大数据时代下学生必须会应用概率论与数理统计知识解决实际问题的特点，在内容和结构的处理上尽量削枝强干、分散难点，力求结构严谨、逻辑清晰、通俗易懂，尤其是在附录中结合了开源的R语言编程和应用的基础，演绎与归纳并举，有利于加强学生对概率论与数理统计知识的理解与应用.

本书可作为高等学校各专业学生“概率论与数理统计”课程的教材，也可供相关教师和工程技术人员参考.

前言

“概率论与数理统计”是大学数学中的一门重要课程，包括概率论和数理统计两大部分，是处理和解决工程领域中大量随机问题的有力工具. 经验表明，学生在学习这两部分内容并把它们应用于实际时，往往感到困惑，无所适从. 这是因为概率论与数理统计内容不仅逻辑缜密，而且有异于确定性数学的思维方式，也是因为学生自身对统计软件的应用能力不足. 因此，把握数字化教学改革的发展趋势，探索教学体系和教学内容的变迁轨迹，编写一本能适应数据科学与人工智能科学飞速发展的新形势，应用驱动需求的概率论与数理统计教材是非常有必要的.

另外，概率论与数理统计作为高等学校一门重要的基础理论课，对提高学生的数学素养，优化知识结构，培养学生的逻辑思维能力、抽象思维能力、分析问题和解决问题的能力，提高创新意识，并为后续课程的学习打下坚实的数学基础起着重要的作用，在基础理论课中有着重要的地位. 为此，编者结合多年的教学实践经验，编写了这本概率论与数理统计教材. 全书共 8 章，另加附录和附表，前 8 章主要介绍概率论和数理统计的基础知识，附录主要介绍开源统计软件 R 语言的基础知识及 R 语言中内嵌的概率分布函数和描述性统计函数，方便学生结合前 8 章进行归纳学习. 例如，在学习第 1 章时，学生可以花少许时间自学附录 A 中的 R 语言基础；在学习第 2 章时，学生可以结合附录 B 中 R 语言内嵌的概率分布举例，演绎与归纳并举，加强对概率分布的理解；在学习数理统计部分时，学生可以结合附录 B 与附录 C，从数据出发，对数理统计的应用产生新的认识，提高学习兴趣.

本书由杨宏制订编写框架并汇总统稿，第 1，3，6，7，8 章及附录与附表由杨宏编写完成，第 2，4，5 章由孙晋易编写完成.

本书由西北师范大学教材建设项目资助出版，编写过程中得到了西北师范大学教务处及数学与统计学院的大力支持和帮助，付小军、龚维安、赵子平、彭博文提供了版式和装帧设计方案，在此一并表示衷心的感谢！

由于编者水平所限，书中尚有不妥及错误之处，恳请同行和读者批评指正.

杨宏　孙晋易

西北师范大学

2024 年 4 月

目录

第1章

概率论的基本概念

概率论是研究随机现象统计规律性的一门数学学科.人们通常将自然界或社会中出现的现象分成两类:一类是**确定性现象**,即一旦满足某种条件就必然会发生的现象.例如,同性电荷必然互相排斥,在室温下生铁必然不会熔化,在标准大气压下将水加热到 100 ℃ 必然沸腾.另一类是**非确定性现象**,人们也称之为**随机现象**,即在满足一定条件后,可能发生也可能不发生的现象.例如,抛一枚硬币,可能正面朝上,也可能反面朝上;远距离射击较小的目标时,可能击中,也可能无法击中;机床加工生产的产品,可能是合格品,也可能是次品.

在事物的联系和发展过程中,随机现象是客观存在的,在事物的表面体现了发展的偶然性,但是这种偶然性又始终受到事物内部隐藏的必然性的支配.科学的任务就是要从错综复杂的偶然性中揭露出潜在的必然性,即事物发展的客观规律性.这种客观规律性是从大量的随机现象中得到的.概率论的主要任务就是寻求随机现象发生的客观规律,并对随机现象发生可能性的大小给出度量方式及算法.

1.1　随机事件及运算

1.1.1　随机试验

人们通过长期的反复观察和实践,逐渐发现所谓的不可预言,只是对一次或者少数几次观察或实践而言的,当在相同条件下进行大量重复观察时,偶然现象将呈现出某种规律性,因而也是可以预言的.例如,根据各个国家各个时期的人口统计资料,新生婴儿中男婴和女婴的比例大约总是接近1∶1.又如,人的身高虽然各有不同,但通过大量统计,如果在一定范围内把人的身高按所占的比例画出“直方图”,就可以连成一条和铜钟的纵剖面相类似的曲线;定点海面在一段时间内的浪高,也可以画出类似的曲线,如图 1.1.1 所示.

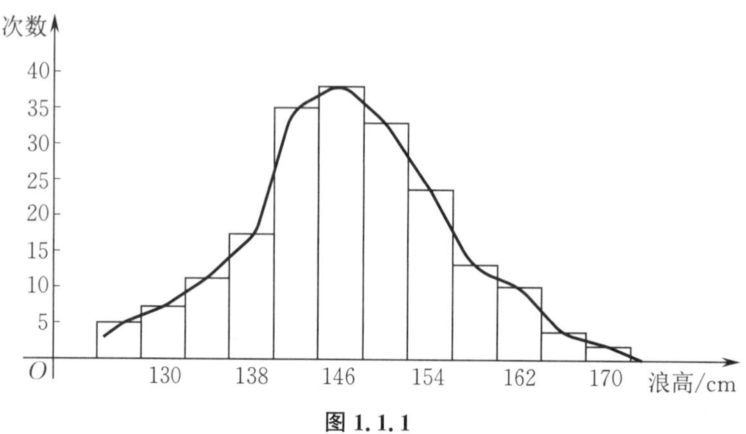

图 1.1.1

尽管在一次观察中随机现象的结果不能确定,但在人们经过长期的实践并深入研究之后,发现对随机现象进行大量重复试验或观察时,又会呈现出一定的规律性. 这种在同等条件下进行大量重复试验或观察时所呈现出的规律性,称为**统计规律性**.

人们是通过试验去研究随机现象的. 在概率论中,我们常把对某种自然现象的一次观察、测量或实验,统称为一个试验. 如果一个试验在相同的条件下可以重复进行,且试验可能出现的全部结果已知,但是每次试验的结果在试验以前是不可预知的,那么称这种试验为**随机试验**,简称**试验**,并用字母 E 表示.

下面给出一些随机试验的例子.

E_1:掷一颗均匀对称的骰子,观察出现的点数;

E_2:记录一段时间内,某城市居民拨打"110" 报警的次数;

E_3:从装有三个白球与两个黑球的袋中任取两个球,观察两个球的颜色;

E_4:从一批灯泡中任取一只,观察灯泡正常工作的时间 t(单位:h);

E_5:测量车床加工的零件的直径 x(单位:mm).

随机试验是产生随机现象的过程,随机试验和随机现象是并存的,通过随机试验进行深入研究,人们可揭示自然界的奥秘.

1.1.2 随机事件

在随机试验中,每一个可能发生也可能不发生的结果,称为一个**随机事件**,简称**事件**,一般用大写字母 $A,B,C,\cdots$ 表示. 例如,在随机试验 E_1 中,可能发生的结果有"出现 1 点""出现 2 点"……"出现 6 点",这些都是 E_1 的事件.

事件是概率论中最基本的概念. 事件又分为基本事件和复合事件. **基本事件**是指随机试验中最简单的、不能再分解的随机事件. **复合事件**是指由若干个基本事件组合而成的事件,即能够分解为两个或多个基本事件的随机事件. 例如,在随机试验 E_1 中,"出现偶数点" 就是一个复合事件,因为它由"出现 2 点""出现 4 点""出现 6 点" 这三个基本事件组合而成.

必须指出的是,把事件区分为基本事件和复合事件是相对具体试验的观察目的而言的,不可绝对化. 例如,度量人的身高(单位:m) 时,一般来说,区间(0,3) 中的任一实数都可以是一个基本事件,这时基本事件有无穷多个;但如果度量身高是为了确定乘客是否需要购买全票、购买半票或免票，这时就只有三个基本事件了.

在随机事件中有两个极端情况，一个是每次试验都必然发生的事件，称为**必然事件**，记为Ω；另一个是每次试验都不发生的事件，称为**不可能事件**，记为$\varnothing$.

把必然事件和不可能事件也算作随机事件，这对我们讨论问题是很方便的. 例如，就目前世界上人的身高来说，“人的身高小于 3 m”是必然事件，而“人的身高大于 3 m”则是不可能事件.

1.1.3　样本空间

由于随机试验的任一事件是由该试验的一个或多个最基本的结果而构成的，因此可以把事件看成一个集合.

为了用数学方法描述随机试验，下面引入样本空间的概念.

试验E的所有基本事件构成的集合称为**样本空间**，记为Ω，其中的元素（基本事件）称为样本空间的一个**样本点**，记为ω，即有$\Omega=\{\omega\}$. 这样一来，试验E的任一事件都是其样本空间的一个子集. 样本空间可以分为离散样本空间和非离散样本空间.

样本空间的引入使得我们能够用集合这一数学工具来研究随机现象.

上述试验E_1,E_2,E_3,E_4,E_5的样本空间分别是：

$\Omega_1=\{1,2,\cdots,6\}$；

$\Omega_2=\{0,1,2,\cdots,n,\cdots\}$；

$\Omega_3=\{$两个白球，两个黑球，一个白球和一个黑球$\}$；

$\Omega_4=\{t \mid t\geqslant 0\}$；

$\Omega_5=\{x \mid a\leqslant x\leqslant b\}$，$a,b$分别为零件直径的下限和上限.

1.1.4　事件之间的关系与运算

为了研究随机事件及其规律性，我们需要说明事件之间的各种关系及运算. 任一随机事件都是样本空间的一个子集，所以事件之间的关系及运算与集合之间的关系及运算是完全类似的.

(1) 若事件A发生必然导致事件B发生，则称事件B**包含**事件A，或称事件A**包含于**事件B，记作$A\subset B$或$B\supset A$，如图 1.1.2(a) 所示.

因为不可能事件$\varnothing$不含有任何样本点ω，所以对于任一事件A，我们约定$\varnothing\subset A$.

(2) 若有$A\subset B$与$B\subset A$同时成立，则称事件A与B**相等**，记作$A=B$，如图 1.1.2(b) 所示.

(3) “事件A与B中至少有一个发生”的事件称为事件A与B的**并**（或**和**），记作$A\cup B$，如图 1.1.2(c) 所示.

(4) “事件A与B同时发生”的事件称为事件A与B的**交**（或**积**），记作$A\cap B$（或AB），如图 1.1.2(d) 所示.

(5) “事件A发生而B不发生”的事件称为事件A与B的**差**，记作$A-B$，如图 1.1.2(e) 所示.

(6) 若事件A与B不能同时发生，即AB是一个不可能事件，则称事件A与B**互不相容**

(或**互斥**)，记作 $AB=\varnothing$，如图 1.1.2(f) 所示.

(7) 若 A 是一个事件，令 $\overline{A}=\Omega-A$，则称 $\overline{A}$ 为 A 的**对立事件**(或**逆事件**)，如图 1.1.2(g) 所示. 显然有

$$A\overline{A}=\varnothing,\quad A\cup\overline{A}=\Omega,\quad \overline{\overline{A}}=A.$$

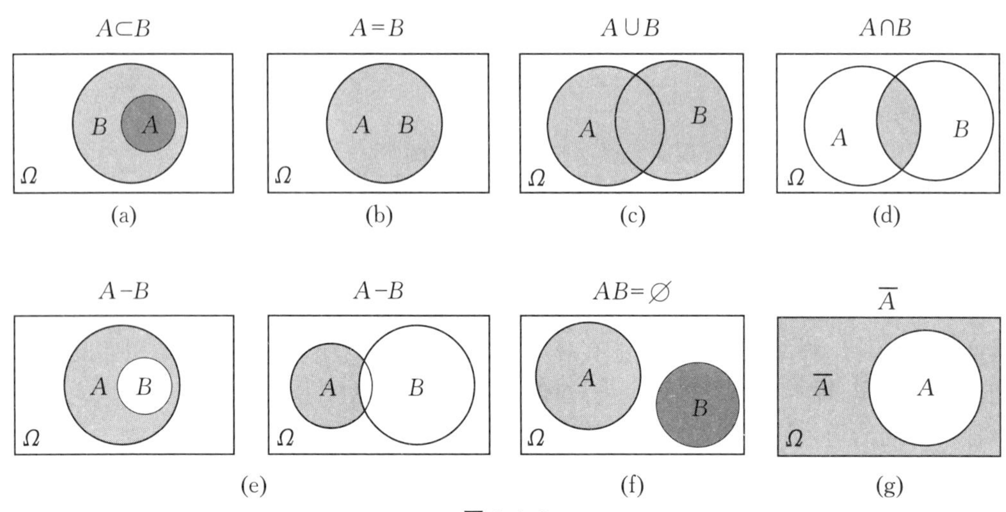

(a) (b) (c) (d)

(e) (f) (g)

图 1.1.2

(8) 若有 n 个事件 $A_1,A_2,\cdots,A_n$，则“事件 $A_1,A_2,\cdots,A_n$ 中至少有一个发生”的事件称为事件 $A_1,A_2,\cdots,A_n$ 的并，记作

$$A_1\cup A_2\cup\cdots\cup A_n \quad \text{或} \quad \bigcup_{i=1}^{n}A_i;$$

“事件 $A_1,A_2,\cdots,A_n$ 同时发生”的事件称为事件 $A_1,A_2,\cdots,A_n$ 的交，记作

$$A_1A_2\cdots A_n \quad \text{或} \quad \bigcap_{i=1}^{n}A_i.$$

例 1.1.1 设 A,B,C 是样本空间 Ω 中的事件，则

(1) 事件“A 与 B 发生，C 不发生”可以表示成

$$AB\overline{C} \quad \text{或} \quad AB-C \quad \text{或} \quad AB-ABC;$$

(2) 事件“A,B,C 中至少有两个发生”可以表示成

$$AB\cup BC\cup AC \quad \text{或} \quad AB\overline{C}\cup A\overline{B}C\cup\overline{A}BC\cup ABC;$$

(3) 事件“A,B,C 中恰好有两个发生”可以表示成

$$AB\overline{C}\cup A\overline{B}C\cup\overline{A}BC;$$

(4) 事件“A,B,C 中有不多于一个发生”可以表示成

$$\overline{A}\,\overline{B}\,\overline{C}\cup A\overline{B}\,\overline{C}\cup\overline{A}B\overline{C}\cup\overline{A}\,\overline{B}C;$$

(5) 事件“A 发生而 B 与 C 都不发生”可以表示成

$$A\overline{B}\,\overline{C} \quad \text{或} \quad A-B-C \quad \text{或} \quad A-(B\cup C);$$

(6) 事件“A,B,C 中恰好有一个发生”可以表示成

$$A\overline{B}\,\overline{C}\cup\overline{A}B\overline{C}\cup\overline{A}\,\overline{B}C;$$

(7) 事件“A,B,C 中至少有一个发生”可以表示成

$$A\cup B\cup C \quad \text{或} \quad A\overline{B}\,\overline{C}\cup\overline{A}B\overline{C}\cup\overline{A}\,\overline{B}C\cup AB\overline{C}\cup A\overline{B}C\cup\overline{A}BC\cup ABC.$$

1.1.5 事件之间运算的性质

事件之间运算的性质与集合之间运算的性质相类似.

事件之间的运算具有下面的性质:对于任意事件 A,B,C,有

(1) **交换律** $A\cup B=B\cup A, AB=BA$;

(2) **结合律** $(A\cup B)\cup C=A\cup(B\cup C), (AB)C=A(BC)$;

(3) **分配律** $(A\cup B)C=(AC)\cup(BC), (AB)\cup C=(A\cup C)(B\cup C)$;

(4) **德摩根律** $\overline{A\cup B}=\overline{A}\,\overline{B}, \overline{AB}=\overline{A}\cup\overline{B}$.

德摩根律可以推广到多个事件的情形:对于任意 n 个事件 $A_1,A_2,\cdots,A_n$,有

$$\overline{\bigcup_{i=1}^{n}A_i}=\bigcap_{i=1}^{n}\overline{A_i}, \quad \overline{\bigcap_{i=1}^{n}A_i}=\bigcup_{i=1}^{n}\overline{A_i}.$$

德摩根律表明:**若干个事件的并的对立事件就是各个事件的对立事件的交,若干个事件的交的对立事件就是各个事件的对立事件的并.**

在讨论实际问题时,经常需要考虑试验结果中各种可能的事件,而这些事件是相互关联的,研究事件之间的关系及运算,进而研究这些事件的概率之间的关系及运算,就能够利用简单事件的概率去推算较复杂事件的概率.

1.2 随机事件的概率

研究随机现象的目的就是要研究随机现象发生的统计规律性,即获得随机现象各种可能结果发生可能性大小的度量. 对于一个事件 A,我们将刻画事件 A 发生可能性大小的度量值称为**事件 A 发生的概率**,记作 $P(A)$. 事件 A 发生的概率是事件自身固有的,是事件发生的统计规律性的数量指标.

1.2.1 概率的统计学定义

在对随机现象的研究中,为了用数字合理地刻画事件在一次随机试验中的规律性,在此先引入频率的概念.

定义 1.2.1 在相同条件下进行了 n 次试验,若在 n 次试验中随机事件 A 发生了 m 次,则称比值 $\dfrac{m}{n}$ 为事件 A 在 n 次试验中发生的**频率**,记为 $f_n(A)$,即

$$f_n(A)=\frac{m}{n}.$$

由定义 1.2.1,显然频率具有如下基本性质:

(1) 任一事件 A 的频率是介于 0 与 1 之间的一个数,即

$$0\leqslant f_n(A)\leqslant 1;$$

(2) 不可能事件的频率恒等于 0,必然事件的频率恒等于 1,即

$$f_n(\varnothing)=0, \quad f_n(\Omega)=1;$$

(3) 若事件 $A_1, A_2, \cdots, A_k$ 两两互斥，则

$$f_n\left(\bigcup_{i=1}^{k} A_i\right) = \sum_{i=1}^{k} f_n(A_i).$$

由于事件 A 在 n 次试验中发生的频率是它发生的次数与总的试验次数之比，因此频率的大小反映了事件 A 发生的频繁程度. 频率越大，事件 A 在一次试验中发生的可能性就越大. 所以，直观的想法是用频率来表示事件 A 在一次试验中发生的可能性大小. 但是，这并不完全合理. 经验表明，只有当试验重复多次时，事件 A 发生的频率才具有一定的稳定性.

例如，我们来做抛硬币试验，用 n 表示抛硬币的次数，m 表示正面向上的次数，$f_n(A) = \frac{m}{n}$ 表示正面向上的频率，所得结果如表 1.2.1 所示.

表 1.2.1

试验序号	$n=5$		$n=50$		$n=500$	
	m	$f_n(A)$	m	$f_n(A)$	m	$f_n(A)$
1	2	0.40	22	0.44	251	0.502
2	3	0.60	25	0.50	249	0.498
3	1	0.20	21	0.42	256	0.512
4	5	1.00	25	0.50	253	0.506
5	1	0.20	24	0.48	251	0.502
6	2	0.40	21	0.42	246	0.492
7	4	0.80	18	0.36	244	0.488
8	2	0.40	24	0.48	258	0.516
9	3	0.60	27	0.54	262	0.524
10	3	0.60	31	0.62	247	0.494

从表 1.2.1 可以看出，当抛硬币的次数较少时，正面向上的频率是不稳定的，但是随着抛硬币次数的增多，频率越来越明显地呈现出稳定性. 当抛硬币的次数充分多时，正面向上的频率大致是在 0.5 这个数的附近摆动的.

在概率论的发展史上，也曾经有一些著名的统计学家进行过抛硬币的试验，他们得到的结果如表 1.2.2 所示.

表 1.2.2

试验者	抛硬币的次数 n	正面向上的次数 m	频率 $f_n(A)$
蒲丰	4 040	2 048	0.506 9
费希尔	10 000	4 979	0.497 9
皮尔逊	12 000	6 019	0.501 6
	24 000	12 012	0.500 5

在上述不同的试验中，所有这些结果都表明：当试验次数 n 充分大时，事件 A 发生的频率 $f_n(A)$ 总是在一个确定的数值附近摆动. 这说明事件在大量重复的试验中存在着某种客

观的规律性 —— **频率的稳定性**,即通常所说的**统计规律性**.

定义 1.2.2 在相同的条件下重复做 n 次试验,m 为 n 次试验中事件 A 发生的次数. 如果随着 n 逐渐增大,频率$\frac{m}{n}$逐渐稳定于某一数值 p 附近,则称数值 p 为事件 A 在该条件下发生的**概率**,记作 $P(A)$,即

$$P(A)=p.$$

这个定义称为**概率的统计学定义**.

事件 A 发生的概率 $P(A)$ 具有下述最基本的性质:

(1) **非负性** $P(A)\geqslant 0$;

(2) **规范性** $P(\Omega)=1$;

(3) **有限可加性** 若事件 $A_1,A_2,\cdots,A_n$ 两两互斥,则

$$P\left(\bigcup_{i=1}^{n} A_i\right)=\sum_{i=1}^{n} P(A_i).$$

一般情况下,直接计算某一事件的概率是非常困难的,甚至是不可能的,仅仅在比较特殊的情况下才可以计算随机事件的概率. 概率的统计学定义实际上给出了一种近似计算随机事件概率的方法:在多次重复试验中,把随机事件 A 发生的频率 $f_n(A)$ 作为随机事件 A 发生的概率的近似值,即当试验次数充分大时,有

$$P(A)\approx f_n(A).$$

1.2.2 概率的古典定义

只有在随机事件比较特殊的情况下,才可以直接计算随机事件的概率,为此,先讨论一种最简单的随机事件.

定义 1.2.3 设随机试验 E 的样本空间 Ω 是只含有 n 个基本事件的有限集合,A 是由其中 $m(m\leqslant n)$ 个基本事件组成的随机事件. 若样本空间 Ω 中每个基本事件的发生具有相同的可能性,则称

$$P(A)=\frac{m}{n}=\frac{A\text{ 包含的基本事件数}}{\Omega\text{ 包含的基本事件数}} \tag{1.2.1}$$

为事件 A 发生的**概率**.

这类随机试验在概率论发展的初期首先受到关注,得到了较多的讨论和研究. 一般把这类随机试验的数学模型称为**古典概型**,而其中定义的概率[式(1.2.1)]称为**古典概率**.

显然,古典概型的特点如下:

(1) 每次试验只有有限多个可能的试验结果;

(2) 每次试验中各个基本事件发生的可能性完全相同.

古典概型在概率论中占有重要的地位,对它的讨论有助于直观地理解概率论的基本概念.

在古典概型的实际计算过程中,由于研究对象具有复杂性,因此需要一定的技巧,其中排列与组合的知识是不可缺少的.

加法原理. 设事件 A 可由 n 类方法实现，且第 $i(i=1,2,\cdots,n)$ 类方法包含 m_i 种方法，则事件 A 一共可由 $m_1+m_2+\cdots+m_n$ 种方法实现.

乘法原理. 设事件 A 可由 n 种方法实现，事件 B 可由 m 种方法实现，则事件 AB 可由 nm 种方法实现.

例 1.2.1 掷一颗均匀对称的骰子，观察出现的点数，分别求下列事件发生的概率：

(1) $A=$“出现 6 点”；

(2) $B=$“出现偶数点”.

解 样本空间为 $\Omega=\{1,2,3,4,5,6\}$，是有限集合. 由于骰子是均匀对称的，因此各个基本事件发生的概率相等，从而此试验可看作古典概型.

(1) 因为 $A=\{6\}$，所以由式(1.2.1) 有

$$P(A)=\frac{1}{6}.$$

(2) 因为 $B=\{2,4,6\}$，所以

$$P(B)=\frac{3}{6}=0.5.$$

例 1.2.2 用 0,1,2,…,9 共 10 个数字中的任意两个组成一个两位数的字码(数字可重复使用)，求字码和为 3 的概率.

解 显然这是一个古典概型. 样本空间 Ω 中共有 100 个基本事件. 设 A 表示事件“字码和为 3”，则其包含的基本事件有 4 个：03，12，21，30，因此所求概率为

$$P(A)=\frac{4}{100}=0.04.$$

解例 1.2.2 的方法称为列举法，可应用在一些简单场合，当研究对象较为复杂时，列举法就很难奏效.

一般地，对产品的抽样有两种不同的方式：

(1) 每次取出一件，经试验后放回，再取下一件，这种抽样方式称为**放回式抽样**；

(2) 每次取出一件，经试验后不放回，再取下一件，这种抽样方式称为**不放回式抽样**.

通常在计算事件发生的概率时，采用放回式抽样还是不放回式抽样，得到的结果一般是不一样的.

例 1.2.3 (抽查产品) 设一批产品共有 $a+b$ 个，其中 a 个正品，b 个次品. 今采取随机放回式抽样 n 次，求抽到的 n 个产品中恰好有 $k(k\leqslant n)$ 个正品的概率.

解 显然这是一个古典概型. 设 A 表示事件“n 个产品中恰好有 k 个正品”，由于抽样是放回式的，因此样本空间中共有 $(a+b)^n$ 个基本事件，而事件 A 中有 $C_n^k a^k b^{n-k}$ 个基本事件，从而所求概率为

$$P(A)=\frac{C_n^k a^k b^{n-k}}{(a+b)^n}=C_n^k\left(\frac{a}{a+b}\right)^k\left(\frac{b}{a+b}\right)^{n-k}.$$

在例1.2.3的结果中,如果把$\frac{a}{a+b}$,$\frac{b}{a+b}$分别记为p,q,则p,q非负且$p+q=1$,此时有

$$P(A)=C_n^k p^k q^{n-k}.$$

上式恰好是$(p+q)^n$的展开式的通项.

另外,如果例1.2.3的抽样方式改为不放回式抽样,那么事件A发生的概率是否会发生变化?怎么变化?请读者自己思考.

例1.2.4　有一批产品共N件,其中有M件次品.现从这批产品中任取$n(n\leqslant N)$件,做不放回式抽样,求其中恰好有$m(m\leqslant M)$件次品的概率.

解　显然这是一个古典概型.样本空间中共有C_N^n个基本事件.设A表示事件"取出的n件产品中恰好有m件次品",则它包含$C_M^m C_{N-M}^{n-m}$个基本事件,因此所求概率为

$$P(A)=\frac{C_M^m C_{N-M}^{n-m}}{C_N^n}.$$

1.2.3　概率的几何定义

在古典概型中,试验的结果是有限的,因此只适用于样本空间中基本事件的总数是有限的场合.这不能不说是一个很大的限制,人们当然要竭力突破这个限制,以扩大研究范围.在实际问题中,经常会遇到样本空间中的基本事件数为无穷的情形,此时如果等可能性的条件仍然成立,仿照古典概型的计算方法,便得到了几何概型的定义及其概率的计算方法.

定义1.2.4　设A为样本空间Ω中的一个随机事件,A的度量大小为$\mu(A)$,Ω的度量大小为$\mu(\Omega)$,且随机点落在Ω的任意位置是等可能的,则称

$$P(A)=\frac{\mu(A)}{\mu(\Omega)} \tag{1.2.2}$$

为事件A发生的**概率**.

这种概率称为**几何概率**.

若A为一区间,则$\mu(A)$表示区间的长度;若A为一平面区域,则$\mu(A)$表示平面区域的面积;若A为一空间区域,则$\mu(A)$表示空间区域的体积.

例1.2.5(会面问题)　甲、乙两人约定在晚上6点到7点之间在某处会面,并约定先到者应等候另一个人15 min,超时即可离去.如果两个人在指定的1 h内的任一时刻到达是等可能的,求两人能会面的概率.

解　以x和y分别表示甲、乙两人6点之后到达会面地点的时间(单位:min),则两人能够会面(记为事件A)的充要条件是

$$|x-y|\leqslant 15.$$

建立平面直角坐标系,如图1.2.1所示,则(x,y)的所有可能结果是边长为60的正方形,即样本空间$\Omega=\{(x,y)\mid 0\leqslant x,y\leqslant 60\}$,而两人能够会面对应图中的阴影部分,即$A=\{(x,y)\mid$

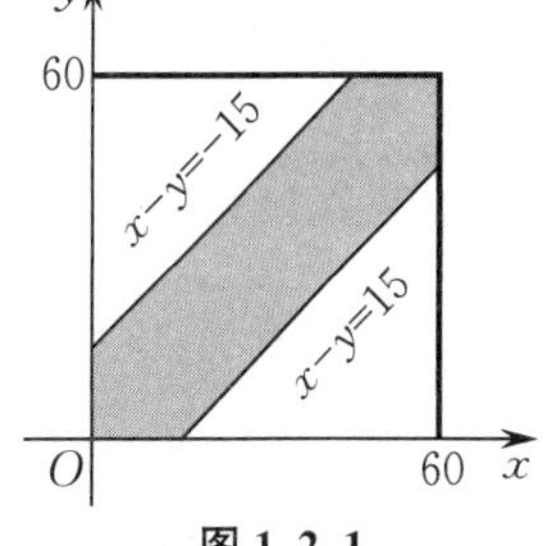

图1.2.1

$|x-y| \leqslant 15\}$. 这是一个几何概率问题，由式(1.2.2)知

$$P(A)=\frac{\mu(A)}{\mu(\Omega)}=\frac{60^2-45^2}{60^2}=\frac{7}{16}.$$

1.2.4 概率的基本性质

根据概率的定义，可以推出概率具有如下性质.

性质 1.2.1 $P(\varnothing)=0$.

性质 1.2.2 对于任一事件 A，有 $P(\overline{A})=1-P(A)$.

性质 1.2.3 对于任意两个事件 A 和 B，有

$$P(A \cup B)=P(A)+P(B)-P(AB). \tag{1.2.3}$$

特别地，若事件 A,B 互斥，则有

$$P(A \cup B)=P(A)+P(B). \tag{1.2.4}$$

性质 1.2.3 还可以推广到多个事件的情形. 例如，对于任意三个事件 A,B,C，有

$$P(A \cup B \cup C)=P(A)+P(B)+P(C)-P(AB)-P(BC)-P(AC)+P(ABC). \tag{1.2.5}$$

性质 1.2.4 对于任意两个事件 A 和 B，有

$$P(B-A)=P(B)-P(AB). \tag{1.2.6}$$

特别地，若 $A \subset B$，则有

$$P(B-A)=P(B)-P(A), \quad P(B) \geqslant P(A).$$

性质 1.2.5 若事件 $A_1,A_2,\cdots,A_n$ 两两互斥，则有

$$P(A_1 \cup A_2 \cup \cdots \cup A_n)=P(A_1)+P(A_2)+\cdots+P(A_n). \tag{1.2.7}$$

1.3 条件概率

1.3.1 条件概率的定义

在实际问题中，除了要考虑事件 A 发生的概率 $P(A)$ 之外，常常还要考虑在已知事件 A 发生的条件下，求事件 B 发生的概率. 因为此时求事件 B 发生的概率是在已知事件 A 发生的条件下，所以对应的概率称为条件概率.

下面给出条件概率的一般定义.

定义 1.3.1 设 A,B 是两个事件，且 $P(A)>0$，则称

$$P(B \mid A)=\frac{P(AB)}{P(A)} \tag{1.3.1}$$

为在事件 A 发生的条件下事件 B 发生的**条件概率**.

易验证条件概率也满足概率的三条基本性质：

(1) 对于任一事件 B，均有 $P(B \mid A) \geqslant 0$；

(2) $P(\Omega \mid A)=1$；

(3) 若事件 $B_1, B_2, \cdots, B_n$ 两两互斥，则有

$P((B_1 \cup B_2 \cup \cdots \cup B_n) \mid A)=P(B_1 \mid A)+P(B_2 \mid A)+\cdots+P(B_n \mid A)$.

显然，条件概率也是概率，因此概率的性质也都适用于条件概率. 例如，对于任意两个事件 B 和 C，有

$$P((B \cup C) \mid A)=P(B \mid A)+P(C \mid A)-P((BC) \mid A). \qquad (1.3.2)$$

计算条件概率可选择下列两种方法之一：

(1) 在缩小后的样本空间 Ω_A 中计算事件 B 发生的概率 $P(B \mid A)$.

(2) 在原样本空间 Ω 中先计算 $P(AB)$，$P(A)$，再按式(1.3.1) 求得 $P(B \mid A)$.

例 1.3.1 设某种动物从出生起能活到 20 岁以上的概率为 80%，能活到 25 岁以上的概率为 40%. 如果现在有一个 20 岁的这种动物，求它能活到 25 岁以上的概率.

解 设 A 表示事件“该动物能活到20岁以上”，B 表示事件“该动物能活到25岁以上”. 按题意，有 $P(A)=0.8$，$P(B)=0.4$，又由于 $B \subset A$，因此 $P(AB)=P(B)=0.4$. 故由式(1.3.1) 可得所求概率为

$$P(B \mid A)=\frac{P(AB)}{P(A)}=\frac{0.4}{0.8}=0.5.$$

例 1.3.2 有外观相同的 6 只三极管，按电流放大系数分类，其中 4 只属于甲类，2 只属于乙类. 现采取不放回式抽样两次，每次只抽取 1 只电极管，求在第一次抽到甲类三极管的条件下，第二次又抽到甲类三极管的概率.

解 设事件 $A_i=\{$第 i 次抽到甲类三极管$\}(i=1,2)$，则由条件可知

$$P(A_1)=\frac{4}{6}=\frac{2}{3}, \quad P(A_1A_2)=\frac{12}{30}=\frac{2}{5},$$

从而可得所求概率为

$$P(A_2 \mid A_1)=\frac{P(A_1A_2)}{P(A_1)}=\frac{2/5}{2/3}=\frac{3}{5}.$$

例1.3.2也可以按条件概率的含义直接计算 $P(A_2 \mid A_1)$. 因为在事件 A_1 已发生的条件下，即6只三极管中有1只甲类三极管已被抽去后，第二次再抽取时就只能从剩下的5只(其中 3 只属于甲类，2 只属于乙类) 中再抽取 1 只三极管，所以这时抽到甲类三极管的概率是 $\frac{3}{5}$. 这与用条件概率的定义计算得到的结果完全相同.

1.3.2 乘法公式

根据条件概率的定义可得下面概率的乘法公式.

定理 1.3.1 **设 A，B 是任意两个事件，且 $P(A)>0$，则**

$$P(AB)=P(A)P(B \mid A). \qquad (1.3.3)$$

定理 1.3.1 可以推广到多个随机事件的情形. 设 $A_1, A_2, \cdots, A_n$ 是任意 n 个事件，且

$P(A_1A_2\cdots A_{n-1})>0$，则

$$P(A_1A_2\cdots A_n)=P(A_n\mid A_1A_2\cdots A_{n-1})P(A_{n-1}\mid A_1A_2\cdots A_{n-2})\cdots P(A_2\mid A_1)P(A_1).$$

例 1.3.3 在一批由 90 件正品和 3 件次品组成的产品中，不放回地连续抽取两件产品，求第一件取到正品，第二件取到次品的概率.

解 设事件 $A=\{$第一件取到正品$\}$，$B=\{$第二件取到次品$\}$. 按题意，有

$$P(A)=\frac{90}{93},\quad P(B\mid A)=\frac{3}{92},$$

故由式(1.3.3)可得所求概率为

$$P(AB)=P(A)P(B\mid A)=\frac{90}{93}\times\frac{3}{92}=0.031\,6.$$

例 1.3.4 一批零件共100个，次品率为10%，每次从其中任意抽取1个零件，取出的零件不再放回，求第三次才取得合格品的概率.

解 设事件 $A_i=\{$第 i 次取得合格品$\}(i=1,2,3)$. 依题意，有

$$P(\overline{A}_1)=\frac{10}{100},\quad P(\overline{A}_2\mid\overline{A}_1)=\frac{9}{99},\quad P(A_3\mid\overline{A}_1\overline{A}_2)=\frac{90}{98},$$

故由式(1.3.3)的推广可得所求概率为

$$\begin{aligned}P(\overline{A}_1\overline{A}_2A_3)&=P(A_3\mid\overline{A}_1\overline{A}_2)P(\overline{A}_2\mid\overline{A}_1)P(\overline{A}_1)\\&=\frac{90}{98}\times\frac{9}{99}\times\frac{10}{100}=0.008\,3.\end{aligned}$$

1.3.3 全概率公式

为了介绍全概率公式，在此先引入样本空间划分的概念.

定义 1.3.2 设 Ω 是随机试验 E 的样本空间，$B_1,B_2,\cdots,B_n$ 是 Ω 中的一组事件. 若 $B_1,B_2,\cdots,B_n$ 两两互斥，且 $B_1\cup B_2\cup\cdots\cup B_n=\Omega$，则称 $B_1,B_2,\cdots,B_n$ 为 Ω 的一个**划分**.

设对于给定的样本空间 Ω，存在一个划分 $B_1,B_2,\cdots,B_n$，则 Ω 中的任一事件 A 可表示为

$$A=A\Omega=A\left(\bigcup_{i=1}^{n}B_i\right)=\bigcup_{i=1}^{n}AB_i. \tag{1.3.4}$$

定理 1.3.2 **设 Ω 是随机试验 E 的样本空间，$B_1,B_2,\cdots,B_n$ 是 Ω 的一个划分，A 是 Ω 中的任意一个事件. 若 $P(B_i)>0(i=1,2,\cdots,n)$，则**

$$P(A)=\sum_{i=1}^{n}P(B_i)P(A\mid B_i). \tag{1.3.5}$$

通常将式(1.3.5)称为**全概率公式**.

证 因为 $B_1,B_2,\cdots,B_n$ 是样本空间 Ω 的一个划分，所以

$$B_1\cup B_2\cup\cdots\cup B_n=\Omega,\quad B_iB_j=\varnothing\quad(i\neq j,i,j=1,2,\cdots,n).$$

于是，有

$$A=A(B_1\cup B_2\cup\cdots\cup B_n)=(AB_1)\cup(AB_2)\cup\cdots\cup(AB_n),$$

并且

$$(AB_i)(AB_j)=A(B_iB_j)=\varnothing \quad (i\neq j,i,j=1,2,\cdots,n),$$

即 $AB_1,AB_2,\cdots,AB_n$ 两两互斥,从而

$$P(A)=\sum_{i=1}^{n}P(AB_i).$$

再由概率的乘法公式可知

$$P(AB_i)=P(B_i)P(A\mid B_i) \quad (i=1,2,\cdots,n),$$

将上式代入 $P(A)=\sum\limits_{i=1}^{n}P(AB_i)$ 即得全概率公式(1.3.5).

在许多实际问题中,$P(A)$ 不易直接求得,但却能比较容易地找到样本空间 Ω 的一个划分 $B_1,B_2,\cdots,B_n$,且 $P(B_i)$ 和 $P(A\mid B_i)(i=1,2,\cdots,n)$ 已知或容易求得,那么此时可根据全概率公式求出 $P(A)$.

例 1.3.5 设有七个人轮流抓阄,从七张票中抓一张参观票(只有一张参观票),求第二个人抓到参观票的概率.

解 设事件 $A_i=\{$第 i 个人抓到参观票$\}(i=1,2)$,则由题意得

$$P(A_1)=\frac{1}{7},\quad P(\overline{A}_1)=\frac{6}{7},\quad P(A_2\mid A_1)=0,\quad P(A_2\mid\overline{A}_1)=\frac{1}{6}.$$

于是,由全概率公式可得所求概率为

$$P(A_2)=P(A_1)P(A_2\mid A_1)+P(\overline{A}_1)P(A_2\mid\overline{A}_1)=\frac{1}{7}\times 0+\frac{6}{7}\times\frac{1}{6}=\frac{1}{7}.$$

由此我们可以看到,第二个人和第一个人抓到参观票的概率一样.事实上,每个人抓到参观票的概率都一样,这就是**“抓阄不分先后原理”**.

例 1.3.6 设某仓库有一批产品,已知其中 50%,30%,20% 依次是甲、乙、丙三个工厂生产的,且甲、乙、丙三个工厂生产产品的次品率分别为 $\frac{1}{10},\frac{1}{15},\frac{1}{20}$.现从这批产品中任取一件,求取得正品的概率.

解 设事件 A_1,A_2,A_3 分别表示取得的这件产品由甲、乙、丙厂生产,$B=\{$取得的这件产品为正品$\}$,则由题意得

$$P(A_1)=\frac{5}{10},\quad P(A_2)=\frac{3}{10},\quad P(A_3)=\frac{2}{10},$$

$$P(B\mid A_1)=\frac{9}{10},\quad P(B\mid A_2)=\frac{14}{15},\quad P(B\mid A_3)=\frac{19}{20}.$$

于是,由全概率公式可得所求概率为

$$\begin{aligned}P(B)&=P(A_1)P(B\mid A_1)+P(A_2)P(B\mid A_2)+P(A_3)P(B\mid A_3)\\&=\frac{5}{10}\times\frac{9}{10}+\frac{3}{10}\times\frac{14}{15}+\frac{2}{10}\times\frac{19}{20}=0.92.\end{aligned}$$

1.3.4 贝叶斯公式

定理 1.3.3 **设 $B_1,B_2,\cdots,B_n$ 为样本空间 Ω 的一个划分,且 $P(B_i)>0(i=1,$**

$2,\cdots,n)$，A **是** Ω **中的任意一个事件. 若** $P(A)>0$，**则**

$$P(B_i \mid A)=\frac{P(B_i)P(A \mid B_i)}{\sum_{j=1}^{n}P(B_j)P(A \mid B_j)} \quad (i=1,2,\cdots,n). \tag{1.3.6}$$

式(1.3.6) 称为**贝叶斯公式**，也称为**后验公式**，它是概率论中的一个著名公式.

证 由全概率公式及概率的乘法公式，有

$$P(B_i \mid A)=\frac{P(B_iA)}{P(A)}=\frac{P(B_i)P(A \mid B_i)}{P(A)}$$

$$=\frac{P(B_i)P(A \mid B_i)}{\sum_{j=1}^{n}P(B_j)P(A \mid B_j)} \quad (i=1,2,\cdots,n).$$

在全概率公式和贝叶斯公式中，往往把事件 A 理解为“结果”，把样本空间 Ω 的划分 B_1，B_2，$\cdots$，B_n 理解为“原因”.

从形式上看，贝叶斯公式把一个简单的条件概率 $P(B_i \mid A)$ 表示成了很复杂的形式，但在许多实际问题中，公式右端的 $P(B_i)$ 和 $P(A \mid B_i)$ 已知或容易求得. 因此，式(1.3.6) 提供了计算条件概率的一个有效途径.

例 1.3.7 一批同型号的螺钉由编号为甲、乙、丙的三台机器共同生产，各台机器生产的螺钉占这批螺钉的比例分别为 35%，40%，25%，各台机器生产螺钉的次品率分别为 3%，2%，1%. 现从这批螺钉中随机抽取一颗，结果是一颗次品，分别求这颗螺钉由甲、乙、丙三台机器生产的概率.

解 设事件 A = {螺钉是次品}，B_1 = {螺钉由甲机器生产}，B_2 = {螺钉由乙机器生产}，B_3 = {螺钉由丙机器生产}，则由题意有

$$P(B_1)=0.35, \quad P(B_2)=0.40, \quad P(B_3)=0.25,$$

$$P(A \mid B_1)=0.03, \quad P(A \mid B_2)=0.02, \quad P(A \mid B_3)=0.01.$$

根据贝叶斯公式，可得这颗螺钉由甲机器生产的概率为

$$P(B_1 \mid A)=\frac{P(B_1)P(A \mid B_1)}{P(B_1)P(A \mid B_1)+P(B_2)P(A \mid B_2)+P(B_3)P(A \mid B_3)}$$

$$=\frac{0.35\times 0.03}{0.35\times 0.03+0.40\times 0.02+0.25\times 0.01}$$

$$=\frac{1}{2}.$$

同理，可得这颗螺钉由乙、丙机器生产的概率分别为

$$P(B_2 \mid A)=\frac{8}{21}, \quad P(B_3 \mid A)=\frac{5}{42}.$$

实际应用中人们感兴趣的往往是条件概率的反问题，即在已知“结果”发生的条件下，推断“原因”发生的可能性大小. 在例 1.3.7 中，即要计算 $P(B_1 \mid A)$，$P(B_2 \mid A)$，$P(B_3 \mid A)$. 由于“结果”发生在随机试验之后，因此人们称这一类型的概率为“**后验概率**”. 所谓的贝叶斯公式就是用来计算后验概率的公式.

1.4 事件的独立性与独立试验序列

1.4.1 事件的独立性

设A,B是两个事件.若$P(B)>0$,则条件概率$P(A|B)$表示在事件B发生的条件下,事件A发生的概率,而$P(A)$表示不管事件B发生与否,事件A发生的概率.若

$$P(A|B)=P(A),$$

则表明事件B的发生并不影响事件A发生的概率,这时称事件A与B相互独立,并且有$P(AB)=P(A)P(B)$.下面用这个公式来刻画事件的独立性.

定义 1.4.1 若两个事件A,B满足

$$P(AB)=P(A)P(B), \tag{1.4.1}$$

则称事件A与B **相互独立**.

事件的独立性是一种相互的性质.在实际应用中,两个事件是否相互独立,通常不是根据上述定义式来判断的,而是根据这两个事件的发生是否相互影响来判断的.

相互独立的事件具有如下性质.

定理 1.4.1 **若事件 A 与 B 相互独立,则 A 与 $\overline{B}$,$\overline{A}$ 与 B,$\overline{A}$ 与 $\overline{B}$ 也相互独立.**

证 这里仅给出事件A与$\overline{B}$相互独立的证明,其他的请读者自己完成.

由概率的性质和独立性的定义可得

$$\begin{aligned}P(A\overline{B})&=P(A-B)=P(A)-P(AB)\\&=P(A)-P(A)P(B)=P(A)[1-P(B)]\\&=P(A)P(\overline{B}),\end{aligned}$$

所以由定义1.4.1可知,事件A与$\overline{B}$相互独立.

例 1.4.1 甲、乙两门高射炮彼此独立地射击一架敌机,设甲炮击中敌机的概率为0.9,乙炮击中敌机的概率为0.8,求敌机被击中的概率.

解 设事件$A=\{$甲炮击中敌机$\}$,$B=\{$乙炮击中敌机$\}$,则$A\cup B=\{$敌机被击中$\}$.因为事件A与B相互独立,所以所求概率为

$$\begin{aligned}P(A\cup B)&=P(A)+P(B)-P(AB)=P(A)+P(B)-P(A)P(B)\\&=0.9+0.8-0.9\times0.8=0.98.\end{aligned}$$

定义 1.4.2 若三个事件A,B,C满足以下三个条件:

$$\begin{aligned}&(1)\ P(AB)=P(A)P(B),\\&(2)\ P(AC)=P(A)P(C),\\&(3)\ P(BC)=P(B)P(C),\end{aligned} \tag{1.4.2}$$

则称这三个事件A,B,C **两两独立**.

定义 1.4.3 若三个事件A,B,C满足以下四个条件:

(1) $P(AB)=P(A)P(B)$,

(2) $P(AC)=P(A)P(C)$,

(3) $P(BC)=P(B)P(C)$, (1.4.3)

(4) $P(ABC)=P(A)P(B)P(C)$,

则称这三个事件 A,B,C **相互独立**.

由上述定义可知,三个事件相互独立一定两两独立,但两两独立未必相互独立.

关于事件独立性的概念和性质,可以推广到更多个事件的情形,请读者自己思考.

例 1.4.2 某产品的生产分四道工序完成,第一、二、三、四道工序生产产品的次品率分别为2%,3%,5%,3%,各道工序独立完成,求该产品的次品率.

解 设事件 $A=\{$该产品是次品$\}$,$A_i=\{$第 i 道工序生产的产品是次品$\}(i=1,2,3,4)$,则依题意得该产品的次品率为

$$\begin{aligned}P(A)&=1-P(\overline{A})=1-P(\overline{A}_1\overline{A}_2\overline{A}_3\overline{A}_4)=1-P(\overline{A}_1)P(\overline{A}_2)P(\overline{A}_3)P(\overline{A}_4)\\&=1-(1-0.02)(1-0.03)(1-0.05)(1-0.03)=0.124.\end{aligned}$$

例 1.4.3 验收100件产品的方案如下:从中任取3件进行独立测试,若至少有1件被断定为次品,则不能通过验收.设1件次品经过测试后被断定为次品的概率为0.95,1件正品经过测试后被断定为正品的概率为0.99.已知这100件产品中恰好有4件次品,求这批产品能通过验收的概率.

解 设事件 $A=\{$这批产品能通过验收$\}$,$B_i=\{$取出的3件产品中恰有 i 件次品$\}(i=0,1,2,3)$,则

$$P(B_0)=\frac{C_{96}^3}{C_{100}^3},\quad P(B_1)=\frac{C_4^1C_{96}^2}{C_{100}^3},\quad P(B_2)=\frac{C_4^2C_{96}^1}{C_{100}^3},\quad P(B_3)=\frac{C_4^3}{C_{100}^3}.$$

由于三次测试是相互独立的,因此有

$$P(A\mid B_0)=0.99^3,\quad P(A\mid B_1)=0.99^2(1-0.95),$$
$$P(A\mid B_2)=0.99(1-0.95)^2,\quad P(A\mid B_3)=(1-0.95)^3.$$

由全概率公式得所求概率为

$$P(A)=\sum_{i=0}^{3}P(B_i)P(A\mid B_i)=0.8629.$$

1.4.2 独立试验序列

假设进行一系列试验,在每次试验中,事件 A 要么发生,要么不发生.若每次试验的结果与其他各次试验的结果无关,事件 A 发生的概率 $P(A)$ 在整个系列试验中保持不变,则称这样的一系列试验为**独立试验序列**.例如,前面提到的放回式抽样就是独立试验序列.

独立试验序列是伯努利首先研究的.如果进行 n 次重复独立试验,且每次试验只有两个互相对立的结果 A 和 $\overline{A}$,那么称这种试验为 **n 重伯努利试验**.若设 $P(A)=p$,$P(\overline{A})=q$,则 $p+q=1$.在这种情形下,可得下面的结论.

定理 1.4.2 **在独立试验序列中,设事件 A 发生的概率为 $p(0<p<1)$,则在 n 次**

重复试验中事件 A **恰好发生** $m(m \leqslant n)$ **次的概率为**

$$P_n(m)=C_n^m p^m q^{n-m}=\frac{n!}{m!(n-m)!}p^m q^{n-m}, \tag{1.4.4}$$

其中 $p+q=1$.

值得指出的是，由于 n 次重复试验所有可能的结果就是事件 A 发生 $0,1,2,\cdots,n$ 次，而这些结果是互斥的，因此显然应有

$$\sum_{m=0}^{n}P_n(m)=1.$$

上式也可以由二项式定理

$$\sum_{m=0}^{n}C_n^m p^m q^{n-m}=(p+q)^n=1^n=1 \tag{1.4.5}$$

推得.

容易看出，概率 $P_n(m)$ 就等于二项式 $(q+px)^n$ 的展开式中 x^m 的系数，因此我们把概率 $P_n(m)$ 的分布叫作**二项分布**（详见下一章）.

例 1.4.4　某批产品中有 20% 的次品，现进行重复抽样检查，共取出 5 个样品，求其中次品数分别等于 0,1,2,3,4,5 的概率.

解　已知 $n=5,p=0.2,q=0.8$，于是由式(1.4.4) 可得

$$P_5(0)=0.8^5=0.3277,$$
$$P_5(1)=C_5^1\times0.2\times0.8^4=0.4096,$$
$$P_5(2)=C_5^2\times0.2^2\times0.8^3=0.2048,$$
$$P_5(3)=C_5^3\times0.2^3\times0.8^2=0.0512,$$
$$P_5(4)=C_5^4\times0.2^4\times0.8=0.0064,$$
$$P_5(5)=0.2^5=0.0003.$$

下面给出独立试验序列中常用的一些公式.

在 n 次重复独立试验中，事件 A 发生的次数介于 m_1 和 m_2 之间的概率为

$$P(m_1\leqslant m\leqslant m_2)=\sum_{m=m_1}^{m_2}P_n(m). \tag{1.4.6}$$

在 n 次重复独立试验中，事件 A 至少发生 r 次的概率为

$$P(m\geqslant r)=\sum_{m=r}^{n}P_n(m)=1-\sum_{m=0}^{r-1}P_n(m). \tag{1.4.7}$$

特别地，在 n 次重复独立试验中，事件 A 至少发生 1 次的概率为

$$P(m\geqslant 1)=1-(1-p)^n. \tag{1.4.8}$$

例 1.4.5　一个工人负责维修 10 台同类型的机床，在一段时间内每台机床发生故障需要维修的概率为 0.3，求：

(1) 在这段时间内有 2 到 4 台机床需要维修的概率；

(2) 在这段时间内至少有 2 台机床需要维修的概率.

解　各台机床是否需要维修是相互独立的，所以观察这些机床是否需要维修是独立试

验序列. 已知 $n=10, p=0.3, q=0.7$.

(1) 由式(1.4.6)可得所求概率为

$$\begin{aligned}P(2\leqslant m\leqslant 4)&=P_{10}(2)+P_{10}(3)+P_{10}(4)\\&=C_{10}^{2}\times 0.3^{2}\times 0.7^{8}+C_{10}^{3}\times 0.3^{3}\times 0.7^{7}+C_{10}^{4}\times 0.3^{4}\times 0.7^{6}\\&=0.700\,4.\end{aligned}$$

(2) 由式(1.4.7)可得所求概率为

$$P(m\geqslant 2)=1-[P_{10}(0)+P_{10}(1)]=1-(0.7^{10}+C_{10}^{1}\times 0.3\times 0.7^{9})=0.850\,7.$$

习　题　1

1. 任意掷一颗均匀的骰子，观察出现的点数. 设 A 表示事件"出现偶数点"，B 表示事件"出现的点数能被 3 整除".

(1) 写出试验的样本点及样本空间.

(2) 把事件 A 与 B 分别表示为样本点的集合.

(3) $\overline{A}, \overline{B}, A\cup B, AB, \overline{A\cup B}$ 分别表示什么事件？并把它们表示为样本点的集合.

2. 写出下列随机试验的样本空间：

(1) 掷一颗均匀的骰子两次，观察前后两次出现的点数之和；

(2) 某篮球运动员进行投篮训练，当他连续命中 5 次时，观察他已经投篮的次数.

3. 用作图法说明下列命题成立：

(1) $A\cup B=(A-AB)\cup B$；

(2) $A\cup B=(A-B)\cup(B-A)\cup(AB)$.

4. 按从小到大的次序排列 $P(A), P(A\cup B), P(AB), P(A)+P(B)$，并说明理由.

5. 设 A, B 是两个事件，且 $P(A)=0.6, P(B)=0.8$，问：

(1) 在什么条件下 $P(AB)$ 取得最大值，最大值是多少？

(2) 在什么条件下 $P(AB)$ 取得最小值，最小值是多少？

6. 设 $P(A)=0.2, P(B)=0.3, P(C)=0.5, P(AB)=0, P(AC)=0.1, P(BC)=0.2$，求事件 A, B, C 中至少有一个发生的概率.

7. (1) 设 $P(A)=0.8, P(A-B)=0.4$，求 $P(\overline{AB})$.

(2) 设 $P(AB)=P(\overline{A}\,\overline{B}), P(A)=0.3$，求 $P(B)$.

8. 将 3 个球随机地投入 4 个盒子中，求下列事件发生的概率：

(1) 任意 3 个盒子中各有 1 个球；

(2) 任意 1 个盒子中有 3 个球；

(3) 任意 1 个盒子中有 2 个球，其他任意 1 个盒子中有 1 个球.

9. 电话号码由 7 个数字组成，每个数字可以是 0,1,2,…,9 中的任一数字(但第一个数字不能为 0)，求电话号码是由完全不相同的数字组成的概率.

10. 把 10 本书任意地放在书架上，求其中指定的 3 本书放在一起的概率.

11. 某批产品共20件，其中一等品9件、二等品7件、三等品4件. 现从这批产品中任取3件，求：

(1) 取出的3件产品中恰有2件等级相同的概率；

(2) 取出的3件产品中至少有2件等级相同的概率.

12. 某批产品共20件，其中有5件是次品，其余为正品. 现从这批产品中不放回地任意抽取3次，每次只取1件，求下列事件的概率：

(1) 在第一、第二次取到正品的条件下，第三次取到次品；

(2) 第三次才取到次品；

(3) 第三次取到次品.

13. 在一个盒子中装有15个乒乓球，其中有9个新球. 在第一次比赛时任意取出3个球，比赛后仍放回原盒中，在第二次比赛时同样任意取出3个球，求第二次取出的3个球均为新球的概率.

14. 两台车床加工同样的零件，第一台加工出废品的概率是0.03，第二台加工出废品的概率是0.02. 现把加工出来的零件放在一起，并且已知第一台加工的零件比第二台加工的零件多一倍，从中任意取出一个零件，求它是合格品的概率.

15. 甲、乙、丙三人同时向一架飞机射击，他们击中的概率分别是0.4,0.5,0.7. 若只有一人击中，则飞机被击落的概率是0.2；若有两人击中，则飞机被击落的概率是0.6；若有三人击中，则飞机一定被击落. 求飞机被击落的概率.

16. 已知某工厂生产过程中产生次品的概率是0.05. 将每100个产品视为一批，检查产品质量时，在每批中任取一半来检查，如果发现次品数不多于一个，那么可以认为这批产品是合格的. 求一批产品被认为合格的概率.

17. 某工厂有三台制造螺丝钉的机器A,B,C，它们制造的产品分别占全部产品的25%，35%，40%，并且它们的废品率分别是5%，4%，2%. 今从全部产品中任取一个，发现它是废品，分别求它是由A,B,C机器制造的概率.

18. 仓库中有一批同一规格的产品共10箱，其中2箱由甲厂生产、3箱由乙厂生产、5箱由丙厂生产，三厂产品的合格率分别为85%，80%和90%.

(1) 求这批产品的合格率.

(2) 从这10箱中任取1箱，再从该箱中任取1件，若此件产品为合格品，分别求此件产品由甲、乙、丙三厂生产的概率.

第 2 章

随机变量及其分布

本章将用实数来表示随机试验的各种结果,即引入随机变量的概念,并讨论随机变量的概率分布问题.随机变量及其分布是概率论中承上启下的重要概念.随机变量及其分布概念的引入,可以把随机试验的结果数量化,从而可以利用微积分这一数学工具全面且深刻地揭示随机现象的统计规律性,把随机事件及其概率的研究引向更深入的方向.

2.1 随机变量及其分布的概念

2.1.1 随机变量的概念

从第 1 章我们可以看出,随机试验的结果有的具有数量性质,如电话总机在时间区间 $[0,T]$ 内收到的呼叫次数是 $0,1,2,\cdots$;而有的不具有数量性质,如检验一件产品是合格品或不合格品.

对于具有数量性质的随机试验的结果,可建立数值与结果的直接对应关系.例如,观察电话总机在时间区间 $[0,T]$ 内接到的呼叫次数,我们用"0"表示接到 0 次呼叫,用"1"表示接到 1 次呼叫 …… 这样,就得到了数值与结果的直接对应关系,有了这种对应关系以后,我们便可以用数值来表示试验结果.

对于不具有数量性质的随机试验的结果,我们可以根据情况指定数值来建立其与结果的对应关系.例如,检验一件产品,假设只有合格品与不合格品两种结果,我们可以用"1"表示合格品,用"0"表示不合格品.这样,不具有数量性质的试验结果就数量化了,因此我们同样可用数值来表示这种试验结果.

总之,无论是什么样的随机试验,都可用数值来表示其试验结果,且结果不同对应的数值也不同,即为样本点的函数,这个函数就是下面要引入的随机变量.

定义 2.1.1 设随机试验的样本空间为 $\Omega=\{\omega\}$.若对于 Ω 中的每一个样本点 ω,都有唯一的实数 $X(\omega)$ 与之对应,则得到了一个定义在 Ω 上的实值单值函数 $X=X(\omega)$,称之为**随机变量**,简记为 X.

通常用大写字母 $X,Y,Z,\cdots$ 表示随机变量,用小写字母 $x,y,z,\cdots$ 表示随机变量可能的取值.

例 2.1.1　将一枚硬币抛掷三次,观察出现正面H和反面T的情况,则样本空间为

$$\Omega=\{\text{HHH},\text{HHT},\text{HTH},\text{THH},\text{HTT},\text{THT},\text{TTH},\text{TTT}\}.$$

记 X 为三次抛掷得到正面H的总数,那么对于样本空间 Ω 中的每一个样本点 ω,X 都有唯一的一个实数与之对应,即 X 是定义在 Ω 上的一个实值单值函数,它的定义域是样本空间 Ω,值域是 $\{0,1,2,3\}$. 使用函数记号,可将 X 写成

$$X=X(\omega)=\begin{cases}3, & \omega=\text{HHH},\\ 2, & \omega=\text{HHT},\text{HTH},\text{THH},\\ 1, & \omega=\text{HTT},\text{THT},\text{TTH},\\ 0, & \omega=\text{TTT}.\end{cases}$$

随机变量的取值随试验的结果而定,而试验的各个结果的出现有一定的概率,因而随机变量的取值也有一定的概率. 例如,在例2.1.1中将 X 取值为2记成 $\{X=2\}$,它对应于样本点的集合 $A=\{\text{HHT},\text{HTH},\text{THH}\}$,这是一个事件,并且当且仅当事件 A 发生时有 $\{X=2\}$. 于是,我们称概率 $P(A)=P\{\text{HHT},\text{HTH},\text{THH}\}$ 为 $\{X=2\}$ 的概率,即

$$P\{X=2\}=P(A)=\frac{3}{8}.$$

以后,还将事件 $A=\{\text{HHT},\text{HTH},\text{THH}\}$ 说成是事件 $\{X=2\}$.

类似地,有

$$P\{X\leqslant 1\}=P\{\text{HTT},\text{THT},\text{TTH},\text{TTT}\}=\frac{1}{2}.$$

一般地,设 L 是一个实数集,将 X 在 L 上取值写成 $\{X\in L\}$,它表示事件 $B=\{\omega\,|\,X(\omega)\in L\}$,即 B 是由 Ω 中使得 $X(\omega)\in L$ 的所有样本点 ω 所组成的事件,此时有

$$P\{X\in L\}=P(B)=P\{\omega\,|\,X(\omega)\in L\}.$$

随机变量的取值随试验的结果而定,在试验之前不能预知它取什么值,且它的取值有一定的概率. 这些性质显示了随机变量与普通函数有着本质的差异.

随机变量的引入,使我们能用随机变量来描述各种随机现象,并能利用数学分析的方法对随机试验的结果进行深入而广泛的研究和讨论.

随机变量分为离散型和非离散型两大类. **离散型随机变量**是指其所有可能取值为有限或可列无穷多个的随机变量,**非离散型随机变量**是对除离散型随机变量外的所有随机变量的总称,而其中最重要且在实际中常遇到的是**连续型随机变量**.

2.1.2　随机变量的分布函数

为了研究随机变量的理论分布,下面引入随机变量的分布函数的概念.

设 x 是任意实数,我们考虑随机变量 X 取值不大于 x 的概率,即事件 $\{X\leqslant x\}$ 发生的概率. 显然,它是 x 的函数,记作

$$F(x)=P\{X\leqslant x\}, \tag{2.1.1}$$

称为随机变量 X 的**概率分布函数**,简称**分布函数**.

若已知随机变量 X 的分布函数 $F(x)$,则不难计算 X 落在半开半闭区间 $(x_1,x_2]$ 内的

概率，即

$$P\{x_1 < X \leqslant x_2\} = P\{X \leqslant x_2\} - P\{X \leqslant x_1\} = F(x_2) - F(x_1). \quad (2.1.2)$$

式(2.1.2)表明随机变量 X 落在区间 $(x_1, x_2]$ 内的概率等于分布函数 $F(x)$ 在该区间上的增量.

分布函数是一个普通的函数，正是通过它，我们才能用数学分析的方法来研究随机变量. 若把随机变量 X 看作数轴上随机点的坐标，则分布函数 $F(x)$ 表示 X 落在区间 $(-\infty, x]$ 内的概率.

分布函数有下列性质.

性质 2.1.1 对于任意实数 x，有

$$0 \leqslant F(x) \leqslant 1.$$

性质 2.1.2 对于任意两个实数 $x_1, x_2 (x_1 < x_2)$，有

$$F(x_1) \leqslant F(x_2).$$

这个性质是指分布函数 $F(x)$ 是一个单调不减的函数.

性质 2.1.3 如果随机变量 X 的所有可能取值都位于区间 $[a, b]$ 上，那么当 $x < a$ 时，$\{X \leqslant x\}$ 是不可能事件，所以有

$$F(x) = 0 \quad (x < a);$$

而当 $x \geqslant b$ 时，$\{X \leqslant x\}$ 是必然事件，所以有

$$F(x) = 1 \quad (x \geqslant b).$$

一般情况下，当随机变量 X 的所有可能取值都在实数集 $\mathbf{R}$ 上时，我们有

$$F(-\infty) = \lim_{x \to -\infty} F(x) = 0$$

及

$$F(+\infty) = \lim_{x \to +\infty} F(x) = 1.$$

性质 2.1.4 $F(x+0) = \lim\limits_{t \to x^+} F(t) = F(x)$，即 $F(x)$ 是右连续的函数.

以上性质表明随机变量 X 的分布函数 $F(x)$ 是实数集上的单调不减、有界和右连续的函数. 反之，可以证明，满足以上 4 条性质的函数，必定是某个随机变量的分布函数.

例 2.1.2 已知随机变量 X 的分布函数为

$$F(x) = \begin{cases} 0, & x < 0, \\ Ax, & 0 \leqslant x \leqslant 3, \\ 1, & x > 3, \end{cases}$$

求：

(1) 常数 A 的值；

(2) $P\{X \leqslant -1\}$，$P\{1 < X \leqslant 2\}$，$P\{X = 1.8\}$，$P\{X > 2.5\}$，$P\{X < 1\}$.

解 (1) 由分布函数的右连续性，有

$$\lim_{x \to 3^+} F(x) = 1 = F(3) = 3A,$$

故 $A=\frac{1}{3}$. 于是,随机变量 X 的分布函数为

$$F(x)=\begin{cases}0, & x<0,\\ \frac{1}{3}x, & 0\leqslant x\leqslant 3,\\ 1, & x>3.\end{cases}$$

(2) 由式(2.1.1)和式(2.1.2)可得

$$P\{X\leqslant -1\}=F(-1)=0,$$

$$P\{1<X\leqslant 2\}=F(2)-F(1)=\frac{1}{3}\times 2-\frac{1}{3}\times 1=\frac{1}{3},$$

$$P\{X=1.8\}=0,$$

$$P\{X>2.5\}=1-P\{X\leqslant 2.5\}=1-F(2.5)=\frac{1}{6},$$

$$P\{X<1\}=P\{X\leqslant 1\}-P\{X=1\}=F(1)-0=\frac{1}{3}.$$

2.2 离散型随机变量

2.2.1 离散型随机变量及其概率分布

离散型随机变量 X 仅可能取得有限或可列无穷多个数值,即所有的取值可按一定的顺序排列,从而可以表示为数列 $x_1,x_2,\cdots$,而取得这些值的概率分别记为 $p(x_1),p(x_2),\cdots$. 通常称概率

$$p(x_i)=P\{X=x_i\}\quad (i=1,2,\cdots)$$

为离散型随机变量 X 的**概率分布**或**分布律**.

分布律具有下列性质.

性质 2.2.1 $p(x_i)\geqslant 0(i=1,2,\cdots)$.

性质 2.2.2 $\sum\limits_{i=1}^{\infty}p(x_i)=1$.

证 因为

$$\{X=x_1\}\cup\{X=x_2\}\cup\cdots$$

是必然事件,且

$$\{X=x_i\}\{X=x_j\}=\varnothing\quad (i\neq j),$$

所以

$$1=P\{\bigcup_{i=1}^{\infty}\{X=x_i\}\}=\sum_{i=1}^{\infty}P\{X=x_i\},\quad 即\quad \sum_{i=1}^{\infty}p(x_i)=1.$$

分布律也可以用表格的形式来表示(见表 2.2.1).

表 2.2.1

X	x_1	x_2	…	x_n	…
$p(x_i)$	$p(x_1)$	$p(x_2)$	…	$p(x_n)$	…

知道了离散型随机变量的分布律，也就不难计算随机变量落在某一区间内的概率或不大于某一实数的概率等.

2.2.2 离散型随机变量的分布函数

设离散型随机变量 X 的分布函数为 $F(x)$，则当 X 有分布律

$$p(x_i)=P\{X=x_i\} \quad (i=1,2,\cdots)$$

时，有

$$F(x)=P\{X\leqslant x\}=\sum_{x_i\leqslant x}P\{X=x_i\}=\sum_{x_i\leqslant x}p(x_i). \tag{2.2.1}$$

由此可见，当 x 在离散型随机变量 X 的两个相邻的可能值之间变化时，分布函数 $F(x)$ 的值保持不变；当 x 增大时，每经过 X 的任一可能值 x_i，$F(x)$ 的值总是跳跃式地增加，且其跃度就等于

$$P\{X=x_i\}=F(x_i)-F(x_i-0),$$

其中 $F(x_i-0)$ 表示分布函数 $F(x)$ 在点 x_i 处的左极限. 所以，离散型随机变量 X 的任一可能值 x_i 是其分布函数 $F(x)$ 的跳跃间断点，函数在该点处仅是右连续的. 由此可知，离散型随机变量的分布函数 $F(x)$ 的图形是由若干条直线段组成的“阶梯形曲线”.

例 2.2.1 设随机变量 X 的分布律如表 2.2.2 所示，求：

(1) X 的分布函数；

(2) $P\left\{X\leqslant \frac{1}{2}\right\}$，$P\left\{\frac{3}{2}<X\leqslant \frac{5}{2}\right\}$，$P\{2\leqslant X\leqslant 3\}$.

表 2.2.2

X	-1	2	3
$p(x_i)$	$\frac{1}{4}$	$\frac{1}{2}$	$\frac{1}{4}$

解 (1) 由式(2.2.1) 得随机变量 X 的分布函数为

$$F(x)=\begin{cases}0, & x<-1,\\ P\{X=-1\}, & -1\leqslant x<2,\\ P\{X=-1\}+P\{X=2\}, & 2\leqslant x<3,\\ 1, & x\geqslant 3,\end{cases}$$

即

$$F(x)=\begin{cases}0, & x<-1,\\ \dfrac{1}{4}, & -1\leqslant x<2,\\ \dfrac{3}{4}, & 2\leqslant x<3,\\ 1, & x\geqslant 3.\end{cases}$$

(2) $P\left\{X \leqslant \frac{1}{2}\right\}=F\left(\frac{1}{2}\right)=\frac{1}{4}$,

$P\left\{\frac{3}{2}<X \leqslant \frac{5}{2}\right\}=F\left(\frac{5}{2}\right)-F\left(\frac{3}{2}\right)=\frac{3}{4}-\frac{1}{4}=\frac{1}{2}$,

$P\{2 \leqslant X \leqslant 3\}=F(3)-F(2)+P\{X=2\}=1-\frac{3}{4}+\frac{1}{2}=\frac{3}{4}$.

2.2.3 常用的离散型随机变量的概率分布

1. (0—1) **分布** $B(1,p)$

定义 2.2.1 设随机变量 X 只可能取 0 与 1 两个值,且其分布律为

$$P\{X=x\}=p^{x}(1-p)^{1-x} \quad (x=0,1;0<p<1),$$

则称 X 服从(0—1) **分布或两点分布**,记为 $X \sim B(1,p)$.

(0—1) 分布的分布律也可以写成表格的形式(见表 2.2.3).

表 2.2.3

X	0	1
$p(x_i)$	$1-p$	p

凡是只有两个结果的试验,如产品合格与否、试验成功与否、某个事件发生与否等,均可用(0—1) 分布来描述.

2. 二项分布 $B(n,p)$

定义 2.2.2 设 n 是一个正整数,$0<p<1$. 若随机变量 X 的分布律为

$$P\{X=x\}=\mathrm{C}_n^x p^x(1-p)^{n-x} \quad (x=0,1,2,\cdots,n),$$

则称 X 服从参数为 n,p 的**二项分布**,记为 $X \sim B(n,p)$.

特别地,当 $n=1$ 时,二项分布化为

$$P\{X=x\}=p^{x}(1-p)^{1-x} \quad (x=0,1),$$

可知(0—1) 分布就是二项分布当 $n=1$ 时的特殊情形.

3. 超几何分布 $H(n,M,N)$

定义 2.2.3 设随机变量 X 的分布律为

$$P\{X=x\}=\frac{\mathrm{C}_M^x \mathrm{C}_{N-M}^{n-x}}{\mathrm{C}_N^n} \quad (x=0,1,2,\cdots,n),$$

其中 n,M,N 都是正整数,且 $n \leqslant N, M \leqslant N$,则称 X 服从参数为 n,M,N 的**超几何分布**,记为 $X \sim H(n,M,N)$.

显然,当 $x>M$ 或 $n-x>N-M$ 时,有 $P\{X=x\}=0$.

定理 2.2.1 **设随机变量 X 服从超几何分布 $H(n,M,N)$,则当 $\frac{N}{n}$ 充分大时,X 近似服从二项分布 $B(n,p)$,即有近似公式**

$$\frac{C_M^x C_{N-M}^{n-x}}{C_N^n} \approx C_n^x p^x q^{n-x}$$

成立，其中 $p = \dfrac{M}{N}, q = 1 - p = \dfrac{N-M}{N}$.

由此可见，当一批产品的总数 N 很大，而抽取样品的个数 n 远比 N 小$\left(一般说来，\dfrac{n}{N} \leqslant 10\%\right)$ 时，不放回式抽样（样品中的次品数服从超几何分布）与放回式抽样（样品中的次品数服从二项分布）实际上没有多大差别.

4. 泊松分布 $P(\lambda)$

定义 2.2.4 设随机变量 X 的分布律为

$$P\{X = x\} = \frac{\lambda^x}{x!}e^{-\lambda} \quad (x = 0,1,2,\cdots),$$

其中 $\lambda > 0$ 为常数，则称 X 服从参数为 λ 的**泊松分布**，记为 $X \sim P(\lambda)$.

定理 2.2.2 **设随机变量 X 服从二项分布 $B(n,p)$，则当 n 充分大时，X 近似服从泊松分布 $P(\lambda)$，即有近似公式**

$$C_n^x p^x (1-p)^{n-x} \approx \frac{\lambda^x}{x!}e^{-\lambda}$$

成立，其中 $\lambda = np$.

2.3 连续型随机变量

因为连续型随机变量可以取得某一区间内的任何数值，所以当描述连续型随机变量 X 的分布时，我们首先遇到的困难就是不能把 X 的所有可能取值排列起来.

设 x_0 是连续型随机变量 X 的任一可能取值，与离散型随机变量的情形一样，$\{X = x_0\}$ 是试验的基本事件. 现在我们只能认为事件 $\{X = x_0\}$ 发生的概率等于零，虽然它绝不是不可能事件. 例如，在测试灯泡寿命的试验中，我们可以认为灯泡寿命 X 的取值充满了区间 $[0, +\infty)$，事件 $\{X = x_0\}$ 表示灯泡的寿命正好是 x_0. 而在实际中，测试数百万只灯泡的寿命，可能也不会有一只灯泡的寿命正好是 x_0. 也就是说，事件 $\{X = x_0\}$ 发生的频率在零附近波动，自然可以认为 $P\{X = x_0\} = 0$. 实际上，我们并不会对灯泡寿命 $X = x_0$ 的概率感兴趣，而是考虑 X 落在某一区间内的概率或大于某个数的概率.

2.3.1 连续型随机变量的分布函数

由于连续型随机变量不能以其取某个值的概率来表示其分布，因此我们转而讨论随机变量 X 的取值落在某一区间内的概率，即取定任意两个实数 $x_1, x_2 (x_1 < x_2)$，讨论概率 $P\{x_1 < X \leqslant x_2\}$. 因为

$$\begin{aligned} P\{x_1 < X \leqslant x_2\} &= P\{X \leqslant x_2\} - P\{X \leqslant x_1\} \\ &= F(x_2) - F(x_1), \end{aligned}$$

其中 $F(x)$ 为 X 的分布函数，所以若已知随机变量 X 的分布函数，则可知 X 落在任一区间 $(x_1,x_2]$ 内的概率.

可以证明，连续型随机变量的分布函数 $F(x)$ 是连续函数，它的图形是位于直线 $y=0$ 与 $y=1$ 之间的单调上升的连续曲线，如图 2.3.1 所示.

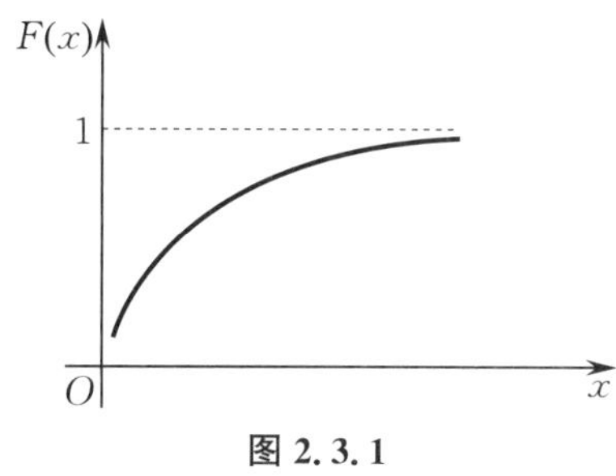

图 2.3.1

2.3.2　连续型随机变量的概率密度

研究连续型随机变量的分布时，除分布函数外，我们还经常用到概率密度的概念.

考虑连续型随机变量 X 落在区间 $(x,x+\Delta x)$ 内的概率

$$P\{x<X<x+\Delta x\},$$

其中 x 是任意实数，$\Delta x>0$ 是区间长度. 比值

$$\frac{P\{x<X<x+\Delta x\}}{\Delta x} \tag{2.3.1}$$

叫作随机变量 X 在该区间上的**平均概率分布密度**. 如果当 $\Delta x\to 0$ 时，比值(2.3.1) 的极限存在，那么这个极限叫作随机变量 X 在点 x 处的**概率分布密度**或**概率密度**，记为 $f(x)$，即

$$f(x)=\lim_{\Delta x\to 0}\frac{P\{x<X<x+\Delta x\}}{\Delta x}. \tag{2.3.2}$$

连续型随机变量的分布函数 $F(x)$ 与概率密度 $f(x)$ 之间具有以下关系.

(1) 由式(2.3.2) 及导数的定义可知

$$f(x)=\lim_{\Delta x\to 0}\frac{F(x+\Delta x)-F(x)}{\Delta x}=F'(x), \tag{2.3.3}$$

所以连续型随机变量的概率密度 $f(x)$ 是分布函数 $F(x)$ 的导数，分布函数 $F(x)$ 是概率密度 $f(x)$ 的一个原函数.

(2) 由分布函数的定义及牛顿-莱布尼茨公式可得

$$F(x)=P\{-\infty<X\leqslant x\}=\int_{-\infty}^{x} f(x)\mathrm{d}x, \tag{2.3.4}$$

所以连续型随机变量的分布函数 $F(x)$ 等于概率密度 $f(x)$ 在区间 $(-\infty,x]$ 上的反常积分.

由此可知，如果已知连续型随机变量的分布函数或概率密度中的任一个，那么另一个可以按式(2.3.3) 或式(2.3.4) 求得.

概率密度具有下列性质.

性质 2.3.1　$f(x)\geqslant 0\quad(-\infty<x<+\infty)$.

概率密度的图形 $y=f(x)$ 通常叫作**分布曲线**. 由此可见,分布曲线 $y=f(x)$ 位于 x 轴的上方.

性质 2.3.2 如果连续型随机变量 X 的所有可能取值都位于区间 $[a,b]$ 上,那么由牛顿-莱布尼茨公式可得

$$\int_a^b f(x)\mathrm{d}x=F(b)-F(a)=1-0=1. \tag{2.3.5}$$

一般情况下,当随机变量 X 的所有可能取值都位于实数集 $\mathbf{R}$ 上时,有

$$\int_{-\infty}^{+\infty} f(x)\mathrm{d}x=F(+\infty)-F(-\infty)=1-0=1.$$

性质 2.3.2 的几何解释就是:介于分布曲线 $y=f(x)$ 与 x 轴之间的平面图形的面积等于 1.

性质 2.3.3 连续型随机变量 X 取任何特定值 x_0 的概率为零,即

$$P\{X=x_0\}=0.$$

证 取 $\Delta x>0$,则有

$$0\leqslant P\{X=x_0\}\leqslant P\{x_0\leqslant X<x_0+\Delta x\}=F(x_0+\Delta x)-F(x_0).$$

由于 $F(x)$ 为连续函数,因此当 $\Delta x\to 0^+$ 时,有 $F(x_0+\Delta x)-F(x_0)\to 0$. 由极限的夹逼准则得

$$P\{X=x_0\}=0.$$

由此性质可知,对于任意两个实数 $x_1,x_2(x_1<x_2)$,有

$$P\{x_1<X<x_2\}=P\{x_1\leqslant X\leqslant x_2\}=P\{x_1<X\leqslant x_2\}=P\{x_1\leqslant X<x_2\}.$$

由此可见,当计算连续型随机变量落在某一区间内的概率时,我们可以不必区分该区间是开区间、闭区间或半开半闭区间,因为所有这些概率都是相等的. 性质 2.3.3 还说明,概率为零的事件不一定是不可能事件,换句话说,概率为 1 的事件不一定是必然事件.

性质 2.3.4 对于任意两个实数 $x_1,x_2(x_1<x_2)$,有

$$P\{x_1<X\leqslant x_2\}=F(x_2)-F(x_1)=\int_{x_1}^{x_2} f(x)\mathrm{d}x,$$

即连续型随机变量 X 落在任意区间 $(x_1,x_2]$ 内的概率等于其概率密度 $f(x)$ 在该区间上的定积分.

根据定积分的几何意义可知,概率 $P\{x_1<X\leqslant x_2\}$ 就等于由分布曲线 $y=f(x)$ 与直线 $x=x_1$, $x=x_2$ 及 x 轴所围成的曲边梯形的面积(见图 2.3.2).

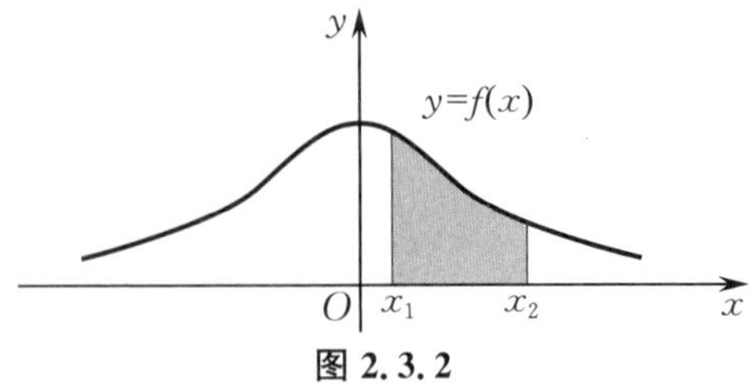

图 2.3.2

例 2.3.1 设随机变量 X 的概率密度为

$$f(x)=\frac{A}{1+x^2}\quad(-\infty<x<+\infty),$$

求：

(1) 常数 A 的值；

(2) X 落在区间 $[0,1]$ 内的概率；

(3) X 的分布函数.

解 (1) 根据概率密度的性质 2.3.2，应有

$$\int_{-\infty}^{+\infty}\frac{A}{1+x^2}\mathrm{d}x=1,\quad 即\quad A\int_{-\infty}^{+\infty}\frac{\mathrm{d}x}{1+x^2}=A\cdot\pi=1,$$

由此得 $A=\frac{1}{\pi}$. 所以，随机变量 X 的概率密度为

$$f(x)=\frac{1}{\pi(1+x^2)}\quad(-\infty<x<+\infty).$$

(2) 根据概率密度的性质 2.3.4，所求概率为

$$P\{0\leqslant X\leqslant 1\}=\int_0^1\frac{\mathrm{d}x}{\pi(1+x^2)}=\frac{1}{\pi}\cdot\frac{\pi}{4}=0.25.$$

(3) 根据分布函数与概率密度的关系，有

$$\begin{aligned}F(x)&=\int_{-\infty}^{x}\frac{\mathrm{d}x}{\pi(1+x^2)}=\frac{1}{\pi}\left(\arctan x+\frac{\pi}{2}\right)\\&=\frac{1}{2}+\frac{1}{\pi}\arctan x\quad(-\infty<x<+\infty).\end{aligned}$$

2.3.3 常用的连续型随机变量的概率分布

1. 均匀分布 $U[a,b]$

定义 2.3.1 设连续型随机变量 X 的所有可能取值充满某一有限区间 $[a,b]$，并且在该区间内的任一点有相同的概率密度，即概率密度 $f(x)$ 在区间 $[a,b]$ 上为常数，则称 X 服从**均匀分布**或**等概率分布**.

事实上，因为在区间 $[a,b]$ 上概率密度 $f(x)=C$（常数），所以按式(2.3.5) 应有

$$\int_a^b C\mathrm{d}x=C(b-a)=1,$$

从而 $C=\frac{1}{b-a}$. 又因为随机变量 X 不可能取到区间 $[a,b]$ 外的值，所以在区间 $[a,b]$ 外，概率密度 $f(x)$ 显然等于零. 于是，在区间 $[a,b]$ 上服从均匀分布的随机变量 X 的概率密度为

$$f(x)=\begin{cases}\dfrac{1}{b-a}, & a\leqslant x\leqslant b,\\ 0, & 其他.\end{cases}$$

均匀分布含有两个参数 a 及 b，通常把这种分布记为 $U[a,b]$. 若随机变量 X 在区间

$[a,b]$ 上服从均匀分布，则记为 $X \sim U[a,b]$.

当 $x < a$ 时，显然有 $F(x)=0$；

当 $x \geqslant b$ 时，显然有 $F(x)=1$；

当 $a \leqslant x < b$ 时，按式(2.3.4)可得

$$F(x)=\int_{-\infty}^{a} 0\mathrm{d}x+\int_{a}^{x} \frac{\mathrm{d}x}{b-a}=\frac{x-a}{b-a}.$$

所以，在区间 $[a,b]$ 上服从均匀分布的随机变量 X 的分布函数为

$$F(x)=\begin{cases}0, & x<a, \\ \dfrac{x-a}{b-a}, & a \leqslant x<b, \\ 1, & x \geqslant b.\end{cases}$$

均匀分布的概率密度 $f(x)$ 及分布函数 $F(x)$ 的图形分别如图 2.3.3 和图 2.3.4 所示.

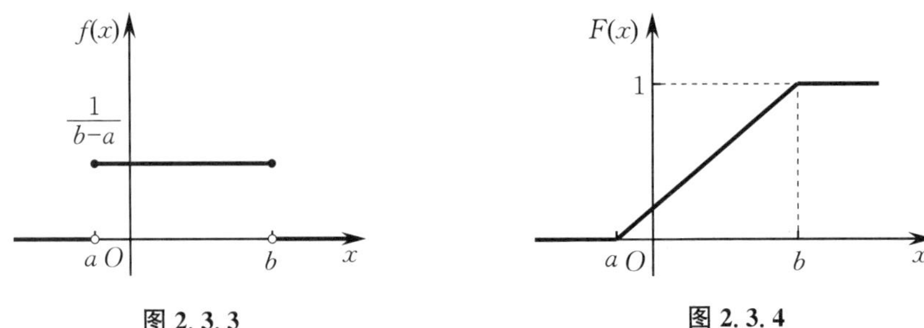

图 2.3.3　　　　图 2.3.4

均匀分布常见于下列情形：在刻度器上读数时四舍五入所产生的误差，在每隔一定时间有一辆公共汽车通过的汽车站内乘客候车的时间等等.

2. 指数分布 $e(\lambda)$

定义 2.3.2　设随机变量 X 的概率密度为

$$f(x)=\begin{cases}\lambda \mathrm{e}^{-\lambda x}, & x>0, \\ 0, & x \leqslant 0,\end{cases}$$

其中 $\lambda>0$ 为常数，则称 X 服从**指数分布**.

显然，我们有

$$\int_{-\infty}^{+\infty} f(x) \mathrm{d}x=\int_{0}^{+\infty} \lambda \mathrm{e}^{-\lambda x} \mathrm{d}x=-\mathrm{e}^{-\lambda x}\Big|_{0}^{+\infty}=1.$$

指数分布含有一个参数 λ，通常把这种分布记为 $e(\lambda)$. 若随机变量 X 服从指数分布 $e(\lambda)$，则记为 $X \sim e(\lambda)$.

服从指数分布 $e(\lambda)$ 的随机变量 X 的分布函数为

$$F(x)=\begin{cases}1-\mathrm{e}^{-\lambda x}, & x>0, \\ 0, & x \leqslant 0.\end{cases}$$

指数分布的概率密度 $f(x)$ 及分布函数 $F(x)$ 的图形分别如图 2.3.5 和图 2.3.6 所示.

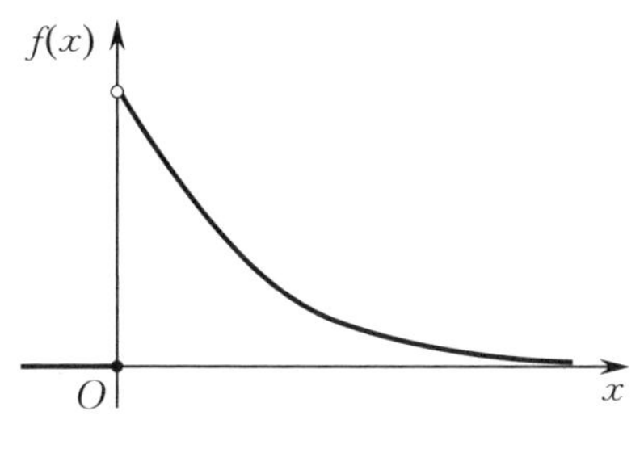

图 2.3.5

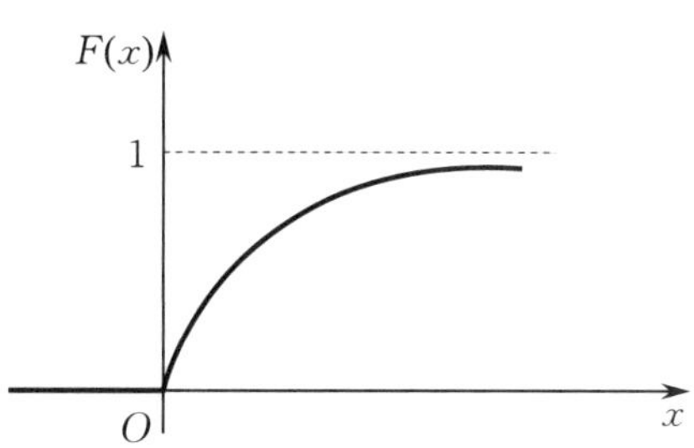

图 2.3.6

指数分布常用来作为各种“寿命”分布的近似. 例如,无线电元件的寿命、某些动物的寿命、电话问题中的通话时间等都近似服从指数分布. 此外,随机服务系统中的服务时间,如到银行取钱、到车站售票处购买车票时需要等待的时间也都服从指数分布.

3. 正态分布

定义 2.3.3 设随机变量 X 的概率密度为

$$f(x)=\frac{1}{\sqrt{2\pi}\sigma}e^{-\frac{(x-\mu)^2}{2\sigma^2}} \quad (-\infty<x<+\infty),$$

其中 μ 及 $\sigma>0$ 都是常数,则称 X 服从**正态分布**或**高斯分布**.

置换积分变量 $\frac{x-\mu}{\sigma}=t$,并利用反常积分 $\int_0^{+\infty}e^{-\frac{t^2}{2}}dt=\sqrt{\frac{\pi}{2}}$ 可知

$$\int_{-\infty}^{+\infty}f(x)dx=\frac{1}{\sqrt{2\pi}}\int_{-\infty}^{+\infty}e^{-\frac{t^2}{2}}dt=\frac{2}{\sqrt{2\pi}}\int_0^{+\infty}e^{-\frac{t^2}{2}}dt=1.$$

正态分布含有两个参数 μ 及 σ,通常把这种分布记为 $N(\mu,\sigma^2)$. 若随机变量 X 服从正态分布 $N(\mu,\sigma^2)$,则记为 $X\sim N(\mu,\sigma^2)$.

正态分布 $N(\mu,\sigma^2)$ 的概率密度 $f(x)$ 的图形如图 2.3.7 所示.

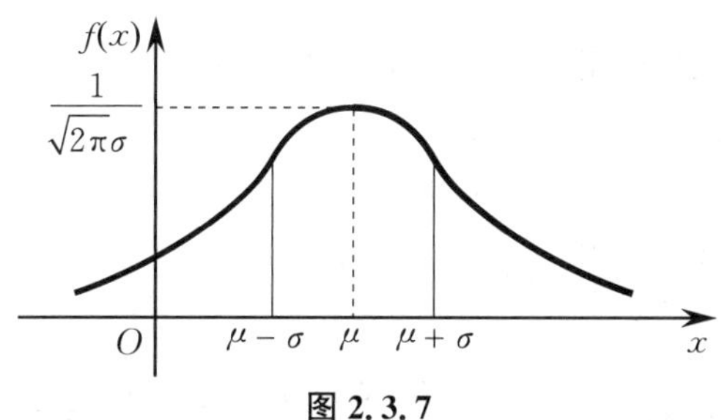

图 2.3.7

$f(x)$ 的图形具有如下特点:曲线对称于直线 $x=\mu$,并在点 $x=\mu$ 处取得最大值 $\frac{1}{\sqrt{2\pi}\sigma}$;曲线在横坐标为 $x=\mu\pm\sigma$ 的点处有拐点;曲线以 x 轴为其渐近线.

当固定参数 σ 而变动参数 μ 的值时,分布曲线沿 x 轴平行移动而不改变其形状. 当固定参数 μ 而变动参数 σ 的值时,随着 σ 增大,图形的高度下降,形状变得更平坦;随着 σ 减小,图形的高度上升,形状变得更陡峭.

服从正态分布 $N(\mu,\sigma^2)$ 的随机变量 X 的分布函数为

$$F(x)=\frac{1}{\sqrt{2\pi}\sigma}\int_{-\infty}^{x}e^{-\frac{(t-\mu)^2}{2\sigma^2}}dt,$$

其图形如图 2.3.8 所示.

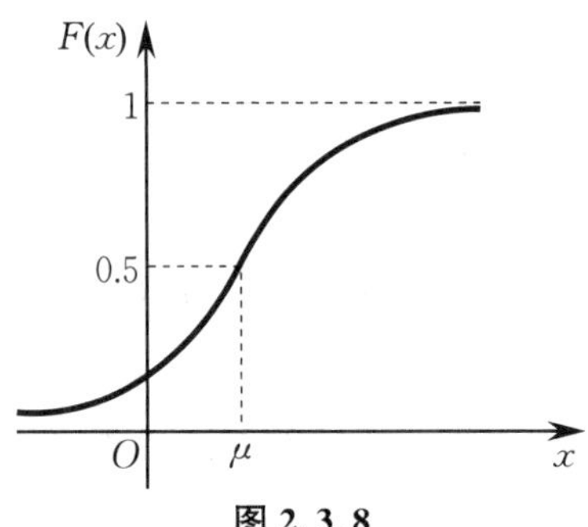

图 2.3.8

特别地，当 $\mu=0,\sigma=1$ 时，得到正态分布 $N(0,1)$，叫作**标准正态分布**. 服从标准正态分布 $N(0,1)$ 的随机变量 X 的概率密度和分布函数分别记作 $\varphi(x)$ 和 $\Phi(x)$，即

$$\varphi(x)=\frac{1}{\sqrt{2\pi}}e^{-\frac{x^2}{2}}\quad(-\infty<x<+\infty),$$

$$\Phi(x)=\frac{1}{\sqrt{2\pi}}\int_{-\infty}^{x}e^{-\frac{t^2}{2}}dt.$$

为了应用方便，分布函数 $\Phi(x)$ 的函数值已制成表，称为**标准正态分布表**(见附表 2).

分布函数 $\Phi(x)$ 具有下列性质：

(1) $\Phi(0)=0.5$；

(2) $\Phi(-x)=1-\Phi(x)$.

对于一般的正态分布 $N(\mu,\sigma^2)$，我们只要通过一个线性变换就能将它化成标准正态分布，即有如下定理.

定理 2.3.1　**若随机变量 $X\sim N(\mu,\sigma^2)$，则**

$$Z=\frac{X-\mu}{\sigma}\sim N(0,1).$$

证　因随机变量 $Z=\frac{X-\mu}{\sigma}$ 的分布函数为

$$P\{Z\leqslant x\}=P\left\{\frac{X-\mu}{\sigma}\leqslant x\right\}=P\{X\leqslant\mu+\sigma x\}=\frac{1}{\sqrt{2\pi}\sigma}\int_{-\infty}^{\mu+\sigma x}e^{-\frac{(t-\mu)^2}{2\sigma^2}}dt,$$

令 $\frac{t-\mu}{\sigma}=v$，得

$$P\{Z\leqslant x\}=\frac{1}{\sqrt{2\pi}}\int_{-\infty}^{x}e^{-\frac{v^2}{2}}dv=\Phi(x),$$

故 $Z=\frac{X-\mu}{\sigma}\sim N(0,1)$.

于是，若随机变量 $X\sim N(\mu,\sigma^2)$，则它的分布函数 $F(x)$ 可写成

$$F(x)=P\{X\leqslant x\}=P\left\{\frac{X-\mu}{\sigma}\leqslant\frac{x-\mu}{\sigma}\right\}=\Phi\left(\frac{x-\mu}{\sigma}\right).$$

对于任意区间$(x_1,x_2]$，有

$$P\{x_1<X\leqslant x_2\}=P\left\{\frac{x_1-\mu}{\sigma}<\frac{X-\mu}{\sigma}\leqslant\frac{x_2-\mu}{\sigma}\right\}$$
$$=\Phi\left(\frac{x_2-\mu}{\sigma}\right)-\Phi\left(\frac{x_1-\mu}{\sigma}\right). \tag{2.3.6}$$

通过式(2.3.6)可求得服从正态分布的随机变量落在任意区间内的概率. 例如，设随机变量$X\sim N(2,3^2)$，利用正态分布的性质，并查附表2得

$$P\{1<X\leqslant 3.5\}=\Phi\left(\frac{3.5-2}{3}\right)-\Phi\left(\frac{1-2}{3}\right)=\Phi(0.5)-\Phi(-0.33)$$
$$=\Phi(0.5)-[1-\Phi(0.33)]$$
$$=0.6915+0.6293-1=0.3208.$$

例 2.3.2　设随机变量X服从正态分布$N(\mu,\sigma^2)$，求X落在区间$(\mu-k\sigma,\mu+k\sigma)$内的概率，这里$k=1,2,\cdots$.

解　按式(2.3.6)有

$$P\{|X-\mu|<k\sigma\}=P\{\mu-k\sigma<X<\mu+k\sigma\}$$
$$=\Phi\left(\frac{\mu+k\sigma-\mu}{\sigma}\right)-\Phi\left(\frac{\mu-k\sigma-\mu}{\sigma}\right)$$
$$=\Phi(k)-\Phi(-k)=\Phi(k)-[1-\Phi(k)]$$
$$=2\Phi(k)-1\quad(k=1,2,\cdots),$$

查附表2得

$$P\{|X-\mu|<\sigma\}=2\Phi(1)-1=0.6826,$$
$$P\{|X-\mu|<2\sigma\}=2\Phi(2)-1=0.9544,$$
$$P\{|X-\mu|<3\sigma\}=2\Phi(3)-1=0.9973,$$

……

由例2.3.2得到的结果可知，若随机变量X服从正态分布$N(\mu,\sigma^2)$，则有

$$P\{|X-\mu|\geqslant 3\sigma\}=1-P\{|X-\mu|<3\sigma\}=1-0.9973$$
$$=0.0027<0.003.$$

由此可见，随机变量X落在区间$(\mu-3\sigma,\mu+3\sigma)$外的概率小于0.3%. 通常认为这一概率是很小的，而小概率事件在实际中一般认为不可能发生，因此我们通常把区间$(\mu-3\sigma,\mu+3\sigma)$看作随机变量$X$实际可能的取值区间. 这一原理叫作“**三倍标准差原理**”(或“**3σ 法则**”)，即尽管服从正态分布的随机变量的取值范围是$(-\infty,+\infty)$，但它的值落在$(\mu-3\sigma,\mu+3\sigma)$内几乎是肯定的事.

正态分布是概率论中最重要的一种分布，因为它是实际中最常见的一种分布. 理论上已证明，如果某个数量指标呈现随机性是由很多相对独立的随机因素影响的结果，而每个随机因素的影响都不大，那么这个数量指标就服从正态分布. 例如，测量误差、人的身高和体重、产品的某个质量指标、农作物的收获量等都服从或近似服从正态分布.

2.4 随机变量函数的分布

在实际中常需要考虑随机变量的函数，这是因为我们所关心的某个随机指标可能不能直接由试验得到，而它却是某个能直接通过试验得到的随机指标的函数. 例如，我们能通过直接测量得到圆轴截面的直径 X，而考虑的却是截面积 Y，由几何学有 $Y=\frac{1}{4}\pi X^2$，即 Y 是 X 的函数. 本节要解决的问题是：如何由已知的随机变量 X 的分布去求它的函数 $Y=g(X)$ 的分布.

2.4.1 离散型随机变量函数的分布

设随机变量 X 的分布律如表 2.4.1 所示.

表 2.4.1

X	x_1	x_2	…	x_n	…
$p(x_i)$	$p(x_1)$	$p(x_2)$	…	$p(x_n)$	…

为了求随机变量函数 $Y=g(X)$ 的概率分布，先求 Y 的所有可能取值及对应的概率，然后制成表(见表 2.4.2).

表 2.4.2

Y	$y_1=g(x_1)$	$y_2=g(x_2)$	…	$y_n=g(x_n)$	…
$p(y_j)$	$p(x_1)$	$p(x_2)$	…	$p(x_n)$	…

如果 $y_1,y_2,\cdots,y_n,\cdots$ 的值全不相等，那么表 2.4.2 就是随机变量函数 Y 的分布律；但是，如果 $y_1,y_2,\cdots,y_n,\cdots$ 的值中有相等的，那么应把那些相等的值分别合并起来，并把相应的概率相加，方能得到随机变量函数 Y 的分布律.

例 2.4.1 设随机变量 X 的分布律如表 2.4.3 所示，求：

(1) 随机变量 $Y_1=-2X$ 的分布律；

(2) 随机变量 $Y_2=X^2$ 的分布律.

表 2.4.3

X	-2	-1	0	1	2	3
$p(x_i)$	0.10	0.20	0.25	0.20	0.15	0.10

解 (1) 先写出表 2.4.4.

表 2.4.4

$Y_1=-2X$	4	2	0	-2	-4	-6
$p(y_j)$	0.10	0.20	0.25	0.20	0.15	0.10

在分布律中，通常是把随机变量的所有可能取值按由小到大的顺序排列，所以整理得随机变量 Y_1 的分布律如表 2.4.5 所示.

表 2.4.5

Y_1	-6	-4	-2	0	2	4
$p(y_i)$	0.10	0.15	0.20	0.25	0.20	0.10

(2) 先写出表 2.4.6.

表 2.4.6

$Y_2=X^2$	4	1	0	1	4	9
$p(y_j)$	0.10	0.20	0.25	0.20	0.15	0.10

把 $Y_2=1$ 的两个概率、$Y_2=4$ 的两个概率分别相加,整理得随机变量 Y_2 的分布律如表 2.4.7 所示.

表 2.4.7

Y_2	0	1	4	9
$p(y_i)$	0.25	0.40	0.25	0.10

2.4.2 连续型随机变量函数的分布

假设函数 $g(x)$ 及其一阶导数在随机变量 X 的所有可能取值 x 的区间内是连续的. 我们的问题是:要根据随机变量 X 的概率密度 $f_X(x)$,寻求随机变量函数 $Y=g(X)$ 的概率密度 $f_Y(y)$.

为了求随机变量函数 $Y=g(X)$ 的概率密度,应先求 Y 的分布函数 $F_Y(y)$. 对于任意的实数 y,我们有

$$F_Y(y)=P\{Y\leqslant y\}=P\{g(X)\leqslant y\}=\int_{g(x)\leqslant y} f_X(x)\mathrm{d}x, \tag{2.4.1}$$

故 $Y=g(X)$ 的概率密度为

$$f_Y(y)=\frac{\mathrm{d}F_Y(y)}{\mathrm{d}y}.$$

例 2.4.2 设随机变量 X 的概率密度为 $f_X(x)$,求随机变量 $Y=a+bX$ 的概率密度,其中 a 及 $b\neq 0$ 都是常数.

解 按式(2.4.1),对于任意的实数 y,随机变量 Y 的分布函数为

$$F_Y(y)=P\{Y\leqslant y\}=P\{a+bX\leqslant y\}.$$

将不等式 $a+bX\leqslant y$ 进行等价变换,不难把 $F_Y(y)$ 用 X 的概率密度 $f_X(x)$ 表示出来,从而得到 Y 的概率密度 $f_Y(y)$. 注意到 $b\neq 0$,分两种情形讨论如下.

(1) 设 $b>0$,则有

$$F_Y(y)=P\left\{X\leqslant\frac{y-a}{b}\right\}=\int_{-\infty}^{\frac{y-a}{b}} f_X(x)\mathrm{d}x.$$

上式两边对 y 求导数,即得 Y 的概率密度

$$f_Y(y)=f_X\left(\frac{y-a}{b}\right)\cdot\frac{1}{b}=\frac{1}{b}f_X\left(\frac{y-a}{b}\right).$$

(2) 设 $b<0$,则有

$$F_Y(y)=P\left\{X\geqslant\frac{y-a}{b}\right\}=\int_{\frac{y-a}{b}}^{+\infty}f_X(x)\mathrm{d}x.$$

上式两边对 y 求导数，即得 Y 的概率密度

$$f_Y(y)=-f_X\left(\frac{y-a}{b}\right)\cdot\frac{1}{b}=-\frac{1}{b}f_X\left(\frac{y-a}{b}\right).$$

综合上述两种情形，可以把随机变量 $Y=a+bX$ 的概率密度统一写成

$$f_Y(y)=\frac{1}{|b|}f_X\left(\frac{y-a}{b}\right). \tag{2.4.2}$$

由上述例题可以得到一个重要的结论.

定理 2.4.1 **若随机变量 X 服从正态分布 $N(\mu,\sigma^2)$，则 X 的线性函数 $Y=a+bX$ $(b\neq 0)$ 也服从正态分布，且有**

$$Y=a+bX\sim N(a+b\mu,b^2\sigma^2).$$

证 依题意，随机变量 X 的概率密度为

$$f_X(x)=\frac{1}{\sqrt{2\pi}\sigma}\mathrm{e}^{-\frac{(x-\mu)^2}{2\sigma^2}},$$

所以由式(2.4.2)得到线性函数 $Y=a+bX(b\neq 0)$ 的概率密度为

$$f_Y(y)=\frac{1}{|b|}f_X\left(\frac{y-a}{b}\right)=\frac{1}{\sqrt{2\pi}|b|\sigma}\mathrm{e}^{-\frac{[y-(a+b\mu)]^2}{2b^2\sigma^2}}.$$

由此可见，Y 服从正态分布 $N(a+b\mu,b^2\sigma^2)$.

例 2.4.3 设随机变量 X 具有概率密度 $f_X(x)(-\infty<x<+\infty)$，求随机变量 $Y=X^2$ 的概率密度.

解 因 $Y=X^2\geqslant 0$，故当 $y\leqslant 0$ 时，有 $F_Y(y)=0$；

当 $y>0$ 时，有

$$\begin{aligned}F_Y(y)&=P\{Y\leqslant y\}=P\{X^2\leqslant y\}=P\{-\sqrt{y}\leqslant X\leqslant\sqrt{y}\}\\&=\int_{-\sqrt{y}}^{\sqrt{y}}f_X(x)\mathrm{d}x.\end{aligned}$$

综上可知 Y 的概率密度为

$$f_Y(y)=\frac{\mathrm{d}F_Y(y)}{\mathrm{d}y}=\begin{cases}\dfrac{1}{2\sqrt{y}}[f_X(\sqrt{y})+f_X(-\sqrt{y})], & y>0,\\ 0, & y\leqslant 0.\end{cases}$$

若随机变量 $X\sim N(0,1)$，其概率密度为

$$\varphi(x)=\frac{1}{\sqrt{2\pi}}\mathrm{e}^{-\frac{x^2}{2}}\quad(-\infty<x<+\infty),$$

则由例 2.4.3 知，随机变量 $Y=X^2$ 的概率密度为

$$f_Y(y)=\begin{cases}\dfrac{1}{\sqrt{2\pi}}y^{-\frac{1}{2}}\mathrm{e}^{-\frac{y}{2}}, & y>0,\\ 0, & y\leqslant 0.\end{cases}$$

此时称随机变量 $Y=X^2$ 服从自由度为 1 的 χ^2 分布,此结果在数理统计中很有用.

在上述两个例子中,解法的关键一步是从 $Y\leqslant y$ 中,即从 $g(X)\leqslant y$ 中解出 X,从而得到一个与 $g(X)\leqslant y$ 等价的关于 X 的不等式,并以后者代替 $g(X)\leqslant y$. 例如,在例 2.4.2 中,以 $X\leqslant \frac{y-a}{b}(b>0)$ 代替 $a+bX\leqslant y$;在例 2.4.3 中,以 $-\sqrt{y}\leqslant X\leqslant \sqrt{y}\,(y>0)$ 代替 $X^2\leqslant y$.

以上解法具有普遍性. 一般来说,我们都可以用这样的方法求连续型随机变量函数的分布函数或概率密度. 下面仅对 $Y=g(X)$,其中 $g(x)$ 是严格单调函数的特殊情况,写出一般的结果.

定理 2.4.2　**设随机变量** X **具有概率密度** $f_X(x)(-\infty<x<+\infty)$,**函数** $g(x)$ **处处可导且恒有** $g'(x)>0$(**或恒有** $g'(x)<0$),**则** $Y=g(X)$ **是连续型随机变量,其概率密度为**

$$f_Y(y)=\begin{cases} f_X[h(y)]\cdot|h'(y)|, & \alpha<y<\beta, \\ 0, & \text{其他}, \end{cases} \tag{2.4.3}$$

其中 $\alpha=\min\{g(-\infty),g(+\infty)\}$,$\beta=\max\{g(-\infty),g(+\infty)\}$,$h(y)$ **是** $g(x)$ **的反函数.**

证　我们只证 $g'(x)>0$ 的情况. 此时函数 $g(x)$ 在区间 $(-\infty,+\infty)$ 上严格单调增加,它的反函数 $h(y)$ 存在,且在区间 (α,β) 内严格单调增加、可导. 分别记随机变量 X,Y 的分布函数为 $F_X(x)$,$F_Y(y)$,现在先来求 Y 的分布函数 $F_Y(y)$.

因 $Y=g(X)$ 在 (α,β) 内取值,故当 $y\leqslant\alpha$ 时,$F_Y(y)=P\{Y\leqslant y\}=0$;当 $y\geqslant\beta$ 时,$F_Y(y)=P\{Y\leqslant y\}=1$;当 $\alpha<y<\beta$ 时,有

$$F_Y(y)=P\{Y\leqslant y\}=P\{g(X)\leqslant y\}=P\{X\leqslant h(y)\}=F_X[h(y)],$$

上式两边对 y 求导数,即得 Y 的概率密度为

$$f_Y(y)=\begin{cases} f_X[h(y)]\cdot h'(y), & \alpha<y<\beta, \\ 0, & \text{其他}. \end{cases} \tag{2.4.4}$$

对 $g'(x)<0$ 的情况可以类似证明,此时有

$$f_Y(y)=\begin{cases} f_X[h(y)]\cdot[-h'(y)], & \alpha<y<\beta, \\ 0, & \text{其他}. \end{cases} \tag{2.4.5}$$

综合式(2.4.4)与式(2.4.5),即得式(2.4.3).

若随机变量 X 的概率密度 $f_X(x)$ 在有限区间 $[a,b]$ 外等于零,则只须假设在 $[a,b]$ 上恒有 $g'(x)>0$(或恒有 $g'(x)<0$),定理 2.4.2 仍成立,此时

$$\alpha=\min\{g(a),g(b)\},\quad \beta=\max\{g(a),g(b)\}.$$

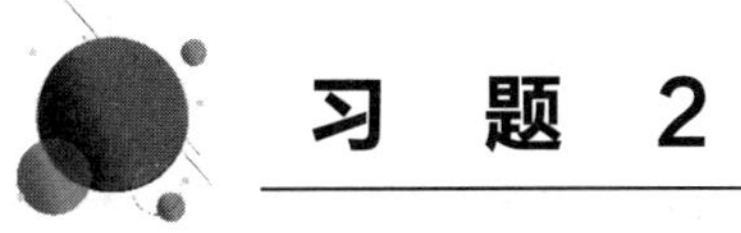

习　题　2

1. 设 20 件同类产品中有 5 件次品,从中不放回地任取 3 件,以 X 表示其中的次品数,求 X 的分布律.

2. 多次进行某项试验，设每次试验成功的概率为 $p(0<p<1)$，求试验获得首次成功所需要的试验次数 X 的分布律.

3. 传送 15 个信号，每个信号在传送过程中失真的概率为 0.06，每个信号是否失真相互独立，求：

(1) 恰有 1 个信号失真的概率；

(2) 至少有 2 个信号失真的概率.

4. 一电话交换机每分钟接到的传呼次数 $X \sim P(4)$，求：

(1) 每分钟恰有 8 次传呼的概率；

(2) 每分钟的传呼次数多于 2 次的概率.

5. 设随机变量 X 的概率密度为

$$f(x)=A\mathrm{e}^{-|x|} \quad (-\infty<x<+\infty).$$

求：

(1) 常数 A 的值；

(2) 分布函数 $F(x)$，并作图.

6. 某种电子元件的寿命(单位:h)X 的概率密度为

$$f(x)=\begin{cases}\dfrac{1\,000}{x^2}, & x>1\,000,\\ 0, & x\leqslant 1\,000.\end{cases}$$

一台设备中装有 3 个此种电子元件，在最初使用的 1 500 h 内，求(假定电子元件损坏与否相互独立)：

(1) 没有元件损坏的概率；

(2) 只有 1 个元件损坏的概率；

(3) 至少有 1 个元件损坏的概率.

7. 某厂生产的产品的寿命(单位:h)X 服从正态分布 $N(1\,600,\sigma^2)$，如果产品寿命在 1 200 h 以上的概率不小于 0.96，求 σ 的值.

8. 设随机变量 X 的分布律如表 1 所示，求：

(1) $Y=-2X+1$ 的分布律；

(2) $Z=2X^2-3$ 的分布律.

表 1

X	-3	-1	0	1	2
$p(x_i)$	0.1	0.2	0.25	0.2	0.25

9. 设随机变量 $X \sim N(0,1)$，求：

(1) $Y_1=2X^2+1$ 的概率密度；

(2) $Y_2=|X|$ 的概率密度.

10. 设随机变量 X 具有概率密度

$$f_X(x)=\begin{cases}\dfrac{x}{8}, & 0<x<4,\\ 0, & \text{其他},\end{cases}$$

求随机变量 $Y=2X+8$ 的概率密度.

11. 一箱中有 8 个编号分别为 1,2,…,8 的同样的球,从中任取 3 个球,以 X 表示取出的 3 个球中的最小编号,求 X 的分布律.

12. 设随机变量 X 的概率密度为

$$f(x)=\begin{cases}A\cos x, & |x|\leqslant \dfrac{\pi}{2},\\ 0, & |x|>\dfrac{\pi}{2},\end{cases}$$

求:

(1) 常数 A 的值;

(2) X 的分布函数;

(3) $P\left\{0<X<\dfrac{3}{4}\pi\right\}$.

13. 对圆片直径(单位:mm)进行测量,测量值 X 在区间 $[5,6]$ 上服从均匀分布,求圆片面积(单位:mm^2)Y 的概率密度.

14. 设随机变量 X 的分布函数为

$$F(x)=A+B\arctan x \quad (-\infty<x<+\infty),$$

求:

(1) 常数 A 及 B 的值;

(2) X 落在区间 $(-1,1)$ 内的概率;

(3) X 的概率密度.

15. 公共汽车站每隔 5 min 有一辆汽车通过. 设乘客到达汽车站的任一时刻是等可能的,求乘客候车时间不超过 3 min 的概率.

16. 一本 500 页的书,印刷时共出现 500 个错字,每个错字等可能地出现在每一页上,求在指定的一页上至少有 3 个错字的概率.

17. 某地区的年降雨量(单位:mm)$X\sim N(1\,000,100^2)$,设各年降雨量相互独立,求从今年起连续 10 年中有 9 年降雨量不超过 1 250 mm 的概率.

18. 已知某物体的测量误差(单位:m)X 服从正态分布 $N(7.5,10^2)$,问:必须测量多少次,才能使得至少有一次误差的绝对值不超过 10 m 的概率大于 0.9?

第3章

多维随机变量及其分布

在第2章中，我们所讨论的随机试验只涉及一个随机变量，即一维随机变量，而在许多实际问题中，某些随机试验的结果往往需要用多个随机变量来描述. 例如，炮弹在地面的弹着点位置要由两个随机变量(两个坐标) X,Y 来确定；钢的成分需要同时用含碳量 X、含硫量 Y、含磷量 Z 等三个以上的随机变量来描述. 因此，需要把试验中观察到的结果与某个实数组对应，这就是多维随机变量产生的实际背景.

本章先讨论多维随机变量作为一个整体的分布，得到与一维随机变量“相平行”的一些结论；再介绍多维随机变量所特有的内容：边缘分布及随机变量的独立性；最后介绍多维随机变量函数的分布. 由于二维随机变量与更多维的随机变量之间没有本质的差异，因此为简明起见，本章以二维随机变量为代表进行阐述，更多维的情形可以由此类推.

3.1 二维随机变量及其分布的概念

3.1.1 二维随机变量

在一个样本空间上可以同时定义两个随机变量.

例 3.1.1 将一颗骰子掷两次，定义 $X=\{$第一次掷出的点数$\}$，$Y=\{$第二次掷出的点数$\}$，则 X 和 Y 为定义在同一样本空间上的两个随机变量.

定义 3.1.1 设随机试验 E 的样本空间为 $\Omega=\{\omega\}$，$X=X(\omega)$ 和 $Y=Y(\omega)$ 是定义在 Ω 上的两个随机变量，则称由它们构成的一个有序对 (X,Y) 为**二维随机向量**或**二维随机变量**.

二维随机变量 (X,Y) 的性质不仅与 X,Y 有关，而且还依赖这两个随机变量的相互关系. 因此，不仅要逐个讨论 X 和 Y 的性质，还需要把 (X,Y) 作为一个整体来讨论. 二维随机变量可以看成平面(二维空间)上的随机点，一维随机变量可以看成直线(一维空间)上的随机点. 和一维的情况类似，对于二维随机变量，我们也只讨论离散型与连续型两大类，并借助分布函数、分布律、概率密度来表述二维随机变量作为一个整体的取值规律.

3.1.2　二维随机变量的分布函数

定义 3.1.2　设(X,Y)是二维随机变量. 对于任意常数x,y,称二元函数

$$F(x,y)=P\{X\leqslant x,Y\leqslant y\}$$

为二维随机变量(X,Y)的**联合分布函数**.

二维随机变量(X,Y)的联合分布函数$F(x,y)$表示随机变量X取值不大于x,同时随机变量Y取值不大于y的概率.

如果将二维随机变量(X,Y)看成平面上随机点的坐标,那么联合分布函数$F(x,y)$在点(x,y)处的函数值就是随机点(X,Y)落在以点(x,y)为顶点的左下方无穷矩形域内的概率(见图 3.1.1).

依照上述几何解释,借助图 3.1.2,容易算出随机点(X,Y)落在矩形域$\{(x,y)\mid x_1<x\leqslant x_2,y_1<y\leqslant y_2\}$内的概率为

$$P\{x_1<X\leqslant x_2,y_1<Y\leqslant y_2\}=F(x_2,y_2)-F(x_2,y_1)-F(x_1,y_2)+F(x_1,y_1).\tag{3.1.1}$$

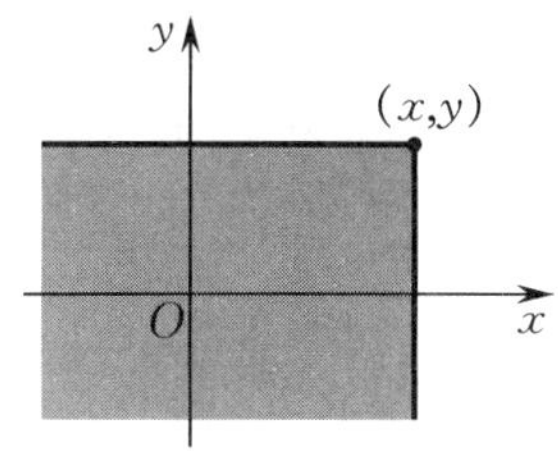

图 3.1.1

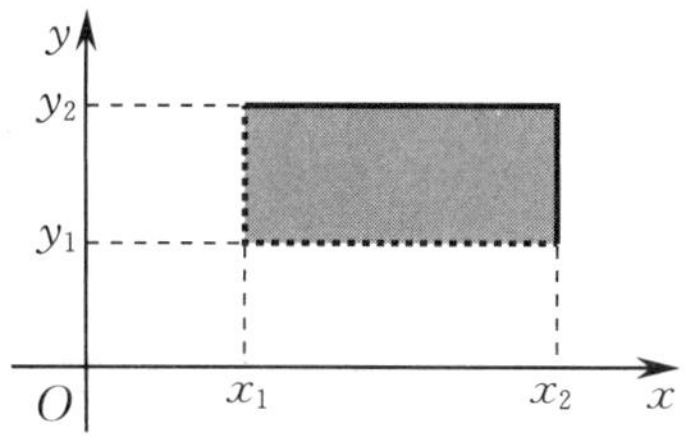

图 3.1.2

联合分布函数$F(x,y)$具有以下基本性质.

性质 3.1.1　$F(x,y)$是变量x,y的单调不减函数,即对于任意固定的y,当$x_2>x_1$时,

$$F(x_2,y)\geqslant F(x_1,y);$$

对于任意固定的x,当$y_2>y_1$时,

$$F(x,y_2)\geqslant F(x,y_1).$$

性质 3.1.2　$0\leqslant F(x,y)\leqslant 1$,$F(-\infty,-\infty)=0$,$F(+\infty,+\infty)=1$,且对于任意固定的$y$,有

$$F(-\infty,y)=0,$$

对于任意固定的x,有

$$F(x,-\infty)=0.$$

性质 3.1.2 的四个等式可以从几何上加以说明. 例如,在图 3.1.1 中将无穷矩形的右边界向左无限平移($x\to-\infty$),则"随机点(X,Y)落在这个矩形域内"这一事件趋于不可能事件,故其概率趋于 0,即有$F(-\infty,y)=0$. 又如,当$x\to+\infty$,$y\to+\infty$时,图 3.1.1 中的无穷矩形扩展到全平面,"随机点(X,Y)落在其中"这一事件趋于必然事件,故其概率趋于 1,即$F(+\infty,+\infty)=1$.

性质 3.1.3 $F(x+0,y)=F(x,y)$,$F(x,y+0)=F(x,y)$,即$F(x,y)$关于x右连续,关于y也右连续.

性质 3.1.4 对于任意的点(x_1,y_1),(x_2,y_2),其中$x_1<x_2$,$y_1<y_2$,下列不等式成立：

$$F(x_2,y_2)-F(x_2,y_1)-F(x_1,y_2)+F(x_1,y_1)\geqslant 0.$$

这一性质由式(3.1.1)及概率的非负性即可得.

3.2 二维随机变量的联合分布

3.2.1 二维离散型随机变量的联合分布律

若二维随机变量(X,Y)的所有可能取值是有限或可列无穷多对,则称(X,Y)是**二维离散型随机变量.**

定义 3.2.1 设二维随机变量(X,Y)的所有可能取值为$(x_i,y_j)(i,j=1,2,\cdots)$,将表示试验结果中随机变量$X$取值$x_i$,同时随机变量$Y$取值$y_j$的概率记作

$$P\{X=x_i,Y=y_j\}=p_{ij}, \tag{3.2.1}$$

这称为二维离散型随机变量(X,Y)的**联合分布律.**

我们也能用表格的形式来表示(X,Y)的联合分布律,如表3.2.1所示.

表 3.2.1

Y	X				
	x_1	x_2	$\cdots$	x_i	$\cdots$
y_1	p_{11}	p_{21}	$\cdots$	p_{i1}	$\cdots$
y_2	p_{12}	p_{22}	$\cdots$	p_{i2}	$\cdots$
$\vdots$	$\vdots$	$\vdots$		$\vdots$	
y_j	p_{1j}	p_{2j}	$\cdots$	p_{ij}	$\cdots$
$\vdots$	$\vdots$	$\vdots$		$\vdots$	

与一维离散型随机变量的分布律类似,联合分布律具有下列性质.

性质 3.2.1 $p_{ij}\geqslant 0(i,j=1,2,\cdots)$.

性质 3.2.2 $\sum\limits_{i=1}^{\infty}\sum\limits_{j=1}^{\infty}p_{ij}=1$.

例 3.2.1 设随机变量X在1,2,3,4四个数中等可能地取值,另一个随机变量Y在$1\sim X$中等可能地取一整数值,求二维随机变量(X,Y)的联合分布律.

解 依题意,X的所有可能取值为1,2,3,4.因为$Y\leqslant X$,所以Y的所有可能取值也为1,2,3,4.根据概率的乘法公式,得

$$P\{X=i,Y=j\}=P\{X=i\}P\{Y=j\mid X=i\}$$
$$=\frac{1}{4}\cdot\frac{1}{i}=\frac{1}{4i}\quad(i=1,2,3,4,j\leqslant i).$$

当 $j>i$ 时，$\{X=i,Y=j\}$ 为不可能事件，故

$$P\{X=i,Y=j\}=0\quad(j>i).$$

于是，得 (X,Y) 的联合分布律如表 3.2.2 所示.

表 3.2.2

Y	X			
	1	2	3	4
1	$\frac{1}{4}$	$\frac{1}{8}$	$\frac{1}{12}$	$\frac{1}{16}$
2	0	$\frac{1}{8}$	$\frac{1}{12}$	$\frac{1}{16}$
3	0	0	$\frac{1}{12}$	$\frac{1}{16}$
4	0	0	0	$\frac{1}{16}$

将 (X,Y) 看成一个随机点的坐标，由图 3.1.1 知二维离散型随机变量 (X,Y) 的联合分布函数为

$$F(x,y)=\sum_{x_i\leqslant x}\sum_{y_j\leqslant y}p_{ij},$$

其中和式是对一切满足 $x_i\leqslant x,y_j\leqslant y$ 的 i,j 来求和的.

3.2.2　二维连续型随机变量的联合概率密度

定义 3.2.2　设二维随机变量 (X,Y) 的联合分布函数为 $F(x,y)$. 若存在非负函数 $f(x,y)$，使得对于任意实数 x,y，有

$$F(x,y)=\int_{-\infty}^{y}\int_{-\infty}^{x}f(u,v)\mathrm{d}u\mathrm{d}v,\tag{3.2.2}$$

则称 (X,Y) 为**二维连续型随机变量**，其中函数 $f(x,y)$ 称为二维连续型随机变量 (X,Y) 的**联合概率密度**.

按定义，联合概率密度 $f(x,y)$ 具有以下性质.

性质 3.2.3　$f(x,y)\geqslant 0$，且

$$\int_{-\infty}^{+\infty}\int_{-\infty}^{+\infty}f(x,y)\mathrm{d}x\mathrm{d}y=F(+\infty,+\infty)=1.$$

可以证明，凡满足性质 3.2.3 的任意一个二元函数 $f(x,y)$，必可作为某个二维连续型随机变量的联合概率密度.

性质 3.2.4　若函数 $f(x,y)$ 在点 (x,y) 处连续，则

$$\frac{\partial^2 F(x,y)}{\partial x \partial y}=f(x,y).$$

证　由式(3.2.2)得

$$\frac{\partial F(x,y)}{\partial x}=\frac{\partial}{\partial x}\left[\int_{-\infty}^{x}\int_{-\infty}^{y} f(u,v)\mathrm{d}v\mathrm{d}u\right]=\int_{-\infty}^{y} f(x,v)\mathrm{d}v,$$

故

$$\frac{\partial^2 F(x,y)}{\partial x \partial y}=\frac{\partial}{\partial y}\left[\int_{-\infty}^{y} f(x,v)\mathrm{d}v\right]=f(x,y).$$

性质 3.2.5　设 G 是 xOy 平面上的一个区域，则随机点 (X,Y) 落在 G 内的概率为

$$P\{(X,Y)\in G\}=\iint_G f(x,y)\mathrm{d}x\mathrm{d}y.$$

在几何上，函数 $z=f(x,y)$ 的图形表示空间的一张曲面. 由性质 3.2.3 知，介于该曲面和 xOy 平面之间的空间区域的体积是1. 性质3.2.5表明，随机点 (X,Y) 落入区域 G 内的概率 $P\{(X,Y)\in G\}$ 正好等于以 G 为底、曲面 $z=f(x,y)$ 为顶的曲顶柱体的体积.

例 3.2.2　设二维随机变量 (X,Y) 的联合概率密度为

$$f(x,y)=\begin{cases}A\mathrm{e}^{-(x+y)}, & x>0,y>0,\\ 0, & \text{其他},\end{cases}$$

求：

(1) 常数 A 的值；

(2) 联合分布函数 $F(x,y)$；

(3) $P\{X+Y\leqslant 1\}$.

解　(1) 由联合概率密度的性质，有

$$\begin{aligned}1&=\int_{-\infty}^{+\infty}\int_{-\infty}^{+\infty} f(x,y)\mathrm{d}x\mathrm{d}y=\int_{0}^{+\infty}\int_{0}^{+\infty} A\mathrm{e}^{-(x+y)}\mathrm{d}x\mathrm{d}y\\ &=A\int_{0}^{+\infty}\mathrm{e}^{-x}\mathrm{d}x\int_{0}^{+\infty}\mathrm{e}^{-y}\mathrm{d}y=A,\end{aligned}$$

即 $A=1$.

(2) 当 $x\leqslant 0$ 或 $y\leqslant 0$ 时，有 $f(x,y)=0$，从而

$$F(x,y)=\int_{-\infty}^{y}\int_{-\infty}^{x} f(u,v)\mathrm{d}u\mathrm{d}v=\int_{-\infty}^{y}\int_{-\infty}^{x} 0\mathrm{d}u\mathrm{d}v=0;$$

当 $x>0$ 且 $y>0$ 时，有

$$\begin{aligned}F(x,y)&=\int_{-\infty}^{y}\int_{-\infty}^{x} f(u,v)\mathrm{d}u\mathrm{d}v=\int_{0}^{y}\int_{0}^{x}\mathrm{e}^{-(u+v)}\mathrm{d}u\mathrm{d}v=\int_{0}^{x}\mathrm{e}^{-u}\mathrm{d}u\int_{0}^{y}\mathrm{e}^{-v}\mathrm{d}v\\ &=(-\mathrm{e}^{-u})\Big|_{0}^{x}\cdot(-\mathrm{e}^{-v})\Big|_{0}^{y}=(1-\mathrm{e}^{-x})(1-\mathrm{e}^{-y}).\end{aligned}$$

所以

$$F(x,y)=\begin{cases}(1-\mathrm{e}^{-x})(1-\mathrm{e}^{-y}), & x>0,y>0,\\ 0, & \text{其他}.\end{cases}$$

(3) 设区域 $G=\{(x,y)\mid x+y\leqslant 1\}$，则事件 $\{X+Y\leqslant 1\}$ 等价于 $\{(X,Y)\in G\}$，于是所求概率为

$$P\{X+Y\leqslant 1\}=P\{(X,Y)\in G\}=\iint\limits_{G} f(x,y)\mathrm{d}x\mathrm{d}y$$

$$=\int_{-\infty}^{+\infty}\mathrm{d}x\int_{-\infty}^{1-x}f(x,y)\mathrm{d}y=\int_{0}^{1}\mathrm{d}x\int_{0}^{1-x}\mathrm{e}^{-(x+y)}\mathrm{d}y=1-2\mathrm{e}^{-1}.$$

3.3 边缘分布与随机变量的独立性

3.3.1 边缘分布

二维随机变量 (X,Y) 作为一个整体，具有联合分布函数 $F(x,y)$，而 X 和 Y 都是随机变量，各自也有分布函数，将它们分别记为 $F_X(x)$，$F_Y(y)$，依次称为二维随机变量 (X,Y) 关于 X 和关于 Y 的**边缘分布函数**.

边缘分布函数可以由二维随机变量 (X,Y) 的联合分布函数 $F(x,y)$ 确定，事实上，有

$$F_X(x)=P\{X\leqslant x\}=P\{X\leqslant x,Y<+\infty\}=F(x,+\infty). \tag{3.3.1}$$

也就是说，只要在函数 $F(x,y)$ 中令 $y\to+\infty$ 就能得到 $F_X(x)$. 同理可得

$$F_Y(y)=F(+\infty,y). \tag{3.3.2}$$

1. 二维离散型随机变量的边缘分布

设二维离散型随机变量 (X,Y) 的联合分布律为

$$P\{X=x_i,Y=y_j\}=p_{ij}\quad (i,j=1,2,\cdots),$$

则有

$$F_X(x)=F(x,+\infty)=\sum_{x_i\leqslant x}\sum_{j=1}^{+\infty}p_{ij}.$$

另一方面，有

$$F_X(x)=\sum_{x_i\leqslant x}P\{X=x_i\}.$$

比较上两式，即得

$$P\{X=x_i\}=\sum_{j=1}^{+\infty}p_{ij}\quad (i=1,2,\cdots).$$

同理，有

$$P\{Y=y_j\}=\sum_{i=1}^{+\infty}p_{ij}\quad (j=1,2,\cdots).$$

记

$$p_{i\cdot}=P\{X=x_i\}=\sum_{j=1}^{+\infty}p_{ij}\quad (i=1,2,\cdots), \tag{3.3.3}$$

$$p_{\cdot j}=P\{Y=y_j\}=\sum_{i=1}^{+\infty}p_{ij}\quad (j=1,2,\cdots), \tag{3.3.4}$$

分别称 $p_{i\cdot}$ 和 $p_{\cdot j}$ 为二维离散型随机变量(X,Y)关于 X 和关于 Y 的**边缘分布律**.

2. 二维连续型随机变量的边缘分布

设二维连续型随机变量(X,Y)的联合概率密度为 $f(x,y)$，由式(3.3.1)得

$$F_X(x)=F(x,+\infty)=\int_{-\infty}^{x}\int_{-\infty}^{+\infty}f(u,v)\mathrm{d}v\mathrm{d}u.$$

另一方面，有

$$F_X(x)=\int_{-\infty}^{x}f_X(u)\mathrm{d}u.$$

比较上两式，即得

$$f_X(x)=\int_{-\infty}^{+\infty}f(x,y)\mathrm{d}y.$$

同理，有

$$f_Y(y)=\int_{-\infty}^{+\infty}f(x,y)\mathrm{d}x.$$

分别称 $f_X(x)$，$f_Y(y)$ 为二维连续型随机变量(X,Y)关于 X 和关于 Y 的**边缘概率密度**.

3.3.2 随机变量的独立性

在研究随机现象时，经常碰到这样的一些随机变量，其中一部分随机变量的取值对其余随机变量的分布没有什么影响. 例如，两个人分别向同一目标进行射击，各自命中的环数 X,Y 就互无影响. 为了描述这种情形，借助两个事件的独立性概念来引入两个随机变量的独立性这个十分重要的概念.

定义 3.3.1 设 $F(x,y)$ 及 $F_X(x)$，$F_Y(y)$ 分别为二维随机变量(X,Y)的联合分布函数及关于 X 和关于 Y 的边缘分布函数. 若对于任意实数 x,y，有

$$P\{X\leqslant x,Y\leqslant y\}=P\{X\leqslant x\}P\{Y\leqslant y\},\tag{3.3.5}$$

即

$$F(x,y)=F_X(x)F_Y(y),\tag{3.3.6}$$

则称随机变量 X 与 Y **相互独立**.

设(X,Y)是二维连续型随机变量，$f(x,y)$ 及 $f_X(x)$，$f_Y(y)$ 分别为(X,Y)的联合概率密度及关于 X 和关于 Y 的边缘概率密度，则随机变量 X 与 Y 相互独立的条件(3.3.6)等价于等式

$$f(x,y)=f_X(x)f_Y(y)$$

处处成立.

设(X,Y)是二维离散型随机变量，则随机变量 X 与 Y 相互独立的条件(3.3.6)等价于等式

$$P\{X=x_i,Y=y_j\}=P\{X=x_i\}P\{Y=y_j\}$$

对(X,Y)的所有可能取值(x_i,y_j)都成立.

例 3.3.1 一袋中有 2 个白球、3 个黑球，现从袋中任意抽取两次，每次取 1 个球，令

$$X=\begin{cases}0, & \text{第一次取到白球},\\ 1, & \text{第一次取到黑球},\end{cases}\quad Y=\begin{cases}0, & \text{第二次取到白球},\\ 1, & \text{第二次取到黑球},\end{cases}$$

判断：

(1) 在放回式抽样下，X 与 Y 是否相互独立；

(2) 在不放回式抽样下，X 与 Y 是否相互独立.

解 (1) 在放回式抽样下，二维随机变量(X,Y)的联合分布律与边缘分布律如表 3.3.1 所示.

表 3.3.1

Y	X		$P\{Y=y_j\}$
	0	1	
0	$\frac{4}{25}$	$\frac{6}{25}$	$\frac{2}{5}$
1	$\frac{6}{25}$	$\frac{9}{25}$	$\frac{3}{5}$
$P\{X=x_i\}$	$\frac{2}{5}$	$\frac{3}{5}$	1

由表 3.3.1 通过直接验算可知，对于 $i,j=0,1$，有

$$P\{X=i,Y=j\}=P\{X=i\}P\{Y=j\}$$

恒成立，所以在放回式抽样下，X 与 Y 相互独立.

(2) 在不放回式抽样下，二维随机变量(X,Y)的联合分布律与边缘分布律如表 3.3.2 所示.

表 3.3.2

Y	X		$P\{Y=y_j\}$
	0	1	
0	$\frac{1}{10}$	$\frac{3}{10}$	$\frac{2}{5}$
1	$\frac{3}{10}$	$\frac{3}{10}$	$\frac{3}{5}$
$P\{X=x_i\}$	$\frac{2}{5}$	$\frac{3}{5}$	1

由表 3.3.2 可知 $P\{X=0,Y=0\}=\frac{1}{10}$，而 $P\{X=0\}=\frac{2}{5}$，$P\{Y=0\}=\frac{2}{5}$，从而

$$P\{X=0,Y=0\}\neq P\{X=0\}P\{Y=0\},$$

所以在不放回式抽样下，X 与 Y 不相互独立.

例 3.3.2 已知二维随机变量(X,Y)的联合概率密度为

$$f(x,y)=\begin{cases}2\mathrm{e}^{-(x+2y)}, & x>0,y>0,\\ 0, & \text{其他},\end{cases}$$

判断 X 与 Y 是否相互独立.

解 为了判定随机变量 X 与 Y 是否相互独立，应当先求出它们的边缘概率密度. 由 $f_X(x)=\int_{-\infty}^{+\infty}f(x,y)\mathrm{d}y$ 可知，当 $x\leqslant 0$ 时，显然有 $f_X(x)=0$；当 $x>0$ 时，有

$$f_X(x)=\int_0^{+\infty}2\mathrm{e}^{-(x+2y)}\mathrm{d}y=2\mathrm{e}^{-x}\int_0^{+\infty}\mathrm{e}^{-2y}\mathrm{d}y$$
$$=2\mathrm{e}^{-x}\cdot\frac{1}{2}=\mathrm{e}^{-x}.$$

由此得二维随机变量(X,Y)关于X的边缘概率密度为

$$f_X(x)=\begin{cases}\mathrm{e}^{-x}, & x>0,\\ 0, & x\leqslant 0.\end{cases}$$

同理,得二维随机变量(X,Y)关于Y的边缘概率密度为

$$f_Y(y)=\begin{cases}2\mathrm{e}^{-2y}, & y>0,\\ 0, & y\leqslant 0.\end{cases}$$

由上面得到的结果易知

$$f(x,y)=f_X(x)f_Y(y),$$

所以随机变量X与Y相互独立.

例 3.3.3 设随机变量X在区间$[0,5]$上服从均匀分布,Y服从参数为$\lambda=1$的指数分布,已知X与Y相互独立,求二维随机变量(X,Y)的联合概率密度和$P\{Y\leqslant X\}$.

解 由题设,X的概率密度为

$$f_X(x)=\begin{cases}\dfrac{1}{5}, & 0\leqslant x\leqslant 5,\\ 0, & \text{其他},\end{cases}$$

Y的概率密度为

$$f_Y(y)=\begin{cases}\mathrm{e}^{-y}, & y>0,\\ 0, & \text{其他}.\end{cases}$$

由于X与Y相互独立,因此(X,Y)的联合概率密度为

$$f(x,y)=f_X(x)f_Y(y)=\begin{cases}\dfrac{1}{5}\mathrm{e}^{-y}, & 0\leqslant x\leqslant 5, y>0,\\ 0, & \text{其他}.\end{cases}$$

由图 3.3.1 知

$$P\{Y\leqslant X\}=\iint\limits_{y\leqslant x}f(x,y)\mathrm{d}x\mathrm{d}y=\int_0^5\mathrm{d}x\int_0^x\frac{1}{5}\mathrm{e}^{-y}\mathrm{d}y$$
$$=\int_0^5\frac{1}{5}(1-\mathrm{e}^{-x})\mathrm{d}x=\frac{1}{5}(4+\mathrm{e}^{-5}).$$

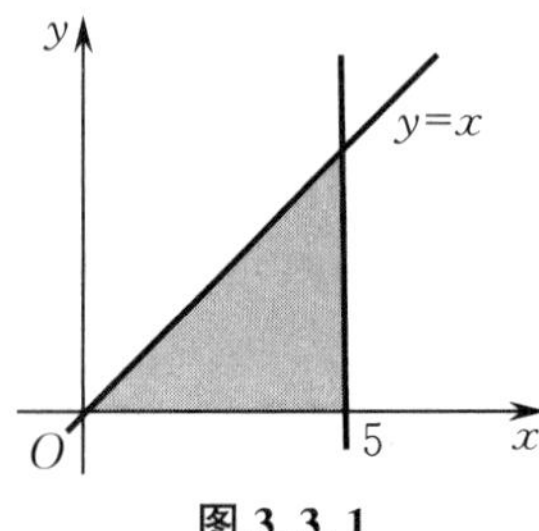

图 3.3.1

3.4　两个随机变量函数的分布

现在我们讨论，如果已知二维随机变量(X,Y)的联合分布，怎样求随机变量函数$Z=g(X,Y)$的分布.

3.4.1　和的分布

1. 离散型随机变量 X 与 Y 的和

首先考虑两个离散型随机变量X与Y的和，显然它也是离散型随机变量，记作Z，即

$$Z=X+Y.$$

变量Z的任一可能取值z_k是变量X的可能取值x_i与变量Y的可能取值y_j的和：

$$z_k=x_i+y_j.$$

但是，对于不同的x_i及y_j，它们的和x_i+y_j可能是相等的，所以有

$$P\{Z=z_k\}=\sum_i\sum_j P\{X=x_i,Y=y_j\},$$

这里求和的范围是一切使$x_i+y_j=z_k$的i及j的值. 也可以写成

$$P\{Z=z_k\}=\sum_i P\{X=x_i,Y=z_k-x_i\},$$

这里求和的范围可以认为是一切i的值. 若对于i的某一个值i_0，数$z_k-x_{i_0}$不是随机变量Y的可能取值，则我们规定

$$P\{X=x_{i_0},Y=z_k-x_{i_0}\}=0.$$

同理可得

$$P\{Z=z_k\}=\sum_j P\{X=z_k-y_j,Y=y_j\}.$$

若X与Y相互独立，则有

$$P\{Z=z_k\}=\sum_i P\{X=x_i\}P\{Y=z_k-x_i\}$$

或

$$P\{Z=z_k\}=\sum_j P\{X=z_k-y_j\}P\{Y=y_j\}.$$

例 3.4.1　设二维随机变量(X,Y)的联合分布律如表 3.4.1 所示，求随机变量X与Y的函数$X+Y,X-Y,XY$的分布律.

表 3.4.1

Y	X			
	-1	0	1	2
-1	$\frac{1}{5}$	$\frac{3}{20}$	$\frac{1}{10}$	$\frac{3}{10}$
2	$\frac{1}{10}$	0	$\frac{1}{10}$	$\frac{1}{20}$

解 为了简明起见,先将(X,Y)取各对值及对应的概率与函数$X+Y$,$X-Y$,XY的值列表(见表3.4.2).

表 3.4.2

P	$\frac{1}{5}$	$\frac{3}{20}$	$\frac{1}{10}$	$\frac{3}{10}$	$\frac{1}{10}$	0	$\frac{1}{10}$	$\frac{1}{20}$
(X,Y)	$(-1,-1)$	$(0,-1)$	$(1,-1)$	$(2,-1)$	$(-1,2)$	$(0,2)$	$(1,2)$	$(2,2)$
$X+Y$	-2	-1	0	1	1	2	3	4
$X-Y$	0	1	2	3	-3	-2	-1	0
XY	1	0	-1	-2	-2	0	2	4

由表3.4.2可得各函数的分布律分别如表3.4.3、表3.4.4和表3.4.5所示.

表 3.4.3

$X+Y$	-2	-1	0	1	3	4
P	$\frac{1}{5}$	$\frac{3}{20}$	$\frac{1}{10}$	$\frac{2}{5}$	$\frac{1}{10}$	$\frac{1}{20}$

表 3.4.4

$X-Y$	-3	-1	0	1	2	3
P	$\frac{1}{10}$	$\frac{1}{10}$	$\frac{1}{4}$	$\frac{3}{20}$	$\frac{1}{10}$	$\frac{3}{10}$

表 3.4.5

XY	-2	-1	0	1	2	4
P	$\frac{2}{5}$	$\frac{1}{10}$	$\frac{3}{20}$	$\frac{1}{5}$	$\frac{1}{10}$	$\frac{1}{20}$

2. 连续型随机变量 X 与 Y 的和

对于二维连续型随机变量(X,Y),设其联合概率密度为$f(x,y)$,则$Z=X+Y$的分布函数为

$$F_Z(z)=P\{Z\leqslant z\}=\iint_G f(x,y)\mathrm{d}x\mathrm{d}y,$$

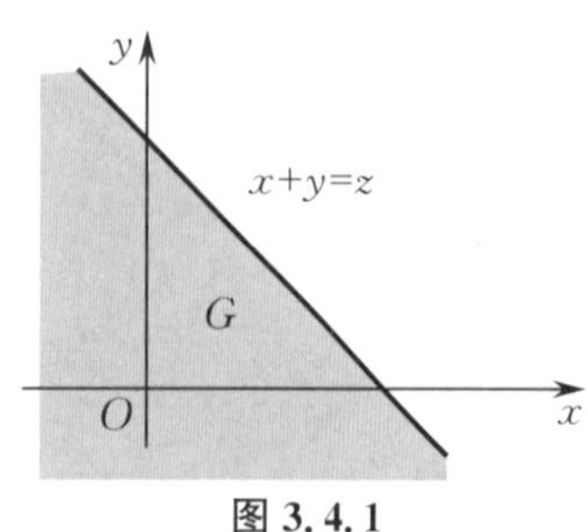

图 3.4.1

这里积分区域$G=\{(x,y)\mid x+y\leqslant z\}$是直线$x+y=z$及其左下方的半平面(见图3.4.1).将上式化成累次积分,得

$$F_Z(z)=\int_{-\infty}^{+\infty}\int_{-\infty}^{z-y}f(x,y)\mathrm{d}x\mathrm{d}y.$$

固定z和y,对积分$\int_{-\infty}^{z-y}f(x,y)\mathrm{d}x$做变量代换,令$x=u-y$,得

$$\int_{-\infty}^{z-y}f(x,y)\mathrm{d}x=\int_{-\infty}^{z}f(u-y,y)\mathrm{d}u,$$

于是

$$F_Z(z)=\int_{-\infty}^{+\infty}\int_{-\infty}^{z}f(u-y,y)\,\mathrm{d}u\,\mathrm{d}y=\int_{-\infty}^{z}\int_{-\infty}^{+\infty}f(u-y,y)\,\mathrm{d}y\,\mathrm{d}u.$$

由此得 Z 的概率密度为

$$f_Z(z)=\int_{-\infty}^{+\infty}f(z-y,y)\,\mathrm{d}y. \tag{3.4.1}$$

由 X,Y 的对称性，Z 的概率密度又可写成

$$f_Z(z)=\int_{-\infty}^{+\infty}f(x,z-x)\,\mathrm{d}x. \tag{3.4.2}$$

特别地，当随机变量 X 与 Y 相互独立时，设二维随机变量 (X,Y) 关于 X 和关于 Y 的边缘概率密度分别为 $f_X(x),f_Y(y)$，则式(3.4.1)和式(3.4.2)分别化为

$$f_Z(z)=\int_{-\infty}^{+\infty}f_X(z-y)f_Y(y)\,\mathrm{d}y, \tag{3.4.3}$$

$$f_Z(z)=\int_{-\infty}^{+\infty}f_X(x)f_Y(z-x)\,\mathrm{d}x. \tag{3.4.4}$$

这两个公式称为**卷积公式**，记为 f_X*f_Y，即

$$f_X*f_Y=\int_{-\infty}^{+\infty}f_X(z-y)f_Y(y)\,\mathrm{d}y=\int_{-\infty}^{+\infty}f_X(x)f_Y(z-x)\,\mathrm{d}x.$$

例 3.4.2 设随机变量 X 与 Y 相互独立，且都服从标准正态分布 $N(0,1)$，即其概率密度分别为

$$f_X(x)=\frac{1}{\sqrt{2\pi}}\mathrm{e}^{-\frac{x^2}{2}}\quad(-\infty<x<+\infty),$$

$$f_Y(y)=\frac{1}{\sqrt{2\pi}}\mathrm{e}^{-\frac{y^2}{2}}\quad(-\infty<y<+\infty),$$

求随机变量 $Z=X+Y$ 的概率密度.

解 由式(3.4.4)得 Z 的概率密度为

$$\begin{aligned}f_Z(z)&=\int_{-\infty}^{+\infty}f_X(x)f_Y(z-x)\,\mathrm{d}x=\frac{1}{2\pi}\int_{-\infty}^{+\infty}\mathrm{e}^{-\frac{x^2}{2}}\mathrm{e}^{-\frac{(z-x)^2}{2}}\,\mathrm{d}x\\&=\frac{1}{2\pi}\mathrm{e}^{-\frac{z^2}{4}}\int_{-\infty}^{+\infty}\mathrm{e}^{-\left(x-\frac{z}{2}\right)^2}\,\mathrm{d}x.\end{aligned}$$

令 $t=x-\dfrac{z}{2}$，得

$$f_Z(z)=\frac{1}{2\pi}\mathrm{e}^{-\frac{z^2}{4}}\int_{-\infty}^{+\infty}\mathrm{e}^{-t^2}\,\mathrm{d}t=\frac{1}{2\pi}\mathrm{e}^{-\frac{z^2}{4}}\cdot\sqrt{\pi}=\frac{1}{2\sqrt{\pi}}\mathrm{e}^{-\frac{z^2}{4}},$$

即 Z 服从 $N(0,(\sqrt{2})^2)$.

一般地，设随机变量 X 与 Y 相互独立，且

$$X\sim N(\mu_x,\sigma_x^2),\quad Y\sim N(\mu_y,\sigma_y^2),$$

则它们的和也服从正态分布，且有

$$Z=X+Y\sim N(\mu_x+\mu_y,\sigma_x^2+\sigma_y^2).$$

这个结论还能推广到 n 个相互独立的正态随机变量之和的情况. 设随机变量 X_1,

$X_2,\cdots,X_n$ 相互独立，且都服从正态分布，即

$$X_i \sim N(\mu_i,\sigma_i^2) \quad (i=1,2,\cdots,n),$$

则它们的线性组合也服从正态分布，且有

$$Z=\sum_{i=1}^{n} c_iX_i \sim N\left(\sum_{i=1}^{n} c_i\mu_i,\sum_{i=1}^{n} c_i^2\sigma_i^2\right),$$

其中 $c_1,c_2,\cdots,c_n$ 为常数.

3.4.2 最大值与最小值的分布

设随机变量 X 与 Y 相互独立，它们的分布函数分别为 $F_X(x)$ 及 $F_Y(y)$，我们来求 X 和 Y 的最大值 $\max\{X,Y\}$ 与最小值 $\min\{X,Y\}$ 的分布.

1. 最大值的分布

因为事件"$\max\{X,Y\}\leqslant z$"与事件"X 及 Y 都不大于 z"$(X\leqslant z,Y\leqslant z)$ 等价，注意到 X 与 Y 的独立性，所以 $\max\{X,Y\}$ 的分布函数为

$$\begin{aligned}F_{\max}(z)&=P\{\max\{X,Y\}\leqslant z\}=P\{X\leqslant z,Y\leqslant z\}\\&=P\{X\leqslant z\}P\{Y\leqslant z\}=F_X(z)F_Y(z).\end{aligned}$$

2. 最小值的分布

因为事件"$\min\{X,Y\}>z$"与事件"X 及 Y 都大于 z"$(X>z,Y>z)$ 等价，注意到 X 与 Y 的独立性，所以 $\min\{X,Y\}$ 的分布函数为

$$\begin{aligned}F_{\min}(z)&=P\{\min\{X,Y\}\leqslant z\}=1-P\{\min\{X,Y\}>z\}=1-P\{X>z,Y>z\}\\&=1-P\{X>z\}P\{Y>z\}=1-(1-P\{X\leqslant z\})(1-P\{Y\leqslant z\})\\&=1-[1-F_X(z)][1-F_Y(z)].\end{aligned}$$

上述结论不难推广到 n 个相互独立的随机变量的情形. 设随机变量 $X_1,X_2,\cdots,X_n$ 相互独立，则它们的最大值 $\max\{X_1,X_2,\cdots,X_n\}$ 的分布函数为

$$F_{\max}(z)=\prod_{i=1}^{n} F_i(z),$$

最小值 $\min\{X_1,X_2,\cdots,X_n\}$ 的分布函数为

$$F_{\min}(z)=1-\prod_{i=1}^{n}[1-F_i(z)],$$

其中 $F_i(z)$ 表示 $X_i(i=1,2,\cdots,n)$ 的分布函数.

特别地，如果随机变量 $X_1,X_2,\cdots,X_n$ 相互独立，且服从相同的分布，$X_i(i=1,2,\cdots,n)$ 的分布函数为 $F(x)$，则有

$$F_{\max}(z)=[F(z)]^n,\quad F_{\min}(z)=1-[1-F(z)]^n.$$

例 3.4.3 已知系统 L 由两个相互独立的子系统 L_1，L_2 连接而成，连接方式有以下三种：(1) 串联；(2) 并联；(3) 备用（当系统 L_1 损坏时，系统 L_2 开始工作），如图 3.4.2 所示. 设 L_1，L_2 的寿命分别为 X，Y，它们的概率密度分别为

$$f_X(x)=\begin{cases}\alpha e^{-\alpha x}, & x>0,\\ 0, & x\leqslant 0,\end{cases}\quad f_Y(y)=\begin{cases}\beta e^{-\beta y}, & y>0,\\ 0, & y\leqslant 0,\end{cases}$$

其中$\alpha>0,\beta>0(\alpha\neq\beta)$为常数，试分别就以上三种连接方式写出L的寿命$Z$的概率密度.

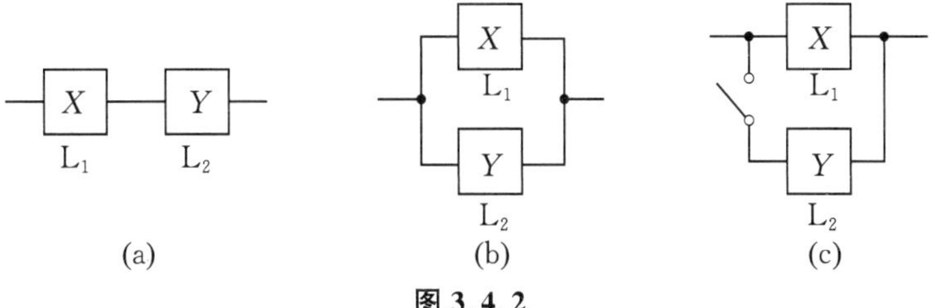

图 3.4.2

解　(1) 串联方式. 由于当L_1,L_2中有一个损坏时系统L就停止工作，因此这时L的寿命$Z=\min\{X,Y\}$. 由题设，X,Y的分布函数分别为

$$F_X(x)=\begin{cases}1-e^{-\alpha x}, & x>0,\\ 0, & x\leqslant 0,\end{cases}\quad F_Y(y)=\begin{cases}1-e^{-\beta y}, & y>0,\\ 0, & y\leqslant 0,\end{cases}$$

故得$Z=\min\{X,Y\}$的分布函数为

$$F_{\min}(z)=1-[1-F_X(z)][1-F_Y(z)]=\begin{cases}1-e^{-(\alpha+\beta)z}, & z>0,\\ 0, & z\leqslant 0.\end{cases}$$

于是，$Z=\min\{X,Y\}$的概率密度为

$$f_{\min}(z)=\frac{d}{dz}F_{\min}(z)=\begin{cases}(\alpha+\beta)e^{-(\alpha+\beta)z}, & z>0,\\ 0, & z\leqslant 0.\end{cases}$$

(2) 并联方式. 由于当L_1,L_2都损坏时系统L才停止工作，因此这时L的寿命$Z=\max\{X,Y\}$. 由题设，$Z=\max\{X,Y\}$的分布函数为

$$F_{\max}(z)=F_X(z)F_Y(z)=\begin{cases}(1-e^{-\alpha z})(1-e^{-\beta z}), & z>0,\\ 0, & z\leqslant 0.\end{cases}$$

于是，$Z=\max\{X,Y\}$的概率密度为

$$f_{\max}(z)=\begin{cases}\alpha e^{-\alpha z}+\beta e^{-\beta z}-(\alpha+\beta)e^{-(\alpha+\beta)z}, & z>0,\\ 0, & z\leqslant 0.\end{cases}$$

(3) 备用方式. 由于当L_1损坏时L_2才开始工作，因此整个系统L的寿命为L_1,L_2两者的寿命之和，即$Z=X+Y$. 由题设及卷积公式，当$z>0$时，$Z=X+Y$的概率密度为

$$\begin{aligned}f_{X+Y}(z)&=\int_{-\infty}^{+\infty}f_X(z-y)f_Y(y)dy=\int_0^z\alpha e^{-\alpha(z-y)}\cdot\beta e^{-\beta y}dy\\&=\alpha\beta e^{-\alpha z}\int_0^z e^{-(\beta-\alpha)y}dy=\frac{\alpha\beta}{\beta-\alpha}(e^{-\alpha z}-e^{-\beta z});\end{aligned}$$

当$z\leqslant 0$，$f_{X+Y}(z)=0$. 于是

$$f_{X+Y}(z)=\begin{cases}\dfrac{\alpha\beta}{\beta-\alpha}(e^{-\alpha z}-e^{-\beta z}), & z>0,\\ 0, & z\leqslant 0.\end{cases}$$

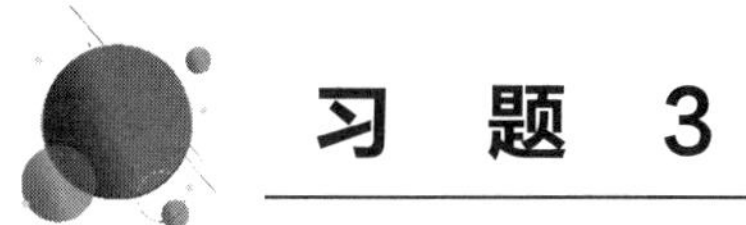

习 题 3

1. 设二维随机变量(X,Y)的联合概率密度为

$$f(x,y)=\begin{cases}k\mathrm{e}^{-(3x+4y)}, & x>0,y>0,\\ 0, & \text{其他},\end{cases}$$

求：

(1) 常数k的值；

(2) (X,Y)的联合分布函数；

(3) $P\{0<X<1,0<Y<2\}$.

2. 设一个口袋里共有3个球，在它们上面分别标有数字1,2,3. 从这个口袋中任取一球后不放回，再从袋中任取一球，依次以X,Y记第一次、第二次取得的球的标号，求二维随机变量(X,Y)的联合分布律及关于X和关于Y的边缘分布律.

3. 设二维随机变量(X,Y)的联合概率密度为

$$f(x,y)=\begin{cases}Cxy^2, & 0<x<1,0<y<1,\\ 0, & \text{其他}.\end{cases}$$

(1) 求常数C的值.

(2) 证明：X与Y相互独立.

4. 设二维随机变量(X,Y)的联合分布律如表1所示，求随机变量$X+Y,X-Y,XY$的分布律.

表 1

X	Y		
	−1	1	2
−1	0.15	0.1	0.3
2	0.15	0.15	0.15

5. 设二维随机变量(X,Y)在由直线$y=x$和曲线$y=x^2$所围成的平面区域G上服从二维均匀分布①，求(X,Y)关于X和关于Y的边缘概率密度$f_X(x)$，$f_Y(y)$.

6. 设某商品一周的需求量是一个随机变量，其概率密度为

$$f(x)=\begin{cases}t\mathrm{e}^{-t}, & t>0,\\ 0, & \text{其他},\end{cases}$$

并设各周的需求量相互独立，求两周、三周需求量的概率密度.

---

① 设G是平面上的有界区域，其面积为A. 若二维随机变量(X,Y)的联合概率密度为

$$f(x,y)=\begin{cases}\dfrac{1}{A}, & (x,y)\in G,\\ 0, & \text{其他},\end{cases}$$

则称(x,y)在G上服从二维均匀分布.

7. 设二维随机变量(X,Y)在区域D上服从二维均匀分布，求(X,Y)的联合概率密度及联合分布函数，其中D为由x轴、y轴及直线$y=2x+1$所围成的平面区域.

8. 设二维随机变量(X,Y)的联合概率密度为

$$f(x,y)=\begin{cases}k(2-\sqrt{x^2+y^2}), & x^2+y^2\leqslant 4,\\ 0, & \text{其他},\end{cases}$$

求：

(1) 常数k的值；

(2) (X,Y)在以原点为圆心、1为半径的圆域内取值的概率.

9. 设二维随机变量(X,Y)的联合概率密度为

$$f(x,y)=\begin{cases}\dfrac{3}{2}x, & 0<x<1,|y|<x,\\ 0, & \text{其他},\end{cases}$$

求(X,Y)关于X和关于Y的边缘概率密度$f_X(x)$，$f_Y(y)$.

10. 设二维随机变量(X,Y)的联合分布函数为

$$F(x,y)=A\left(B+\arctan\frac{x}{2}\right)\left(C+\arctan\frac{y}{3}\right).$$

求：

(1) 常数A,B,C的值；

(2) (X,Y)的联合概率密度；

(3) (X,Y)关于X和关于Y的边缘分布函数及边缘概率密度.

11. 一电子仪器由6个相互独立的部件L_{ij} $(i=1,2;j=1,2,3)$组成，连接方式如图1所示. 设各个部件的使用寿命X_{ij}服从相同的指数分布$e(\lambda)$，求该电子仪器使用寿命的概率密度.

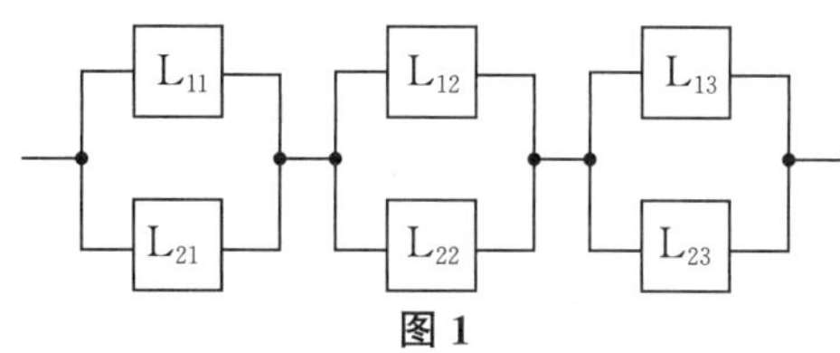

图 1

第4章

随机变量的数字特征

前面讨论了随机变量的分布函数、分布律和概率密度，这些都能对随机变量取值的概率规律进行完整的描述. 然而在一些实际问题中，要确定一个随机变量的分布律或概率密度却是非常困难的，而且有时并不需要全面地考察随机变量的统计规律，而只须知道它的某些特征，即只要知道随机变量的一些重要的数量指标就够了. 例如，在测量某零件长度时，由于种种偶然因素的影响，测量结果是一个随机变量，此时我们主要关心的是零件的平均长度及其测量结果的精确程度，后者反映测量值对平均长度的集中或偏离程度. 又如，衡量一批灯泡的质量，主要是考察灯泡的平均寿命及灯泡寿命相对平均寿命的偏差. 平均寿命越长，灯泡的质量越好；灯泡寿命相对平均寿命的偏差越小，灯泡的质量就越稳定. 上述两例中的两种综合数量指标，实际上反映了随机变量取值的平均值(数学期望) 与相对平均值的离散程度(方差). 像这种能刻画随机变量取值特征的数量指标，统称为**随机变量的数字特征**，主要有数学期望、方差、协方差和相关系数等，本章将给出它们的数学描述. 通过对随机变量的数字特征的研究，可更进一步地理解随机变量分布中参数的特有含义.

4.1 数学期望

4.1.1 离散型随机变量的数学期望

先来看一个例子. 某学校对 n 名新生进行体检，测量结果如下：身高为 $x_1,x_2,\cdots,x_k$ $(1\leqslant k\leqslant n)$ 的人数依次为 $m_1,m_2,\cdots,m_k$ $(m_1+m_2+\cdots+m_k=n)$，则这 n 个人的平均身高为

$$\overline{x}=\frac{1}{n}\sum_{i=1}^{k}x_im_i=\sum_{i=1}^{k}x_i\frac{m_i}{n}.$$

现在从这 n 名新生中任取一名，用 X 表示其身高，则随机变量 X 具有分布律

$$P\{X=x_i\}=\frac{m_i}{n}\quad(i=1,2,\cdots,k).$$

因此，这 n 名新生的平均身高又可以表示为

$$\overline{x}=\sum_{i=1}^{k}x_i\frac{m_i}{n}=\sum_{i=1}^{k}x_iP\{X=x_i\},$$

即 $\overline{x}$ 是随机变量 X 的所有可能取值 $x_i(i=1,2,\cdots,k)$ 以其概率 $P\{X=x_i\}$ 为权的一种加权平均值. 由此引入离散型随机变量的数学期望的定义.

定义 4.1.1　设离散型随机变量 X 的分布律为

$$P\{X=x_k\}=p_k\quad(k=1,2,\cdots).$$

若级数

$$\sum_{k=1}^{\infty}x_kp_k$$

绝对收敛,则其和称为随机变量 X 的**数学期望**或**均值**,记为 $E(X)$,即

$$E(X)=\sum_{k=1}^{\infty}x_kp_k.$$

离散型随机变量 X 的数学期望 $E(X)$ 完全由 X 的分布律确定,而不应受 X 可能取值的排列次序的影响,因此要求级数 $\sum\limits_{k=1}^{\infty}x_kp_k$ 绝对收敛. 若级数 $\sum\limits_{k=1}^{\infty}x_kp_k$ 不绝对收敛,则随机变量 X 的数学期望不存在.

例 4.1.1　某位投资者欲投资某项新技术,据估计,该项新技术若试验成功并用于生产,则可净获利 10 万元,若试验失败,将损失 2 万元的试验费. 现估计试验成功的概率约 0.7,试验失败的概率约 0.3. 在这项新技术试验之前,求该投资者投资该项新技术获利的期望值.

解　设 X 为该投资者的获利数(单位:万元),则依题意得其分布律如表 4.1.1 所示.

表 4.1.1

X	10	-2
P	0.7	0.3

于是

$$E(X)=10\times0.7+(-2)\times0.3=6.4(\text{万元}),$$

即该投资者投资该项新技术获利的期望值是 6.4 万元.

由例 4.1.1 知,每一个投资者在投资之前,心中总要首先盘算获利的期望值,而 $E(X)$ 是投资者想要获利的数学上的一个期望,这正是称 $E(X)$ 为"数学期望"的原因.

例 4.1.2　在射击训练中,甲、乙两射手各进行 100 次射击,甲命中 8 环、9 环、10 环的次数分别为 30,10,60,乙命中 8 环、9 环、10 环的次数分别为 20,50,30. 问:如何评定甲、乙射手的技术优劣?

解　根据射击成绩很难立即看出结果,我们可以通过平均命中环数来评定射手的技术优劣. 记 X,Y 分别为甲、乙射手的命中环数,则其分布律分别如表 4.1.2 和表 4.1.3 所示.

表 4.1.2

X	8	9	10
P	0.3	0.1	0.6

表 4.1.3

Y	8	9	10
P	0.2	0.5	0.3

于是

$$E(X)=8\times 0.3+9\times 0.1+10\times 0.6=9.3(\text{环}),$$
$$E(Y)=8\times 0.2+9\times 0.5+10\times 0.3=9.1(\text{环}).$$

因为 $E(X)>E(Y)$，所以就平均水平而言，甲射手较乙射手的技术更好.

4.1.2 连续型随机变量的数学期望

若 X 为连续型随机变量，其概率密度为 $f(x)$，则 X 落在区间 $(x_k, x_k+\mathrm{d}x)$ 内的概率可近似地表示为 $f(x_k)\mathrm{d}x$，它与离散型随机变量中的 p_k 类似. 下面给出连续型随机变量的数学期望的定义.

定义 4.1.2 设连续型随机变量 X 的概率密度为 $f(x)$. 若反常积分

$$\int_{-\infty}^{+\infty} xf(x)\mathrm{d}x \text{ 绝对收敛} \quad \left(\text{反常积分}\int_{-\infty}^{+\infty}|x|f(x)\mathrm{d}x \text{ 存在}\right),$$

则称该积分值为随机变量 X 的**数学期望**或**均值**，记为 $E(X)$，即

$$E(X)=\int_{-\infty}^{+\infty} xf(x)\mathrm{d}x.$$

若反常积分 $\int_{-\infty}^{+\infty} xf(x)\mathrm{d}x$ 不绝对收敛，则随机变量 X 的数学期望不存在.

例 4.1.3 设随机变量 X 的概率密度为

$$f(x)=\begin{cases}2x, & 0\leqslant x\leqslant 1,\\ 0, & \text{其他},\end{cases}$$

求 $E(X)$.

解 $E(X)=\int_{-\infty}^{+\infty} xf(x)\mathrm{d}x=\int_0^1 2x^2\mathrm{d}x=\dfrac{2}{3}.$

例 4.1.4 设有 5 个独立工作的电子装置，其寿命 $X_k(k=1,2,3,4,5)$ 服从同一指数分布，且分布函数为

$$F(x)=\begin{cases}1-\mathrm{e}^{-\lambda x}, & x>0,\\ 0, & x\leqslant 0,\end{cases}$$

其中 $\lambda>0$ 为常数.

(1) 若将这 5 个电子装置并联组成整机，求整机寿命 M 的数学期望.

(2) 若将这 5 个电子装置串联组成整机，求整机寿命 N 的数学期望.

解 (1) $M=\max\{X_1,X_2,X_3,X_4,X_5\}$ 的分布函数为

$$F_M(x)=[F(x)]^5=\begin{cases}(1-\mathrm{e}^{-\lambda x})^5, & x>0,\\ 0, & x\leqslant 0,\end{cases}$$

故其概率密度为

$$f_M(x)=\begin{cases}5\lambda e^{-\lambda x}(1-e^{-\lambda x})^4, & x>0,\\ 0, & x\leqslant 0.\end{cases}$$

所以

$$E(M)=\int_{-\infty}^{+\infty}xf_M(x)\,dx=\int_0^{+\infty}x\cdot 5\lambda e^{-\lambda x}(1-e^{-\lambda x})^4\,dx=\frac{137}{60\lambda}.$$

(2) $N=\min\{X_1,X_2,X_3,X_4,X_5\}$ 的分布函数为

$$F_N(x)=1-[1-F(x)]^5=\begin{cases}1-e^{-5\lambda x}, & x>0,\\ 0, & x\leqslant 0,\end{cases}$$

故其概率密度为

$$f_N(x)=\begin{cases}5\lambda e^{-5\lambda x}, & x>0,\\ 0, & x\leqslant 0.\end{cases}$$

所以

$$E(N)=\int_{-\infty}^{+\infty}xf_N(x)\,dx=\int_0^{+\infty}x\cdot 5\lambda e^{-5\lambda x}\,dx=\frac{1}{5\lambda}.$$

由于$\dfrac{E(M)}{E(N)}=11.4$,因此同样的5个电子装置,并联组成整机的平均寿命大约是串联组成整机的平均寿命的11.4倍.

4.1.3 随机变量函数的数学期望

在实际问题中,常常需要求出随机变量函数的数学期望.例如,已知随机变量 X 的分布律或概率密度,我们要求 X 的函数 $Y=g(X)$ 的数学期望 $E(Y)$.可以不必求出 Y 的分布律或概率密度,而直接由 X 的分布律或概率密度来求出 $E(Y)$.下面的定理说明了这点.

定理 4.1.1 **设 $Y=g(X)$ 为随机变量 X 的函数,其中 g 是连续函数.**

(1) 设 X 为离散型随机变量,其分布律为 $P\{X=x_k\}=p_k(k=1,2,\cdots)$.若级数 $\sum\limits_{k=1}^{\infty}g(x_k)p_k$ 绝对收敛,则有

$$E(Y)=E[g(X)]=\sum_{k=1}^{\infty}g(x_k)p_k.$$

(2) 设 X 为连续型随机变量,其概率密度为 $f(x)$.若反常积分 $\int_{-\infty}^{+\infty}g(x)f(x)\,dx$ 绝对收敛$\left(\text{反常积分}\int_{-\infty}^{+\infty}|g(x)|f(x)\,dx\right)$存在,则有

$$E(Y)=E[g(X)]=\int_{-\infty}^{+\infty}g(x)f(x)\,dx.$$

定理 4.1.1 说明,在求随机变量函数 $Y=g(X)$ 的数学期望时,不必知道随机变量 Y 的分布而只须知道随机变量 X 的分布即可.定理的证明超出了本书的范围,此处从略.

定理 4.1.1 还可以推广到两个或多个随机变量函数的情况.

设 $Z=g(X,Y)$ 为随机变量 X,Y 的函数,其中 g 是连续函数.

（1）若(X,Y)为二维离散型随机变量，且其联合分布律为

$$P\{X=x_i,Y=y_j\}=p_{ij}\quad (i,j=1,2,\cdots),$$

则有

$$E(Z)=E[g(X,Y)]=\sum_{i=1}^{\infty}\sum_{j=1}^{\infty}g(x_i,y_j)p_{ij}.$$

（2）若(X,Y)为二维连续型随机变量，且其联合概率密度为$f(x,y)$，则有

$$E(Z)=E[g(X,Y)]=\int_{-\infty}^{+\infty}\int_{-\infty}^{+\infty}g(x,y)f(x,y)\,\mathrm{d}x\,\mathrm{d}y.$$

这里要求等式右端的级数或反常积分都是绝对收敛的.

例 4.1.5 设随机变量X服从参数为λ的泊松分布，求$Y=\mathrm{e}^X$的数学期望$E(Y)$.

解 依题意有$X\sim P(\lambda)$，故X的分布律为

$$P\{X=k\}=\frac{\lambda^k\mathrm{e}^{-\lambda}}{k!}\quad (k=0,1,2,\cdots),$$

于是

$$E(Y)=E(\mathrm{e}^X)=\sum_{k=0}^{\infty}\mathrm{e}^k\frac{\lambda^k\mathrm{e}^{-\lambda}}{k!}=\mathrm{e}^{-\lambda}\sum_{k=0}^{\infty}\frac{(\lambda\mathrm{e})^k}{k!}=\mathrm{e}^{-\lambda}\cdot\mathrm{e}^{\lambda\mathrm{e}}=\mathrm{e}^{\lambda(\mathrm{e}-1)}.$$

例 4.1.6 设二维随机变量(X,Y)的联合概率密度为

$$f(x,y)=\begin{cases}x+y, & 0\leqslant x\leqslant 1,0\leqslant y\leqslant 1,\\ 0, & \text{其他},\end{cases}$$

求$Z=XY$的数学期望$E(Z)$.

解 $E(Z)=E(XY)=\int_{-\infty}^{+\infty}\int_{-\infty}^{+\infty}xyf(x,y)\,\mathrm{d}x\,\mathrm{d}y=\int_0^1\int_0^1 xy(x+y)\,\mathrm{d}x\,\mathrm{d}y=\frac{1}{3}.$

例 4.1.7 一公司售卖某种商品，历史资料表明，市场对该种商品的需求量(单位：t)是随机变量X，它服从区间$[2\,000,4\,000]$上的均匀分布. 若售出该种商品1 t，该公司可赚3万元；但若销售不出去，则每吨需要付仓库保管费1万元. 问：该公司应组织多少货源，才能使收益的期望值最大？

解 设该公司组织m t货源，收益为Y万元，则

$$Y=g(X)=\begin{cases}3m, & X\geqslant m,\\ 3X-(m-X), & X<m.\end{cases}$$

又由题意知$X\sim U[2\,000,4\,000]$，故其概率密度为

$$f(x)=\begin{cases}\dfrac{1}{2\,000}, & 2\,000\leqslant x\leqslant 4\,000,\\ 0, & \text{其他},\end{cases}$$

于是Y的数学期望为

$$\begin{aligned}E(Y)=E[g(X)]&=\int_{-\infty}^{+\infty}g(x)f(x)\,\mathrm{d}x\\&=\frac{1}{2\,000}\left\{\int_{2\,000}^{m}[3x-(m-x)]\,\mathrm{d}x+\int_{m}^{4\,000}3m\,\mathrm{d}x\right\}\end{aligned}$$

$$=\frac{1}{1\,000}(-m^2+7\,000m-4\times 10^6).$$

令

$$\frac{\mathrm{d}E(Y)}{\mathrm{d}m}=\frac{1}{1\,000}(-2m+7\,000)=0,$$

解得 $m=3\,500$. 故应组织 3 500 t 货源，才能使收益的期望值最大.

4.1.4 数学期望的性质

现在给出数学期望的几个常用性质. 在下面的讨论中，均假设所遇到的随机变量的数学期望存在，且一般只对连续型随机变量给予证明. 对离散型随机变量的证明，只须将积分换为类似的求和即可.

性质 4.1.1 设 C 为常数，则有 $E(C)=C$.

证 可将 C 看成离散型随机变量，且其分布律为 $P\{X=C\}=1$，故由数学期望的定义即得 $E(C)=C$.

性质 4.1.2 设 C 为常数，X 为随机变量，则有

$$E(CX)=CE(X).$$

证 设随机变量 X 的概率密度为 $f(x)$，则

$$E(CX)=\int_{-\infty}^{+\infty}Cxf(x)\,\mathrm{d}x=C\int_{-\infty}^{+\infty}xf(x)\,\mathrm{d}x=CE(X).$$

性质 4.1.3 设 X,Y 为任意两个随机变量，则有

$$E(X+Y)=E(X)+E(Y).$$

证 设二维随机变量 (X,Y) 的联合概率密度为 $f(x,y)$，边缘概率密度分别为 $f_X(x)$，$f_Y(y)$，则

$$\begin{aligned}E(X+Y)&=\int_{-\infty}^{+\infty}\int_{-\infty}^{+\infty}(x+y)f(x,y)\,\mathrm{d}x\,\mathrm{d}y\\&=\int_{-\infty}^{+\infty}\int_{-\infty}^{+\infty}xf(x,y)\,\mathrm{d}x\,\mathrm{d}y+\int_{-\infty}^{+\infty}\int_{-\infty}^{+\infty}yf(x,y)\,\mathrm{d}x\,\mathrm{d}y\\&=\int_{-\infty}^{+\infty}xf_X(x)\,\mathrm{d}x+\int_{-\infty}^{+\infty}yf_Y(y)\,\mathrm{d}y=E(X)+E(Y).\end{aligned}$$

性质4.1.3可以推广到任意有限多个随机变量之和的情形. 设 $X_1,X_2,\cdots,X_n$ 为 n 个随机变量，则有

$$E(X_1+X_2+\cdots+X_n)=E(X_1)+E(X_2)+\cdots+E(X_n).$$

性质 4.1.4 设 X,Y 为相互独立的随机变量，则有

$$E(XY)=E(X)E(Y).$$

证 设二维随机变量 (X,Y) 的联合概率密度为 $f(x,y)$，边缘概率密度分别为 $f_X(x)$，$f_Y(y)$. 因为 X 与 Y 相互独立，所以有 $f(x,y)=f_X(x)f_Y(y)$，于是

$$E(XY)=\int_{-\infty}^{+\infty}\int_{-\infty}^{+\infty}xyf(x,y)\,\mathrm{d}x\,\mathrm{d}y=\int_{-\infty}^{+\infty}\int_{-\infty}^{+\infty}xyf_X(x)f_Y(y)\,\mathrm{d}x\,\mathrm{d}y$$
$$=\left[\int_{-\infty}^{+\infty}xf_X(x)\,\mathrm{d}x\right]\cdot\left[\int_{-\infty}^{+\infty}yf_Y(y)\,\mathrm{d}y\right]=E(X)E(Y).$$

性质 4.1.4 也可以推广到任意有限多个相互独立的随机变量之积的情形. 若 X_1，X_2，…，X_n 为相互独立的随机变量，则有

$$E(X_1X_2\cdots X_n)=E(X_1)E(X_2)\cdots E(X_n).$$

例 4.1.8 设 X 表示某种产品的日产量(单位:件)，Y 表示相应的成本(单位:元)，已知每件产品的成本为 6 元，而每天固定设备的折旧费为 600 元. 若平均日产量 $E(X)=50$ 件，求每天生产产品所需的平均成本.

解 依题意有 $Y=600+6X$，由数学期望的性质可得

$$E(Y)=600+6E(X)=600+6\times 50=900(\text{元}),$$

故每天生产产品所需的平均成本为 900 元.

例 4.1.9 对某一目标连续投弹，直至命中 n 次为止. 设每次投弹的命中率为 p $(0<p<1)$，求消耗的炸弹数 X 的数学期望.

解 设 $X_i(i=1,2,\cdots,n)$ 表示从第 $i-1$ 次命中后至第 i 次命中时所消耗的炸弹数，则依题意有 $X=\sum\limits_{i=1}^{n}X_i$. 而 X_i 的分布律为

$$P\{X_i=k\}=p(1-p)^{k-1}\quad(k=1,2,\cdots),$$

于是

$$E(X_i)=\sum_{k=1}^{\infty}kp(1-p)^{k-1}=\frac{p}{[1-(1-p)]^2}=\frac{1}{p}\quad(i=1,2,\cdots,n),$$

故

$$E(X)=\sum_{i=1}^{n}E(X_i)=\frac{n}{p}.$$

例 4.1.10 设二维随机变量 (X,Y) 的联合概率密度为

$$f(x,y)=\begin{cases}x+y, & 0\leqslant x\leqslant 1,0\leqslant y\leqslant 1,\\ 0, & \text{其他},\end{cases}$$

验证 $E(XY)\neq E(X)E(Y)$.

解 由题意知

$$E(XY)=\int_{-\infty}^{+\infty}\int_{-\infty}^{+\infty}xyf(x,y)\,\mathrm{d}x\,\mathrm{d}y=\int_0^1\int_0^1 xy(x+y)\,\mathrm{d}x\,\mathrm{d}y=\frac{1}{3},$$
$$E(X)=\int_{-\infty}^{+\infty}\int_{-\infty}^{+\infty}xf(x,y)\,\mathrm{d}x\,\mathrm{d}y=\int_0^1\int_0^1 x(x+y)\,\mathrm{d}x\,\mathrm{d}y=\frac{7}{12},$$

又由对称性知

$$E(Y)=E(X)=\frac{7}{12},$$

故

$$E(XY) \neq E(X)E(Y).$$

4.2 方　差

4.2.1 方差的定义

在许多实际问题中，我们不仅关心某一指标的平均值，而且还关心该指标取值与平均值的偏离程度. 例如，若已知一批灯泡的平均寿命为 $E(X)$，仅仅由这个指标并不能完全判定这批灯泡质量的好坏，还需要考察灯泡寿命 X 与平均寿命 $E(X)$ 的偏离程度. 若偏离程度较小，则灯泡质量比较稳定. 因此，研究随机变量与其平均值的偏离程度是十分重要的.

用什么量去表示随机变量 X 与其数学期望 $E(X)$ 的偏离程度呢？显然，我们可利用 $E[|X-E(X)|]$ 来表示 X 与 $E(X)$ 的偏离程度. 但由于上式含绝对值，在计算上不方便，因此通常用 $E\{[X-E(X)]^2\}$ 来表示 X 与 $E(X)$ 的偏离程度.

定义 4.2.1 设 X 是一个随机变量. 若 $E\{[X-E(X)]^2\}$ 存在，则称之为 X 的**方差**，记为 $D(X)$，即

$$D(X)=E\{[X-E(X)]^2\},$$

并称 $\sqrt{D(X)}$ 为 X 的**标准差**或**均方差**.

由定义 4.2.1 知，随机变量 X 的方差反映出 X 的取值与其数学期望 $E(X)$ 的偏离程度. 若 $D(X)$ 较小，则 X 取值比较集中，否则 X 取值比较分散. 因此，方差 $D(X)$ 是刻画 X 取值分散程度的一个量.

方差实际上是随机变量 X 的函数的数学期望.

若 X 为离散型随机变量，且其分布律为 $P\{X=x_k\}=p_k(k=1,2,\cdots)$，则

$$D(X)=E\{[X-E(X)]^2\}=\sum_{k=1}^{\infty}[x_k-E(X)]^2 p_k.$$

若 X 为连续型随机变量，且其概率密度为 $f(x)$，则

$$D(X)=\int_{-\infty}^{+\infty}[x-E(X)]^2 f(x)\,\mathrm{d}x.$$

除定义 4.2.1 外，关于随机变量 X 的方差的计算，有以下重要公式：

$$D(X)=E(X^2)-[E(X)]^2.$$

证 由数学期望的性质并注意到 $E(X)$ 是常数，有

$$\begin{aligned}D(X)&=E\{[X-E(X)]^2\}=E\{X^2-2XE(X)+[E(X)]^2\}\\&=E(X^2)-2E(X)E(X)+[E(X)]^2\\&=E(X^2)-[E(X)]^2.\end{aligned}$$

例 4.2.1 设甲、乙两人加工同种零件，两人每天加工的零件数相等，所出的次品数分别为 X 和 Y，且 X 和 Y 的分布律分别如表 4.2.1 和表 4.2.2 所示. 试对甲、乙两人的技术进行比较.

表 4.2.1

X	0	1	2
P	0.6	0.1	0.3

表 4.2.2

Y	0	1	2
P	0.5	0.3	0.2

解 由题意知

$E(X)=0\times 0.6+1\times 0.1+2\times 0.3=0.7,$

$E(Y)=0\times 0.5+1\times 0.3+2\times 0.2=0.7,$

$D(X)=(0-0.7)^2\times 0.6+(1-0.7)^2\times 0.1+(2-0.7)^2\times 0.3=0.81,$

$D(Y)=(0-0.7)^2\times 0.5+(1-0.7)^2\times 0.3+(2-0.7)^2\times 0.2=0.61.$

由于 $E(X)=E(Y)$,因此甲、乙两人技术水平相当,而 $D(X)>D(Y)$,故乙的技术水平比甲更稳定.

例 4.2.2 设随机变量 X 服从 (0-1) 分布,其分布律为 $P\{X=1\}=p$, $P\{X=0\}=1-p=q$,求 $D(X)$.

解 因

$$E(X)=1\times p+0\times q=p,$$
$$E(X^2)=1^2\times p+0^2\times q=p,$$

故

$$D(X)=E(X^2)-[E(X)]^2=p-p^2=pq.$$

例 4.2.3 设随机变量 X 具有概率密度

$$f(x)=\begin{cases}1+x, & -1\leqslant x\leqslant 0,\\ 1-x, & 0<x\leqslant 1,\\ 0, & \text{其他},\end{cases}$$

求 $D(X)$.

解 因

$$E(X)=\int_{-\infty}^{+\infty}xf(x)\,\mathrm{d}x=\int_{-1}^{0}x(1+x)\,\mathrm{d}x+\int_{0}^{1}x(1-x)\,\mathrm{d}x=0,$$

$$E(X^2)=\int_{-\infty}^{+\infty}x^2f(x)\,\mathrm{d}x=\int_{-1}^{0}x^2(1+x)\,\mathrm{d}x+\int_{0}^{1}x^2(1-x)\,\mathrm{d}x=\frac{1}{6},$$

故

$$D(X)=E(X^2)-[E(X)]^2=\frac{1}{6}.$$

4.2.2 方差的性质

假设以下所遇到的随机变量的数学期望或方差都存在.

性质 4.2.1 设 C 为常数,则 $D(C)=0$.

证 $D(C)=E(C^2)-[E(C)]^2=C^2-C^2=0.$

性质 4.2.2 设 C 为常数,则

$$D(CX)=C^2D(X).$$

证 $D(CX)=E(C^2X^2)-[E(CX)]^2=C^2\{E(X^2)-[E(X)]^2\}=C^2D(X).$

性质 4.2.3 设随机变量 X 与 Y 相互独立，则

$$D(X\pm Y)=D(X)+D(Y).$$

证
$$\begin{aligned}D(X\pm Y)&=E\{[(X\pm Y)-E(X\pm Y)]^2\}\\&=E\{\{[X-E(X)]\pm[Y-E(Y)]\}^2\}\\&=E\{[X-E(X)]^2\}\pm 2E\{[X-E(X)][Y-E(Y)]\}\\&\quad+E\{[Y-E(Y)]^2\}.\end{aligned}$$

若 X 与 Y 相互独立，则 $X-E(X)$ 与 $Y-E(Y)$ 也相互独立，于是

$$\begin{aligned}E\{[X-E(X)][Y-E(Y)]\}&=E[X-E(X)]E[Y-E(Y)]\\&=[E(X)-E(X)][E(Y)-E(Y)]=0,\end{aligned}$$

从而

$$D(X\pm Y)=D(X)+D(Y).$$

性质 4.2.3 可以推广到任意有限多个相互独立的随机变量的代数和的情况.

性质 4.2.4 $D(X)=0$ 的充要条件是

$$P\{X=E(X)\}=1.$$

例 4.2.4 设随机变量 X 的方差 $D(X)$ 存在，证明：$D(aX+b)=a^2D(X)$，其中 a,b 为任意常数.

证 由于常数和任何随机变量都相互独立，因此

$$D(aX+b)=D(aX)+D(b)=a^2D(X)+0=a^2D(X).$$

特别地，有

$$D(X+b)=D(X).$$

例 4.2.5 设随机变量 $X_1,X_2,\cdots,X_n$ 独立同分布，且 $E(X_i)=\mu,D(X_i)=\sigma^2(i=1,2,\cdots,n)$，求 $\overline{X}=\dfrac{1}{n}\sum\limits_{i=1}^{n}X_i$ 的数学期望与方差.

解 由数学期望和方差的性质有

$$E(\overline{X})=E\left(\frac{1}{n}\sum_{i=1}^{n}X_i\right)=\frac{1}{n}\sum_{i=1}^{n}E(X_i)=\mu,$$

$$D(\overline{X})=D\left(\frac{1}{n}\sum_{i=1}^{n}X_i\right)=\frac{1}{n^2}\sum_{i=1}^{n}D(X_i)=\frac{\sigma^2}{n}.$$

例 4.2.5 表明，n 个独立同分布的随机变量的算术平均值 $\overline{X}$ 的数学期望仍和单个随机变量的数学期望 μ 相同，但方差却缩小了 n 倍. 因此，在实际问题中常用算术平均值 $\overline{X}$ 代替单个的 $X_i(i=1,2,\cdots,n)$ 去估计 μ，其精度显然提高了 n 倍.

为了使用方便，下面列出几种常用分布的数学期望与方差，如表 4.2.3 所示.

表 4.2.3

分布名称及记号	分布律或概率密度	数学期望	方差
(0—1)分布 $B(1,p)$	$P\{X=k\}=p^kq^{1-k}(k=0,1)$, $0<p<1,p+q=1$	p	pq
二项分布 $B(n,p)$	$P\{X=k\}=\mathrm{C}_n^kp^kq^{n-k}(k=0,1,2,\cdots,n)$, $0<p<1,p+q=1$	np	npq
超几何分布 $H(n,M,N)$	$P\{X=x\}=\dfrac{\mathrm{C}_M^x\mathrm{C}_{N-M}^{n-x}}{\mathrm{C}_N^n}$ $(x=0,1,2,\cdots,n)$,n,M,N 为正整数, $n\leqslant N,M\leqslant N$	$\dfrac{nM}{N}$	$\dfrac{nM(N-M)(N-n)}{N^2(N-1)}$
泊松分布 $P(\lambda)$	$P\{X=k\}=\dfrac{\lambda^k}{k!}\mathrm{e}^{-\lambda}(k=0,1,2,\cdots,n)$, $\lambda>0$	λ	λ
均匀分布 $U[a,b]$	$f(x)=\begin{cases}\dfrac{1}{b-a}, & a\leqslant x\leqslant b,\\ 0, & \text{其他}\end{cases}$	$\dfrac{a+b}{2}$	$\dfrac{(b-a)^2}{12}$
指数分布 $e(\lambda)$	$f(x)=\begin{cases}\lambda\mathrm{e}^{-\lambda x}, & x>0,\\ 0, & x\leqslant 0,\end{cases}$ $\lambda>0$	$\dfrac{1}{\lambda}$	$\dfrac{1}{\lambda^2}$
正态分布 $N(\mu,\sigma^2)$	$f(x)=\dfrac{1}{\sqrt{2\pi}\sigma}\mathrm{e}^{-\frac{(x-\mu)^2}{2\sigma^2}}$ $(-\infty<x<+\infty),\sigma>0$	μ	σ^2

4.3 协方差与相关系数

数学期望与方差都是一维随机变量的数字特征.对于二维随机变量(X,Y),除了讨论单个随机变量X与Y的数学期望与方差外,还须讨论描述两个随机变量X与Y之间相互关系的数字特征.本节将讨论有关这方面的数字特征.

在本章4.2节性质4.2.3的证明过程中可以看到,如果两个随机变量X与Y相互独立,那么$E\{[X-E(X)][Y-E(Y)]\}=0$,这意味着当$E\{[X-E(X)][Y-E(Y)]\}\neq 0$时,$X$与$Y$不相互独立,而是存在着一定的关系.因此,量$E\{[X-E(X)][Y-E(Y)]\}$的大小在一定程度上反映了$X$与$Y$之间的关系.

4.3.1 协方差与相关系数的概念

定义 4.3.1 设X,Y是随机变量.若数学期望$E\{[X-E(X)][Y-E(Y)]\}$存

在，则称之为随机变量 X 与 Y 的**协方差**，记为 $\mathrm{Cov}(X,Y)$，即

$$\mathrm{Cov}(X,Y)=E\{[X-E(X)][Y-E(Y)]\}.$$

而

$$\rho_{XY}=\frac{\mathrm{Cov}(X,Y)}{\sqrt{D(X)}\sqrt{D(Y)}}\quad (D(X)D(Y)\neq 0)$$

称为随机变量 X 与 Y 的**相关系数**.

当 $\rho_{XY}=0$ 时，称随机变量 X 与 Y 是**不相关**的.

由上述定义可得下面协方差的计算公式.

若 (X,Y) 是二维离散型随机变量，且其联合分布律为 $P\{X=x_i,Y=y_j\}=p_{ij}$，则有

$$\mathrm{Cov}(X,Y)=\sum_{i=1}^{\infty}\sum_{j=1}^{\infty}[X-E(X)][Y-E(Y)]p_{ij}.$$

若 (X,Y) 是二维连续型随机变量，且其联合概率密度为 $f(x,y)$，则有

$$\mathrm{Cov}(X,Y)=\int_{-\infty}^{+\infty}\int_{-\infty}^{+\infty}[X-E(X)][Y-E(Y)]f(x,y)\,\mathrm{d}x\,\mathrm{d}y.$$

协方差的计算也常用下列公式：

$$\mathrm{Cov}(X,Y)=E(XY)-E(X)E(Y).$$

例 4.3.1　设二维离散型随机变量 (X,Y) 的联合分布律如表 4.3.1 所示，求协方差 $\mathrm{Cov}(X,Y)$ 与相关系数 ρ_{XY}.

表 4.3.1

Y	X	
	0	1
0	0.1	0.8
1	0.1	0

解　易得

$$E(X)=0.8,\quad E(Y)=0.1,\quad E(XY)=0,$$
$$E(X^2)=0.8,\quad E(Y^2)=0.1,$$

故

$$\mathrm{Cov}(X,Y)=E(XY)-E(X)E(Y)=0-0.8\times 0.1=-0.08.$$

又

$$D(X)=E(X^2)-[E(X)]^2=0.8-0.64=0.16,$$
$$D(Y)=E(Y^2)-[E(Y)]^2=0.1-0.01=0.09,$$

故

$$\rho_{XY}=\frac{\mathrm{Cov}(X,Y)}{\sqrt{D(X)}\sqrt{D(Y)}}=\frac{-0.08}{\sqrt{0.16}\sqrt{0.09}}=-\frac{2}{3}.$$

4.3.2 协方差和相关系数的性质

1. 协方差的有关性质

协方差具有下列性质：

(1) $\mathrm{Cov}(X,Y)=\mathrm{Cov}(Y,X)$；

(2) $\mathrm{Cov}(aX,bY)=ab\mathrm{Cov}(X,Y)$，其中 a,b 为常数；

(3) $\mathrm{Cov}(X_1+X_2,Y)=\mathrm{Cov}(X_1,Y)+\mathrm{Cov}(X_2,Y)$；

(4) $\mathrm{Cov}(X,X)=D(X)$；

(5) $D(X\pm Y)=D(X)+D(Y)\pm 2\mathrm{Cov}(X,Y)$；

(6) 若 X 与 Y 相互独立，则 $\mathrm{Cov}(X,Y)=0$.

2. 相关系数的有关性质

相关系数具有下列性质：

(1) $|\rho_{XY}|\leqslant 1$；

(2) $|\rho_{XY}|=1$ 的充要条件是 X 与 Y 依概率 1 线性相关，即 $P\{Y=aX+b\}=1$，其中 $a\neq 0,b$ 为常数.

相关系数的性质(2) 说明，相关系数 $|\rho_{XY}|=1$ 等价于随机变量 (X,Y) 依概率 1 位于某条直线 $y=ax+b$ 上，即随机点 (X,Y) 几乎仅局限于该条直线，而不是整个平面.

以上讨论说明相关系数 ρ_{XY} 反映了 X 与 Y 之间线性相关的程度. 一般地，当 $|\rho_{XY}|$ 较大时，X 与 Y 线性相关的程度较好；当 $|\rho_{XY}|$ 较小时，X 与 Y 线性相关的程度较差. 特别地，当 $|\rho_{XY}|=0$ 时，X 与 Y 不线性相关.

随机变量 X 与 Y 不相关和相互独立是两个不相同的概念. 若随机变量 X 与 Y 相互独立，则 $\mathrm{Cov}(X,Y)=0$，从而 $\rho_{XY}=0$，即 X 与 Y 不相关；但反之，若 X 与 Y 不相关，则 X 与 Y 不一定相互独立. 这是因为不相关只是就线性关系而言的，而相互独立是就一般关系而言的.

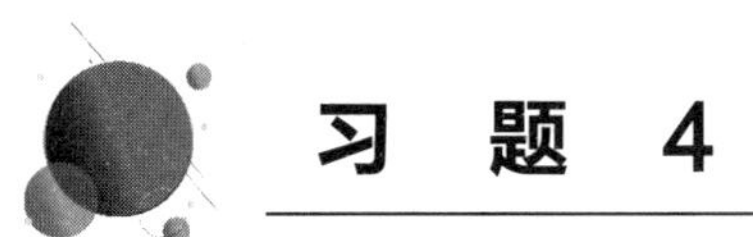

习 题 4

1. 设二维离散型随机变量 (X,Y) 的联合分布律如表 1 所示，求数学期望 $E(X)$，$E(Y)$，$E(XY)$，$E(X^2+Y^2)$.

表 1

Y	X		
	0	1	2
-2	0.20	0.05	0
0	0.05	0.10	0.15
1	0.10	0.25	0.10

2. 设某人的月收入(单位:元)服从参数为 $\lambda(\lambda>0)$ 的指数分布,月平均收入为 2 000 元,假设月收入超过 5 000 元,应交个人所得税. 设此人在一年内各月的收入相互独立,记 X 为此人每年须交个人所得税的月数,求:

(1) 此人每月须交个人所得税的概率;

(2) 随机变量 X 的分布律;

(3) $E(X)$.

3. 设随机变量 X 与 Y 相互独立,且 $X\sim N(\mu_1,\sigma_1^2)$,$Y\sim N(\mu_2,\sigma_2^2)$,求:

(1) 随机变量 $Z_1=aX+bY$ 的数学期望与方差,其中 a 和 b 为常数;

(2) 随机变量 $Z_2=XY$ 的数学期望与方差.

4. 一盒内有 5 个球,其中 3 个白球、2 个黑球. 现从盒中随机地取出 2 个,设 X 为取得白球的个数,求数学期望 $E(X)$.

5. 对一批产品进行检查,每次任取一件,检查后放回,再任取一件,如此持续进行,如果发现次品就停止检查,认为这批产品不合格;如果连取 5 次都合格,也停止检查,认为这批产品合格. 设产品的次品率为 0.2,问:用这种方法检查,平均每批抽查多少件产品?

6. 某水果商在不下雨的日子里每天赚 500 元,在雨天则要损失 100 元. 该地区每年的 365 天中约有 130 天下雨,求该水果商每天获利的期望值.

7. 某工地靠近河岸,如果做防洪准备,那么要花费 a 元;如果没有做防洪准备而遇到洪水,那么将造成 b 元的损失. 若施工期间发生洪水的概率是 $p(0<p<1)$,问:什么情况下需要做防洪准备?

8. 设随机变量 X 的概率密度为

$$f(x)=\begin{cases}\dfrac{1}{\pi\sqrt{1-x^2}}, & -1<x<1,\\ 0, & \text{其他},\end{cases}$$

求数学期望 $E(X)$ 与方差 $D(X)$.

9. 设随机变量 X 的概率密度为

$$f(x)=\frac{1}{2}\mathrm{e}^{-|x|}\quad(-\infty<x<+\infty),$$

求数学期望 $E(X)$ 和方差 $D(X)$.

10. 某车间生产的圆盘的直径在区间 $[a,b]$ 上服从均匀分布,求圆盘面积的数学期望.

11. 在长为 l 的线段上任取两点,求两点间距离的数学期望.

12. 设二维随机变量 (X,Y) 具有联合概率密度

$$f(x,y)=\begin{cases}1, & 0<x<1,|y|<x,\\ 0, & \text{其他},\end{cases}$$

求数学期望 $E(X)$,$E(Y)$ 和协方差 $\mathrm{Cov}(X,Y)$.

13. 设二维随机变量 (X,Y) 具有联合概率密度

$$f(x,y)=\begin{cases}\dfrac{1}{8}(x+y), & 0\leqslant x\leqslant 2,0\leqslant y\leqslant 2,\\ 0, & \text{其他},\end{cases}$$

求数学期望 $E(X)$，$E(Y)$ 和相关系数 ρ_{XY}.

14. 设二维随机变量 (X,Y) 具有联合概率密度

$$f(x,y)=\begin{cases}12y^2, & 0\leqslant y\leqslant x\leqslant 1,\\ 0, & \text{其他},\end{cases}$$

求数学期望 $E(X)$，$E(Y)$，$E(XY)$，$E(X^2+Y^2)$.

15. 设随机变量 X,Y 的方差分别为 25,36，相关系数为 0.4，求方差 $D(X+Y)$ 和 $D(X-Y)$.

16. 设随机变量 $X\sim N(0,1)$，$Y\sim N(0,1)$，且 X 与 Y 相互独立. 令 $U=2X$，$V=0.5X-\beta Y$，求常数 β 的值，使得 $D(V)=1$，并求相关系数 ρ_{UV}.

第5章

大数定律与中心极限定理

概率论是一门研究随机现象统计规律性的数学学科，而这种统计规律性需要在相同条件下进行大量的重复试验才能够表现出来. 同其他学科一样，概率论的理论和方法必须符合客观实际. 在前面章节中，我们介绍了随机事件的概率的统计性定义，并指出概率的统计性定义是不严密的，因为在概率的统计性定义中引用了尚未证明的频率的稳定性. 随机事件的概率的严格定义最后是用公理化方法给出的.

在概率的公理化系统中，仍然需要对频率的稳定性给出理论上的论证，因为频率的稳定性是事件概率的存在性和客观性的依据. 本章将要介绍的第一部分内容 —— 大数定律，即是为论证频率稳定性的. 确切地说，作为极限定理内容之一的大数定律，研究的是大量随机现象中某些平均结果的稳定性，频率稳定性仅是其特例.

另外，在许多情况下，人们要么不掌握随机变量的精确分布，要么因精确分布比较复杂而不便于具体使用. 在类似的情形下，需要确定多个相互独立的随机变量之和的极限分布. 本章将要介绍的第二部分内容 —— 中心极限定理，研究的是多个相互独立的随机变量之和的分布趋于正态分布的条件.

大数定律和中心极限定理的研究，在概率论的发展史上占有重要地位，是概率论成为一门成熟的数学学科的重要标志之一. 在概率论中，有关极限定理的内容相当广泛，理论结果也十分深刻. 限于本课程的要求，本书只能介绍最常用的也是最基本的几个极限定理.

5.1 大数定律

5.1.1 切比雪夫不等式

为了证明一系列关于大数定律的定理，我们首先介绍切比雪夫不等式.

定理 5.1.1 **设随机变量 X 的数学期望 $E(X)$ 及方差 $D(X)$ 都存在，则对于任意正数 ε，有不等式**

$$P\{|X-E(X)|\geqslant\varepsilon\}\leqslant\frac{D(X)}{\varepsilon^2} \tag{5.1.1}$$

或

$$P\{|X-E(X)|<\varepsilon\}\geqslant 1-\frac{D(X)}{\varepsilon^2} \tag{5.1.2}$$

成立.

我们称不等式(5.1.1)或不等式(5.1.2)为**切比雪夫不等式**.

证 我们仅对连续型随机变量进行证明. 设 $f(x)$ 为随机变量 X 的概率密度，记 $E(X)=\mu, D(X)=\sigma^2$，则

$$\begin{aligned}P\{|X-E(X)|\geqslant\varepsilon\}&=\int_{|x-\mu|\geqslant\varepsilon}f(x)\mathrm{d}x\leqslant\int_{|x-\mu|\geqslant\varepsilon}\frac{(x-\mu)^2}{\varepsilon^2}f(x)\mathrm{d}x\\&\leqslant\frac{1}{\varepsilon^2}\int_{-\infty}^{+\infty}(x-\mu)^2f(x)\mathrm{d}x=\frac{1}{\varepsilon^2}\cdot\sigma^2=\frac{D(X)}{\varepsilon^2}.\end{aligned}$$

从定理 5.1.1 中可以看出，如果 $D(X)$ 越小，那么随机变量 X 取值于开区间 $(E(X)-\varepsilon, E(X)+\varepsilon)$ 内的概率就越大，这说明方差是一个反映随机变量的概率分布对其分布中心 $(E(X))$ 的集中程度的数量指标.

利用切比雪夫不等式，我们可以在随机变量 X 的分布未知的情况下估算事件 $\{|X-E(X)|<\varepsilon\}$ 发生的概率.

例 5.1.1 设随机变量 X 的数学期望 $E(X)=10$，方差 $D(X)=0.04$，估计概率 $P\{9.2<X<11\}$ 的大小.

解

$$\begin{aligned}P\{9.2<X<11\}&=P\{-0.8<X-10<1\}\geqslant P\{|X-10|<0.8\}\\&\geqslant 1-\frac{0.04}{0.8^2}=0.9375.\end{aligned}$$

5.1.2 切比雪夫大数定律

定理 5.1.2 **设相互独立的随机变量 $X_1, X_2, \cdots, X_n, \cdots$ 分别具有数学期望 $E(X_1), E(X_2), \cdots, E(X_n), \cdots$ 及方差 $D(X_1), D(X_2), \cdots, D(X_n), \cdots$. 若存在常数 C，使得 $D(X_k)\leqslant C(k=1,2,\cdots)$，则对于任意正数 ε，有**

$$\lim_{n\to\infty}P\left\{\left|\frac{1}{n}\sum_{k=1}^{n}X_k-\frac{1}{n}\sum_{k=1}^{n}E(X_k)\right|<\varepsilon\right\}=1. \tag{5.1.3}$$

证 由于随机变量 $X_1, X_2, \cdots, X_n, \cdots$ 相互独立，因此对于任意正整数 $n>1$，$X_1, X_2, \cdots, X_n$ 相互独立. 于是

$$D\left(\frac{1}{n}\sum_{k=1}^{n}X_k\right)=\frac{1}{n^2}\sum_{k=1}^{n}D(X_k)\leqslant\frac{C}{n}.$$

令 $Y_n=\frac{1}{n}\sum_{k=1}^{n}X_k$，则由切比雪夫不等式有

$$1\geqslant P\{|Y_n-E(Y_n)|<\varepsilon\}\geqslant 1-\frac{D(Y_n)}{\varepsilon^2}\geqslant 1-\frac{C}{n\varepsilon^2}.$$

令 $n\to\infty$，则有

$$\lim_{n\to\infty}P\{|Y_n-E(Y_n)|<\varepsilon\}=1,$$

即

$$\lim_{n\to\infty}P\left\{\left|\frac{1}{n}\sum_{k=1}^{n}X_k-\frac{1}{n}\sum_{k=1}^{n}E(X_k)\right|<\varepsilon\right\}=1.$$

推论5.1.1 设相互独立的随机变量 $X_1,X_2,\cdots,X_n,\cdots$ 有相同的分布，且 $E(X_k)=\mu$，$D(X_k)=\sigma^2(k=1,2,\cdots)$，则对于任意正数 ε，有

$$\lim_{n\to\infty}P\left\{\left|\frac{1}{n}\sum_{k=1}^{n}X_k-\mu\right|<\varepsilon\right\}=1. \tag{5.1.4}$$

定理5.1.2称为**切比雪夫大数定律**，推论5.1.1是它的特殊情况. 该推论表明，当 n 很大时，事件 $\left\{\left|\frac{1}{n}\sum_{k=1}^{n}X_k-\mu\right|<\varepsilon\right\}$ 发生的概率接近于1. 一般地，我们称概率接近于1的事件为**大概率事件**，而称概率接近于0的事件为**小概率事件**. 在一次试验中，大概率事件几乎肯定要发生，而小概率事件几乎不可能发生，这一规律我们称之为**小概率事件的实际不可能性原理**.

必须指出的是，任何有正概率的随机事件，无论它的概率多么小，总是可能会发生的. 因此，所谓的小概率事件的实际不可能性原理仅仅适用于个别的或次数极少的试验，当试验次数较多时就不适用了.

从小概率事件的实际不可能性原理出发，可以得到如下结论：**如果随机事件发生的概率非常接近于1，那么可以认为该事件在个别试验中一定会发生.**

5.1.3 伯努利大数定律

定理5.1.3 **设 m 是 n 次独立重复试验中事件 A 发生的次数，p 是事件 A 在每次试验中发生的概率，则对于任意正数 ε，有**

$$\lim_{n\to\infty}P\left\{\left|\frac{m}{n}-p\right|<\varepsilon\right\}=1. \tag{5.1.5}$$

证 令

$$X_k=\begin{cases}1, & \text{第 } k \text{ 次试验中事件 } A \text{ 发生},\\ 0, & \text{第 } k \text{ 次试验中事件 } A \text{ 不发生}\end{cases}\quad(k=1,2,\cdots,n),$$

则 $X_1,X_2,\cdots,X_n$ 是 n 个独立同分布的随机变量，且 $E(X_k)=p$，$D(X_k)=p(1-p)$. 又 $m=X_1+X_2+\cdots+X_n$，故由推论5.1.1有

$$\lim_{n\to\infty}P\left\{\left|\frac{1}{n}\sum_{k=1}^{n}X_k-p\right|<\varepsilon\right\}=1,$$

即

$$\lim_{n\to\infty}P\left\{\left|\frac{m}{n}-p\right|<\varepsilon\right\}=1.$$

定理5.1.3称为**伯努利大数定律**，它表明当试验在不变的条件下重复进行很多次时，事件 A 发生的频率 $\frac{m}{n}$ 依概率收敛于事件 A 发生的概率 p. 也就是说，当 n 很大时，事件 A 发生

的频率 $\frac{m}{n}$ 总是在它的概率 p 的附近摆动，与它偏差很大的可能性很小. 因此，当试验次数很大时，就可以利用事件发生的频率来近似地代替事件发生的概率.

5.2 中心极限定理

中心极限定理是研究在适当的条件下独立随机变量的部分和 $\sum_{k=1}^{n} X_k$ 的分布收敛于正态分布的问题.

定理 5.2.1 **设相互独立的随机变量** $X_1, X_2, \cdots, X_n, \cdots$ **服从同一分布，且** $E(X_k)=\mu$，$D(X_k)=\sigma^2>0(k=1,2,\cdots)$，**则对于任意实数** x，**随机变量** $Y_n=\frac{\sum_{k=1}^{n} X_k-n\mu}{\sqrt{n}\sigma}$ **的分布函数** $F_n(x)$ **趋于标准正态分布函数，即有**

$$\lim_{n\to\infty} F_n(x)=\lim_{n\to\infty} P\left\{\frac{\sum_{k=1}^{n} X_k-n\mu}{\sqrt{n}\sigma}\leqslant x\right\}=\int_{-\infty}^{x}\frac{1}{\sqrt{2\pi}}\mathrm{e}^{-\frac{t^2}{2}}\mathrm{d}t. \tag{5.2.1}$$

定理 5.2.1 称为**林德伯格-列维中心极限定理.**

推论 5.2.1 设相互独立的随机变量 $X_1, X_2, \cdots, X_n$ 服从同一分布，且 $E(X_k)=\mu$，$D(X_k)=\sigma^2>0(k=1,2,\cdots)$，则当 n 充分大时，$X=\sum_{k=1}^{n} X_k$ 近似服从正态分布 $N(n\mu, n\sigma^2)$.

推论 5.2.2 设相互独立的随机变量 $X_1, X_2, \cdots, X_n$ 服从同一分布，且 $E(X_k)=\mu$，$D(X_k)=\sigma^2>0(k=1,2,\cdots)$，则当 n 充分大时，$\overline{X}=\frac{1}{n}\sum_{k=1}^{n} X_k$ 近似服从正态分布 $N\left(\mu, \frac{\sigma^2}{n}\right)$.

由推论 5.2.2 知，无论独立同分布的随机变量 $X_1, X_2, \cdots, X_n$ 服从什么样的分布，其算术平均 $\overline{X}$ 当 n 充分大时总是近似服从正态分布.

例 5.2.1 某单位内部有 260 部电话分机，每个分机有 4% 的时间要与外线通话，可以认为每个电话分机用不同的外线是相互独立的. 问：总机需要准备多少条外线，才能以 95% 的概率满足每个分机在用外线时不用等候？

解 令

$$X_k=\begin{cases}1, & \text{第 } k \text{ 个分机要用外线}, \\ 0, & \text{第 } k \text{ 个分机不用外线}\end{cases} \quad (k=1,2,\cdots,260),$$

则 $X_1, X_2, \cdots, X_{260}$ 是 260 个相互独立的随机变量，且 $E(X_k)=0.04$. 记 $m=X_1+X_2+\cdots+X_{260}$，它表示同时使用外线的分机数. 根据题意，应确定最小的数 x，使得 $P\{m<x\}\geqslant 95\%$ 成立. 由定理 5.2.1，有

$$P\{m<x\}=P\left\{\frac{m-260p}{\sqrt{260p(1-p)}}\leqslant\frac{x-260p}{\sqrt{260p(1-p)}}\right\}\approx\int_{-\infty}^{b}\frac{1}{\sqrt{2\pi}}\mathrm{e}^{-\frac{t^2}{2}}\mathrm{d}t=\Phi(b),$$

其中 $p=0.04, b=\dfrac{x-260p}{\sqrt{260p(1-p)}}$. 查附表 2 得 $\Phi(1.65)=0.9505>0.95$，故取 $b=1.65$，于是

$$x=b\sqrt{260p(1-p)}+260p=1.65\times\sqrt{260\times0.04\times0.96}+260\times0.04=15.61.$$

因此，至少需要准备 16 条外线才能以 95% 的概率满足每个分机在用外线时不用等候.

例 5.2.2　用机器包装味精，每袋净重(单位:g) 为一随机变量，且其数学期望为 100 g，标准差为 10 g. 已知一箱内装有 200 袋味精，求一箱味精净重大于 20 500 g 的概率.

解　设一箱味精的净重(单位:g) 为 X，箱中第 k 袋味精的净重为 $X_k(k=1,2,\cdots,200)$，则 $X_1,X_2,\cdots,X_{200}$ 是 200 个相互独立的随机变量，且 $E(X_k)=100, D(X_k)=100$，于是

$$E(X)=E(X_1+X_2+\cdots+X_{200})=20\,000,$$

$$D(X)=20\,000,\quad \sqrt{D(X)}=100\sqrt{2}.$$

故所求概率为

$$P\{X>20\,500\}=1-P\{X\leqslant 20\,500\}=1-P\left\{\frac{X-20\,000}{100\sqrt{2}}\leqslant\frac{500}{100\sqrt{2}}\right\}$$

$$\approx 1-\Phi(3.5)=1-0.999\,77=0.000\,23.$$

定理 5.2.2（**棣莫弗-拉普拉斯定理**）　**设 m_n 表示 n 次独立重复试验中事件 A 发生的次数，p 是事件 A 在每次试验中发生的概率，则对于任意实数 x，有**

$$\lim_{n\to\infty}P\left\{\frac{m_n-np}{\sqrt{np(1-p)}}\leqslant x\right\}=\int_{-\infty}^{b}\frac{1}{\sqrt{2\pi}}\mathrm{e}^{-\frac{t^2}{2}}\mathrm{d}t. \tag{5.2.2}$$

定理 5.2.2 表明二项分布的极限分布是正态分布. 当 n 充分大时，服从二项分布 $B(n,p)$ 的随机变量 m_n 近似服从正态分布 $N(np,np(1-p))$.

同时，由定理 5.2.2 可以推知，设在 n 次独立重复试验中，事件 A 在每次试验中发生的概率为 p，则当 n 充分大时，事件 A 在 n 次试验中发生的次数 m_n 在 n_1 与 n_2 之间的概率为

$$P\{n_1\leqslant m_n\leqslant n_2\}=P\left\{\frac{n_1-np}{\sqrt{np(1-p)}}\leqslant\frac{m_n-np}{\sqrt{np(1-p)}}\leqslant\frac{n_2-np}{\sqrt{np(1-p)}}\right\}$$

$$\approx\Phi\left(\frac{n_2-np}{\sqrt{np(1-p)}}\right)-\Phi\left(\frac{n_1-np}{\sqrt{np(1-p)}}\right). \tag{5.2.3}$$

一般来说，当 n 较大时，二项分布的概率计算非常复杂，这时我们就可以用正态分布来近似计算二项分布的概率.

例 5.2.3　设随机变量 X 服从二项分布 $B(100,0.8)$，求 $P\{80\leqslant X\leqslant 100\}$.

解　$P\{80\leqslant X\leqslant 100\}\approx\Phi\left(\dfrac{100-100\times0.8}{\sqrt{100\times0.8\times0.2}}\right)-\Phi\left(\dfrac{80-100\times0.8}{\sqrt{100\times0.8\times0.2}}\right)$

$$=\Phi(5)-\Phi(0)\approx 1-0.5=0.5.$$

例 5.2.4　设电路供电网内有 10 000 盏灯，夜间每一盏灯开着的概率均为 0.7. 假

设各灯的开关彼此独立，求同时开着的灯数在 6 800 至 7 200 盏之间的概率.

解　记同时开着的灯数(单位:盏) 为 X，依题意，它服从二项分布 $B(10\ 000,0.7)$，于是所求概率为

$$\begin{aligned}P\{6\ 800\leqslant X\leqslant 7\ 200\}&\approx\Phi\left(\frac{7\ 200-10\ 000\times 0.7}{\sqrt{10\ 000\times 0.7\times 0.3}}\right)-\Phi\left(\frac{6\ 800-10\ 000\times 0.7}{\sqrt{10\ 000\times 0.7\times 0.3}}\right)\\&\approx\Phi(4.4)-\Phi(-4.4)=2\Phi(4.4)-1\\&=2\times 0.999\ 995-1=0.999\ 99.\end{aligned}$$

习　题　5

1. 已知正常成年男性血液中每 1 mL 白细胞数平均是 7 300，标准差是 700. 利用切比雪夫不等式估计某正常成年男性血液中每 1 mL 白细胞数在 5 200 至 9 400 之间的概率.

2. 已知螺钉的质量(单位:g) 是一随机变量，其数学期望是 50 g，标准差是 5 g. 求一盒螺钉(共 100 个) 的质量超过 5 100 g 的概率.

3. 某商场每天接待顾客 10 000 人，设每位顾客的消费额(单位：元) 服从区间[100，1 000]上的均匀分布，且各顾客的消费额是相互独立的. 求该商场每天的销售额在平均销售额上下浮动不超过 20 000 元的概率.

4. 掷一枚均匀硬币时，问:需要投掷多少次，才能保证正面出现的频率在 0.4 至 0.6 之间的概率不少于 90%?

5. 在正常情况下，某工厂生产的产品的废品率为 0.01. 现取 500 个产品装成一盒，求每盒中的废品数不超过 5 个的概率.

6. 某保险公司有 10 000 人投保，每人每年付 120 元保险费. 设一年内一个人的死亡率为 0.003，投保人死亡时其家属可在保险公司领得赔偿金 20 000 元，求该保险公司亏本的概率及一年利润不少于 400 000 元的概率.

7. 某个复杂的系统由 100 个独立作用的部件组成，每个部件的可靠性(部件正常工作的概率) 为 0.9，为了使系统正常工作，必须至少有 85 个部件正常工作，求整个系统的可靠性(系统能正常工作的概率).

第6章

数理统计的基本概念与抽样分布

从本章开始进入第二部分内容——数理统计.数理统计与概率论是两个有密切联系的学科,它们都以随机现象为研究对象,概率论是数理统计的理论基础,而数理统计是概率论的实际应用.

数理统计是这样一门学科:它使用概率论和数学的方法,研究怎样收集(通过试验)带有随机误差的数据,并在设定的模型(称为统计模型)之下,对这种数据进行分析(称为统计分析),以对所研究的问题做出推断(称为统计推断).

数理统计在工农业生产、工程技术、自然科学和社会科学等领域中有着非常广泛的应用,随着计算机的发展,数理统计的研究和应用也得到了迅速的发展.目前,数理统计已发展成两大类:一是研究如何对随机现象进行试验,以取得有代表性的观测值,称为描述统计;二是研究如何对已取得的观测值进行整理、分析,并做出推断、决策,即以此推断总体的规律性,称为推断统计(或称为统计推断).

本书介绍统计推断的基本内容和基本方法.本章先引入必要的基本概念,再给出一些基础结果.

6.1 数理统计的基本概念

数理统计虽说是概率论的实际应用,但并非是将实际数据代入概率论的定理、公式进行计算那样简单,它对其研究的问题有着独特的提法和解决问题的思想.为此,先引入一些基本概念和术语.

6.1.1 总体

在数理统计中,将研究对象的全体称为**总体**(或**母体**),而把组成总体的每个元素称为**个体**.例如,检查一批产品的质量,则整批产品是总体,其中每件产品是个体.又如,研究一批元件的寿命,则整批元件是总体,其中每个元件就是个体.

在实际问题中,我们真正关心的不是总体或个体本身,而是总体的某个(或某几个)数量指标.例如,检查一批产品的质量,我们关心的是产品的尺寸和质量这两个数量指标.又如,研究一批元件的寿命,则寿命长短这一数量指标就是我们所关心的.

每个个体都有自己的指标值，我们也可以将每个指标值看成一个个体，这样总体就成为一些指标值（数值）的全体了. 在实际问题中，我们更关心这些指标值的分布状况. 例如，如果指标值为元件的寿命，我们感兴趣的是总体中有多少个体的寿命值在 500 h 以上（优等品），有多少个体的寿命值在 10 h 以下（次品）. 我们也可以这样问：从总体中任取一个个体，其寿命值在500 h以上的概率是多少？寿命值在10 h以下的概率是多少？这样，我们要研究的总体实质上就是服从某个概率分布的随机变量.

以后我们将用随机变量的符号表示总体. 在概率论中几乎所有关于随机变量的概念都可以移到总体上来，如总体 X 的概率密度 $f(x)$，总体 X 的数学期望 $E(X)$ 和方差 $D(X)$，等等.

6.1.2 样本

统计推断是通过从总体中随机地抽取部分个体来研究、分析总体的性态，即通过部分个体对总体的统计特性进行合理的推断. 从总体中随机（同等机会）抽出的部分个体就称为一个**样本**.

从总体中抽取一个个体，就是对总体 X 进行一次观测（进行一次随机试验），并记录其结果. 我们在相同的条件下对总体 X 进行 n 次重复独立的观测，将 n 次观测结果按试验的次序记为 $X_1,X_2,\cdots,X_n$. 由于 $X_1,X_2,\cdots,X_n$ 是对总体（随机变量）X 观测的结果，且各次观测是在相同条件下独立进行的，因此有理由认为 $X_1,X_2,\cdots,X_n$ 是相互独立的，且是与总体 X 具有相同分布的 n 个随机变量. 这样得到的 $X_1,X_2,\cdots,X_n$ 称为来自总体 X 的一个**独立随机样本**，n 称为**样本容量**.

以后在无特殊说明时，提到的样本都是指独立随机样本.

在理论上，总体 X 的一个容量为 n 的样本 $X_1,X_2,\cdots,X_n$ 是 n 个相互独立且与 X 同分布的随机变量.

在具体问题中，总体 X 的一个容量为 n 的样本应该是一组具体的数据，它是对总体 X 观测得到的一组数值 $x_1,x_2,\cdots,x_n$，其中 $x_i(i=1,2,\cdots,n)$ 为第 i 次观测结果. 我们称 $x_1,x_2,\cdots,x_n$ 为总体 X 的一组容量为 n 的**样本观测值**，简称为**样本值**.

总体 X 的样本值 $x_1,x_2,\cdots,x_n$ 既是样本 $X_1,X_2,\cdots,X_n$ 的一组观测值，又是总体 X 的 n 个独立的观测值.

设 $X_1,X_2,\cdots,X_n$ 为来自总体 X 的一个样本，X 的分布函数为 $F(x)$，则 $(X_1,X_2,\cdots,X_n)$ 的联合分布函数为

$$F(x_1,x_2,\cdots,x_n)=\prod_{i=1}^{n}F(x_i).$$

当总体 X 为离散型随机变量，且其分布律为 $P\{X=x_i\}=p(x_i)(i=1,2,\cdots)$ 时，$(X_1,X_2,\cdots,X_n)$ 的联合分布律为

$$P\{X_1=x_1,X_2=x_2,\cdots,X_n=x_n\}=\prod_{i=1}^{n}p(x_i).$$

当总体 X 为连续型随机变量，且其概率密度为 $f(x)$ 时，$(X_1,X_2,\cdots,X_n)$ 的联合概率密度为

$$f(x_1,x_2,\cdots,x_n)=\prod_{i=1}^{n} f(x_i).$$

6.1.3 统计量

为了实现通过样本对总体进行统计推断的目的，我们必须对样本进行“加工”，从样本中“提炼”出我们关心的与总体有关的信息，即将总体分散于样本中的某一方面的信息集中起来. 加工处理样本最常用的一个方法就是构造样本的函数，即统计量.

定义 6.1.1 设 $X_1,X_2,\cdots,X_n$ 为来自总体 X 的一个样本，$T=g(X_1,X_2,\cdots,X_n)$ 是样本的函数. 若 $T=g(X_1,X_2,\cdots,X_n)$ 中不含任何未知参数，则称之为该样本的一个**统计量**.

由于 $X_1,X_2,\cdots,X_n$ 都是随机变量，统计量 $T=g(X_1,X_2,\cdots,X_n)$ 是随机变量的函数，因此统计量 $T=g(X_1,X_2,\cdots,X_n)$ 也是一个随机变量.

设 $x_1,x_2,\cdots,x_n$ 是样本 $X_1,X_2,\cdots,X_n$ 的观测值，则称 $g(x_1,x_2,\cdots,x_n)$ 是统计量 $g(X_1,X_2,\cdots,X_n)$ 的观测值.

通过样本构造统计量应该有明确的目标，要尽可能地提取样本中所含有的有关总体分布特性的信息. 以后针对不同的问题，我们总是构造相应的统计量以实现对总体的统计推断.

下面介绍一些常用的统计量.

设 $X_1,X_2,\cdots,X_n$ 为来自总体 X 的一个样本，$x_1,x_2,\cdots,x_n$ 是这一样本的观测值，定义：

(1) 样本均值

$$\overline{X}=\frac{1}{n}\sum_{i=1}^{n} X_i;$$

(2) 样本方差

$$S^2=\frac{1}{n-1}\sum_{i=1}^{n}(X_i-\overline{X})^2=\frac{1}{n-1}\left(\sum_{i=1}^{n} X_i^2-n\overline{X}^2\right);$$

(3) 样本标准差

$$S=\sqrt{S^2}=\sqrt{\frac{1}{n-1}\sum_{i=1}^{n}(X_i-\overline{X})^2};$$

(4) 样本 k 阶原点矩

$$A_k=\frac{1}{n}\sum_{i=1}^{n} X_i^k \quad (k=1,2,\cdots);$$

(5) 样本 k 阶中心矩

$$B_k=\frac{1}{n}\sum_{i=1}^{n}(X_i-\overline{X})^k \quad (k=2,3,\cdots).$$

它们的观测值分别为

$$\bar{x}=\frac{1}{n}\sum_{i=1}^{n}x_i,$$

$$s^2=\frac{1}{n-1}\sum_{i=1}^{n}(x_i-\bar{x})^2=\frac{1}{n-1}\left(\sum_{i=1}^{n}x_i^2-n\bar{x}^2\right),$$

$$s=\sqrt{s^2}=\sqrt{\frac{1}{n-1}\sum_{i=1}^{n}(x_i-\bar{x})^2},$$

$$a_k=\frac{1}{n}\sum_{i=1}^{n}x_i^k\quad(k=1,2,\cdots),$$

$$b_k=\frac{1}{n}\sum_{i=1}^{n}(x_i-\bar{x})^k\quad(k=2,3,\cdots).$$

为了方便起见，我们不妨把某统计量的观测值就简称为该统计量，分别称这些观测值为样本均值、样本方差、样本标准差、样本 k 阶原点矩及样本 k 阶中心矩.

在计算这些统计量时，借助具有统计计算功能的电子计算器或利用统计计算软件在电子计算机上进行计算，可以大大减少计算的工作量.

6.2 抽样分布

统计量是我们对总体的分布规律或数字特征进行统计推断的基础，在使用统计量进行统计推断时必须要知道它的分布. 在数理统计中，统计量的分布称为**抽样分布**，因而确定抽样分布是数理统计的基本问题之一. 为此，本节先介绍由正态分布派生出来的三大分布，即 χ^2 分布、t 分布和 F 分布，它们在数理统计中占有极其重要的地位.

6.2.1 χ^2 分布

定义 6.2.1 设随机变量 $X_1,X_2,\cdots,X_n$ 相互独立，且均服从标准正态分布，即 $X_i\sim N(0,1)(i=1,2,\cdots,n)$，则称统计量

$$\chi^2=X_1^2+X_2^2+\cdots+X_n^2$$

服从自由度为 n 的 χ^2 **分布**，记为 $\chi^2\sim\chi^2(n)$.

这里，自由度 n 是指独立随机变量的个数.

$\chi^2(n)$ 分布的概率密度为

$$f(x)=\begin{cases}\dfrac{1}{2^{\frac{n}{2}}\Gamma\left(\dfrac{n}{2}\right)}x^{\frac{n}{2}-1}\mathrm{e}^{-\frac{x}{2}}, & x>0,\\ 0, & x\leqslant 0,\end{cases}$$

其中 $\Gamma\left(\dfrac{n}{2}\right)$ 为 Γ 函数（伽马函数），其定义为

$$\Gamma(\alpha)=\int_0^{+\infty}x^{\alpha-1}\mathrm{e}^{-x}\mathrm{d}x\quad(\alpha>0).$$

伽马函数具有下列性质：

(1) $\Gamma(\alpha+1)=\alpha\Gamma(\alpha)$；

(2) $\Gamma(n)=(n-1)!$，其中 n 为正整数；

(3) $\Gamma\left(\frac{1}{2}\right)=\sqrt{\pi}$.

图 6.2.1 所示为当 $n=1,3,5$ 时，$\chi^2(n)$ 分布的概率密度 $f(x)$ 的图形.

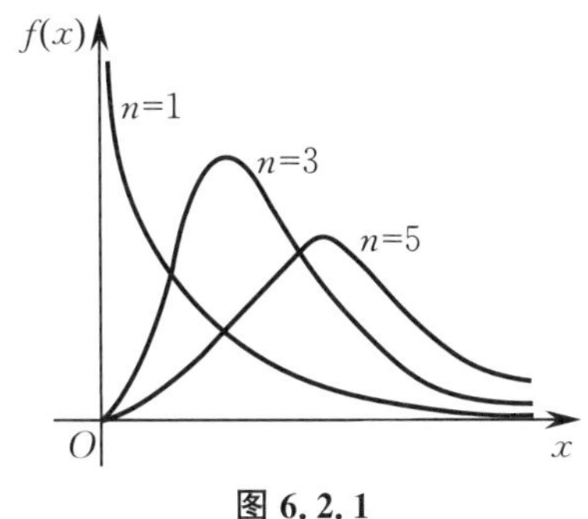

图 6.2.1

χ^2 分布具有下列性质：

(1)(可加性) 若 $X\sim\chi^2(m)$，$Y\sim\chi^2(n)$，且 X 与 Y 相互独立，则

$$X+Y\sim\chi^2(m+n).$$

(2) 若 $X\sim\chi^2(n)$，则

$$E(X)=n,\quad D(X)=2n.$$

6.2.2　t 分布

定义 6.2.2　设随机变量 $X\sim N(0,1)$，$Y\sim\chi^2(n)$，且 X 与 Y 相互独立，则称随机变量

$$T=\frac{X}{\sqrt{\frac{Y}{n}}}$$

服从自由度为 n 的 t **分布**，记为 $T\sim t(n)$.

t 分布又称为**学生氏分布**.

$t(n)$ 分布的概率密度为

$$f(x)=\frac{\Gamma\left(\frac{n+1}{2}\right)}{\sqrt{n\pi}\,\Gamma\left(\frac{n}{2}\right)}\left(1+\frac{x^2}{n}\right)^{-\frac{n+1}{2}}\quad(-\infty<x<+\infty).$$

图 6.2.2 所示为当 $n=1,4$ 及 $n\to\infty$ 时，$t(n)$ 分布的概率密度 $f(x)$ 的图形. 由图 6.2.2 可见，t 分布曲线关于 y 轴对称，而且类似于标准正态分布曲线. 可以证明，当 n 趋于无穷大时，$t(n)$ 分布的极限分布就是标准正态分布 $N(0,1)$.

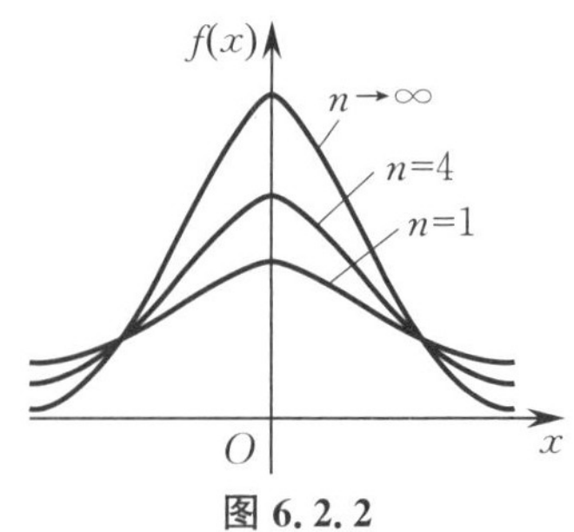

图 6.2.2

6.2.3 F 分布

定义 6.2.3 设随机变量 $X\sim\chi^2(n_1)$，$Y\sim\chi^2(n_2)$，且 X 与 Y 相互独立，则称随机变量

$$F=\frac{X/n_1}{Y/n_2}$$

服从自由度为(n_1,n_2)的 F **分布**，记为 $F\sim F(n_1,n_2)$，其中 n_1 是分子的自由度，叫作**第一自由度**，n_2 是分母的自由度，叫作**第二自由度**.

$F(n_1,n_2)$ 分布的概率密度为

$$f(x)=\begin{cases}\dfrac{\Gamma((n_1+n_2)/2)}{\Gamma(n_1/2)\Gamma(n_2/2)}\dfrac{n_1}{n_2}\left(\dfrac{n_1}{n_2}x\right)^{\frac{n_1}{2}-1}\left(1+\dfrac{n_1}{n_2}x\right)^{-\frac{n_1+n_2}{2}}, & x>0,\\ 0, & x\leqslant 0.\end{cases}$$

图 6.2.3 所示为 $F(10,50)$，$F(10,10)$，$F(10,4)$ 分布的概率密度 $f(x)$ 的图形.

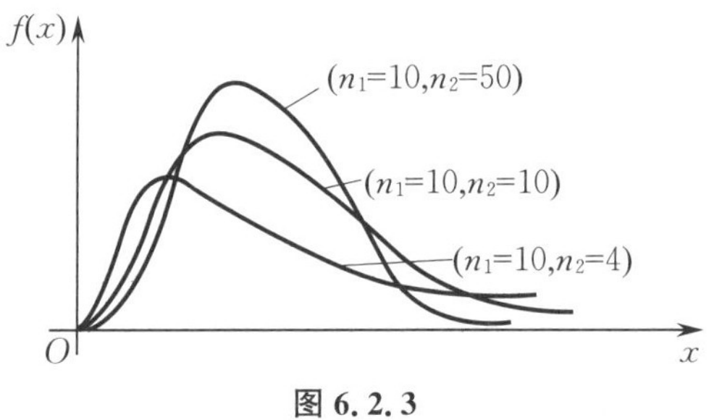

图 6.2.3

6.2.4 分位点

设 X 为随机变量，$F(x)$ 为其分布函数. 我们知道，对于给定的实数 x，分布函数 $F(x)=P\{X\leqslant x\}$ 给出了事件$\{X\leqslant x\}$发生的概率. 在数理统计中，我们常常需要考虑上述问题的逆问题，即给定分布函数 $F(x)$，亦即给定事件$\{X\leqslant x\}$发生的概率，要确定 x 取什么值. 对于连续型随机变量，这个问题实际上就是求 $F(x)$ 的反函数. 由此引出如下定义.

定义 6.2.4 设随机变量 X 的分布函数为 $F(x)$，概率密度为 $f(x)$，数 α 为一概率值(通常比较小). 若数值 x_α 满足

$$F(x_\alpha)=1-\alpha, \quad 即 \quad P\{X>x_\alpha\}=\int_{x_\alpha}^{+\infty} f(x)\mathrm{d}x=\alpha,$$

则称 x_α 为随机变量 X 服从的分布的 α **上侧分位点**.

几种常用分布($N(0,1)$,$\chi^2(n)$,$t(n)$,$F(n_1,n_2)$)的 α 上侧分位点都可以在书后附表中查到,其中 $N(0,1)$ 分布给出的是分布函数 $\Phi(x)$ 的值,需要反过来查.

1. 标准正态分布表

标准正态分布 $N(0,1)$ 的 α 上侧分位点通常记成 u_α[见图 6.2.4(a)],则

$$\Phi(u_\alpha)=\int_{-\infty}^{u_\alpha}\varphi(x)\mathrm{d}x=1-\alpha,$$

即

$$P\{X>u_\alpha\}=\int_{u_\alpha}^{+\infty}\varphi(x)\mathrm{d}x=\alpha.$$

可以通过附表 2 查到 u_α 的值,如 $u_{0.05}=1.645$,$u_{0.025}=1.96$ 等.

由标准正态分布曲线的对称性知

$$u_{1-\alpha}=-u_\alpha.$$

2. χ^2 分布表

查附表 3 可得到 χ^2 分布的 α 上侧分位点 $\chi_\alpha^2(n)$[见图 6.2.4(b)],如 $\chi_{0.95}^2(20)=10.851$,$\chi_{0.01}^2(10)=23.209$ 等.

当自由度 n 大于 45 时,可以用下面的近似计算公式:

$$\chi_\alpha^2(n)\approx\frac{1}{2}(u_\alpha+\sqrt{2n-1})^2.$$

例如,$\chi_{0.05}^2(60)\approx\frac{1}{2}(1.645+\sqrt{119})^2=78.798$.

3. t 分布表

查附表 4 可得到 t 分布的 α 上侧分位点 $t_\alpha(n)$[见图 6.2.4(c)],如 $t_{0.10}(10)=1.3722$ 等.

由 t 分布的对称性知

$$t_{1-\alpha}(n)=-t_\alpha(n),$$

于是有 $t_{0.95}(20)=-t_{0.05}(20)=-1.7247$.

由于当自由度 n 趋于无穷大时,t 分布的极限分布是标准正态分布 $N(0,1)$,因此当其自由度 n 大于 45 时,有

$$t_\alpha(n)\approx u_\alpha.$$

例如,$t_{0.05}(50)\approx u_{0.05}=1.645$.

4. F 分布表

查附表 5 可得到 F 分布的 α 上侧分位点 $F_\alpha(n_1,n_2)$[见图 6.2.4(d)].

不难证明,有下面的等式成立:

$$F_\alpha(n_1,n_2)=\frac{1}{F_{1-\alpha}(n_2,n_1)}.$$

附表 5 只列出了较小的 α 对应的 α 上侧分位点的值,通过上式就可以查得较大的 α 对应

的 α 上侧分位点的值. 例如, $F_{0.95}(3,7)=\dfrac{1}{F_{0.05}(7,3)}=\dfrac{1}{8.89}=0.1125$.

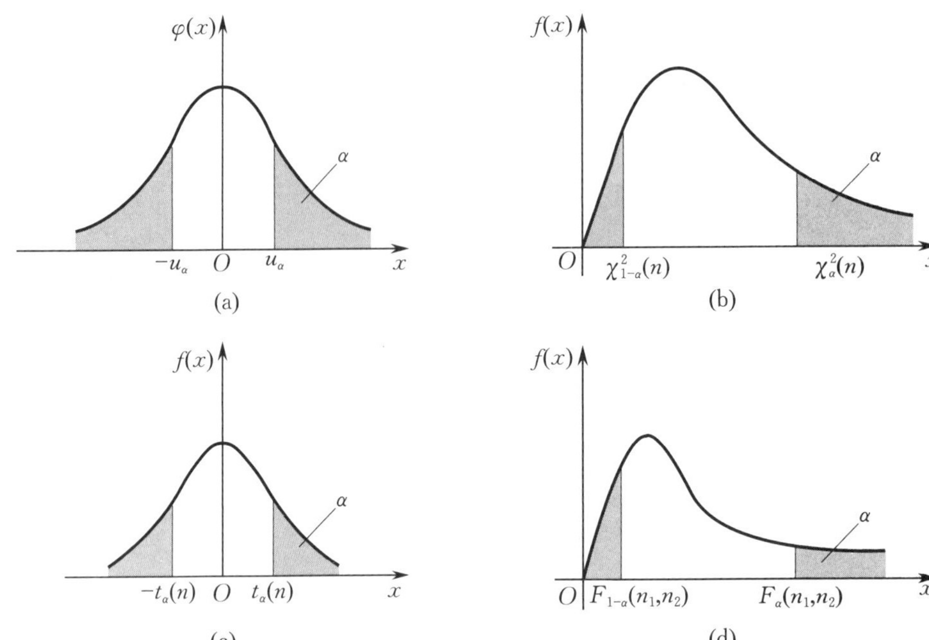

图 6.2.4

6.3　正态总体的统计量的分布

在研究数理统计问题时，往往需要知道统计量所服从的分布. 一般说来，要确定某个统计量的分布是很困难的，有时甚至是不可能的. 然而，对于总体服从正态分布的情形已经有了详尽的研究. 下面讨论服从正态分布的总体的某些统计量的分布.

6.3.1　单个正态总体的统计量的分布

首先讨论单个正态总体的统计量的分布. 从总体 X 中抽取一个容量为 n 的样本 X_1, X_2, $\cdots$, X_n, 样本均值与样本方差分别是

$$\overline{X}=\frac{1}{n}\sum_{i=1}^{n}X_i,\quad S^2=\frac{1}{n-1}\sum_{i=1}^{n}(X_i-\overline{X})^2.$$

定理 6.3.1　**设总体 X 服从正态分布 $N(\mu,\sigma^2)$, 则样本均值 $\overline{X}$ 服从正态分布 $N\left(\mu,\frac{\sigma^2}{n}\right)$, 即**

$$\overline{X}\sim N\left(\mu,\frac{\sigma^2}{n}\right).$$

证　因为随机变量 X_1, X_2, $\cdots$, X_n 相互独立，且与总体 X 服从相同的正态分布 $N(\mu,\sigma^2)$, 所以它们的线性组合

$$\overline{X}=\frac{1}{n}\sum_{i=1}^{n}X_i=\sum_{i=1}^{n}\frac{1}{n}X_i$$

服从正态分布 $N\left(\sum_{i=1}^{n}\frac{1}{n}\mu,\sum_{i=1}^{n}\frac{1}{n^2}\sigma^2\right)$，即 $N\left(\mu,\frac{\sigma^2}{n}\right)$.

定理 6.3.2　**设总体 X 服从正态分布 $N(\mu,\sigma^2)$，则统计量 $U=\frac{\overline{X}-\mu}{\sigma/\sqrt{n}}$ 服从标准正态分布 $N(0,1)$，即**

$$U=\frac{\overline{X}-\mu}{\sigma/\sqrt{n}}\sim N(0,1).$$

证　由定理 6.3.1 知 $\overline{X}\sim N\left(\mu,\frac{\sigma^2}{n}\right)$，再由第 2 章 2.3 节的定理 2.3.1 即得

$$U=\frac{\overline{X}-\mu}{\sigma/\sqrt{n}}\sim N(0,1).$$

定理 6.3.3　**设总体 X 服从正态分布 $N(\mu,\sigma^2)$，则统计量 $\chi^2=\frac{1}{\sigma^2}\sum_{i=1}^{n}(X_i-\mu)^2$ 服从自由度为 n 的 χ^2 分布，即**

$$\chi^2=\frac{1}{\sigma^2}\sum_{i=1}^{n}(X_i-\mu)^2\sim\chi^2(n).$$

证　因为 $X_i\sim N(\mu,\sigma^2)$，所以

$$\frac{X_i-\mu}{\sigma}\sim N(0,1)\quad(i=1,2,\cdots,n).$$

又因为 $X_1,X_2,\cdots,X_n$ 相互独立，所以 $\frac{X_1-\mu}{\sigma},\frac{X_2-\mu}{\sigma},\cdots,\frac{X_n-\mu}{\sigma}$ 也相互独立. 于是由 χ^2 分布的定义得

$$\chi^2=\frac{1}{\sigma^2}\sum_{i=1}^{n}(X_i-\mu)^2=\sum_{i=1}^{n}\left(\frac{X_i-\mu}{\sigma}\right)^2\sim\chi^2(n).$$

定理 6.3.4　**设总体 X 服从正态分布 $N(\mu,\sigma^2)$，则**

(1) **样本均值 $\overline{X}$ 与样本方差 S^2 相互独立；**

(2) **统计量 $\chi^2=\frac{(n-1)S^2}{\sigma^2}$ 服从自由度为 $n-1$ 的 χ^2 分布，即**

$$\chi^2=\frac{(n-1)S^2}{\sigma^2}\sim\chi^2(n-1).$$

证明从略，我们仅对统计量 $\chi^2=\frac{(n-1)S^2}{\sigma^2}$ 的自由度做一些说明. 由样本方差 S^2 的定义易知 $(n-1)S^2=\sum_{i=1}^{n}(X_i-\overline{X})^2$，所以统计量

$$\chi^2=\frac{(n-1)S^2}{\sigma^2}=\frac{1}{\sigma^2}\sum_{i=1}^{n}(X_i-\overline{X})^2=\sum_{i=1}^{n}\left(\frac{X_i-\overline{X}}{\sigma}\right)^2$$

虽然是 n 个随机变量的平方和，但是这些随机变量不是相互独立的，它们的和恒等于零：

$$\sum_{i=1}^{n}\frac{X_i-\overline{X}}{\sigma}=\frac{1}{\sigma}\left(\sum_{i=1}^{n}X_i-n\overline{X}\right)\equiv 0.$$

由于受到一个条件的约束，因此自由度为 $n-1$.

定理 6.3.5 **设总体 X 服从正态分布 $N(\mu,\sigma^2)$，则统计量 $T=\frac{\overline{X}-\mu}{S/\sqrt{n}}$ 服从自由度为 $n-1$ 的 t 分布，即**

$$T=\frac{\overline{X}-\mu}{S/\sqrt{n}}\sim t(n-1).$$

证 由定理 6.3.2 知，统计量

$$U=\frac{\overline{X}-\mu}{\sigma/\sqrt{n}}\sim N(0,1).$$

又由定理 6.3.4 知，统计量

$$\chi^2=\frac{(n-1)S^2}{\sigma^2}\sim \chi^2(n-1).$$

因为 $\overline{X}$ 与 S^2 相互独立，所以 $U=\frac{\overline{X}-\mu}{\sigma/\sqrt{n}}$ 与 $\chi^2=\frac{(n-1)S^2}{\sigma^2}$ 也是相互独立的. 于是由 t 分布的定义知

$$T=\frac{U}{\sqrt{\frac{\chi^2}{n-1}}}=\frac{\frac{\overline{X}-\mu}{\sigma/\sqrt{n}}}{\sqrt{\frac{(n-1)S^2/\sigma^2}{n-1}}}=\frac{\overline{X}-\mu}{S/\sqrt{n}}\sim t(n-1).$$

例 6.3.1 设总体 X 服从正态分布 $N(\mu,\sigma^2)$，从 X 中抽取一个容量为 9 的样本，分别在下列情况下求样本均值 $\overline{X}$ 与总体均值 μ 之差的绝对值小于 2 的概率：

(1) 已知总体方差 $\sigma^2=16$;

(2) 总体方差 σ^2 未知，但已知样本方差的观测值 $s^2=18.45$.

解 (1) 已知 $\sigma^2=16$，由定理 6.3.2 知

$$U=\frac{\overline{X}-\mu}{\sqrt{16/9}}\sim N(0,1),$$

所以有

$$\begin{aligned}P\{|\overline{X}-\mu|<2\}&=P\left\{\frac{|\overline{X}-\mu|}{\sqrt{16/9}}<\frac{2}{\sqrt{16/9}}\right\}=P\{|U|<1.5\}\\&=\Phi(1.5)-\Phi(-1.5)=\Phi(1.5)-[1-\Phi(1.5)]\\&=2\Phi(1.5)-1=2\times 0.9332-1=0.8664.\end{aligned}$$

(2) 已知 $s^2=18.45$，由定理 6.3.5 知

$$T=\frac{\overline{X}-\mu}{\sqrt{18.45/9}}\sim t(8),$$

所以有

$$P\{|\overline{X}-\mu|<2\}=P\left\{\frac{|\overline{X}-\mu|}{\sqrt{18.45/9}}<\frac{2}{\sqrt{18.45/9}}\right\}=P\{|T|<1.397\}$$
$$=1-P\{|T|\geqslant 1.397\}=1-2P\{T\geqslant 1.397\}.$$

查附表得 $t_{0.10}(8)\approx 1.397$，由此得

$$P\{|\overline{X}-\mu|<2\}=1-2\times 0.10=0.80.$$

例 6.3.2　设总体 X 服从正态分布 $N(\mu,2^2)$，从 X 中抽取一个容量为 16 的样本 $X_1,X_2,\cdots,X_{16}$.

(1) 如果已知 $\mu=0$，求事件 $\left\{\sum_{i=1}^{16}X_i^2<128\right\}$ 发生的概率.

(2) 如果 μ 未知，求事件 $\left\{\sum_{i=1}^{16}(X_i-\overline{X})^2<100\right\}$ 发生的概率.

解　(1) 已知 $\mu=0$，由定理 6.3.3 知

$$\chi_1^2=\frac{1}{2^2}\sum_{i=1}^{16}X_i^2\sim\chi^2(16),$$

所以有

$$P\left\{\sum_{i=1}^{16}X_i^2<128\right\}=P\left\{\frac{1}{2^2}\sum_{i=1}^{16}X_i^2<\frac{128}{2^2}\right\}$$
$$=P\{\chi_1^2<32\}$$
$$=1-P\{\chi_1^2\geqslant 32\}.$$

查附表得 $\chi_{0.01}^2(16)=32$，由此得

$$P\left\{\sum_{i=1}^{16}X_i^2<128\right\}=1-0.01=0.99.$$

(2) 因为 μ 未知，由定理 6.3.4 知

$$\chi_2^2=\frac{(16-1)S^2}{2^2}=\frac{1}{2^2}\sum_{i=1}^{16}(X_i-\overline{X})^2\sim\chi^2(15),$$

所以有

$$P\left\{\sum_{i=1}^{16}(X_i-\overline{X})^2<100\right\}=P\left\{\frac{1}{2^2}\sum_{i=1}^{16}(X_i-\overline{X})^2<\frac{100}{2^2}\right\}$$
$$=P\{\chi_2^2<25\}$$
$$=1-P\{\chi_2^2\geqslant 25\}.$$

查附表得 $\chi_{0.05}^2(15)\approx 25$，由此得

$$P\left\{\sum_{i=1}^{16}(X_i-\overline{X})^2<100\right\}=1-0.05=0.95.$$

6.3.2　两个正态总体的统计量的分布

现在讨论两个正态总体的统计量的分布.

从总体 X 中抽取一个容量为 n_1 的样本 $X_1,X_2,\cdots,X_{n_1}$，从总体 Y 中抽取一个容量为 n_2

的样本 $Y_1,Y_2,\cdots,Y_{n_2}$，假设所有的抽样都是相互独立的，由此得到的样本 $X_1,X_2,\cdots,X_{n_1}$，$Y_1,Y_2,\cdots,Y_{n_2}$ 都是相互独立的随机变量. 把取自总体 X 和 Y 的样本的样本均值分别记作

$$\overline{X}=\frac{1}{n_1}\sum_{i=1}^{n_1}X_i,\quad \overline{Y}=\frac{1}{n_2}\sum_{j=1}^{n_2}Y_j,$$

样本方差分别记作

$$S_1^2=\frac{1}{n_1-1}\sum_{i=1}^{n_1}(X_i-\overline{X})^2,\quad S_2^2=\frac{1}{n_2-1}\sum_{j=1}^{n_2}(Y_j-\overline{Y})^2.$$

定理 6.3.6 **设总体 X 服从正态分布 $N(\mu_1,\sigma_1^2)$，Y 服从正态分布 $N(\mu_2,\sigma_2^2)$，则统计量 $U=\dfrac{(\overline{X}-\overline{Y})-(\mu_1-\mu_2)}{\sqrt{\dfrac{\sigma_1^2}{n_1}+\dfrac{\sigma_2^2}{n_2}}}$ 服从标准正态分布 $N(0,1)$，即**

$$U=\frac{(\overline{X}-\overline{Y})-(\mu_1-\mu_2)}{\sqrt{\dfrac{\sigma_1^2}{n_1}+\dfrac{\sigma_2^2}{n_2}}}\sim N(0,1).$$

证 由定理 6.3.1 知

$$\overline{X}\sim N\left(\mu_1,\frac{\sigma_1^2}{n_1}\right),\quad \overline{Y}\sim N\left(\mu_2,\frac{\sigma_2^2}{n_2}\right).$$

因为 $\overline{X}$ 与 $\overline{Y}$ 相互独立，所以

$$\overline{X}-\overline{Y}\sim N\left(\mu_1-\mu_2,\frac{\sigma_1^2}{n_1}+\frac{\sigma_2^2}{n_2}\right).$$

再由第 2 章 2.3 节的定理 2.3.1 得

$$U=\frac{(\overline{X}-\overline{Y})-(\mu_1-\mu_2)}{\sqrt{\dfrac{\sigma_1^2}{n_1}+\dfrac{\sigma_2^2}{n_2}}}\sim N(0,1).$$

特别地，若 $\sigma_1=\sigma_2=\sigma$，则得到下面的推论.

推论 6.3.1 设总体 X 服从正态分布 $N(\mu_1,\sigma^2)$，Y 服从正态分布 $N(\mu_2,\sigma^2)$，则统计量 $U=\dfrac{(\overline{X}-\overline{Y})-(\mu_1-\mu_2)}{\sigma\sqrt{\dfrac{1}{n_1}+\dfrac{1}{n_2}}}$ 服从标准正态分布 $N(0,1)$，即

$$U=\frac{(\overline{X}-\overline{Y})-(\mu_1-\mu_2)}{\sigma\sqrt{\dfrac{1}{n_1}+\dfrac{1}{n_2}}}\sim N(0,1).$$

定理 6.3.7 **设总体 X 服从正态分布 $N(\mu_1,\sigma^2)$，Y 服从正态分布 $N(\mu_2,\sigma^2)$，则统计量 $T=\dfrac{(\overline{X}-\overline{Y})-(\mu_1-\mu_2)}{S_\omega\sqrt{\dfrac{1}{n_1}+\dfrac{1}{n_2}}}$ 服从自由度为 n_1+n_2-2 的 t 分布，即**

$$T=\frac{(\overline{X}-\overline{Y})-(\mu_1-\mu_2)}{S_\omega\sqrt{\dfrac{1}{n_1}+\dfrac{1}{n_2}}}\sim t(n_1+n_2-2),$$

其中 $S_\omega=\sqrt{\dfrac{(n_1-1)S_1^2+(n_2-1)S_2^2}{n_1+n_2-2}}$.

证 由推论 6.3.1 知

$$U=\frac{(\overline{X}-\overline{Y})-(\mu_1-\mu_2)}{\sigma\sqrt{\dfrac{1}{n_1}+\dfrac{1}{n_2}}}\sim N(0,1).$$

又由定理 6.3.4 知

$$\chi_1^2=\frac{(n_1-1)S_1^2}{\sigma^2}\sim\chi^2(n_1-1),$$

$$\chi_2^2=\frac{(n_2-1)S_2^2}{\sigma^2}\sim\chi^2(n_2-1).$$

因为 S_1^2 与 S_2^2 相互独立，所以 χ_1^2 与 χ_2^2 也相互独立. 于是由 χ^2 分布的可加性可知

$$\chi^2=\chi_1^2+\chi_2^2=\frac{(n_1-1)S_1^2+(n_2-1)S_2^2}{\sigma^2}\sim\chi^2(n_1+n_2-2).$$

由定理 6.3.4 知 $\overline{X}$ 与 S_1^2 相互独立，$\overline{Y}$ 与 S_2^2 相互独立，所以 U 与 χ^2 也相互独立. 于是由 t 分布的定义得

$$T=\frac{U}{\sqrt{\dfrac{\chi^2}{n_1+n_2-2}}}=\frac{(\overline{X}-\overline{Y})-(\mu_1-\mu_2)}{S_\omega\sqrt{\dfrac{1}{n_1}+\dfrac{1}{n_2}}}\sim t(n_1+n_2-2).$$

定理 6.3.8 **设总体 X 服从正态分布 $N(\mu_1,\sigma_1^2)$，Y 服从正态分布 $N(\mu_2,\sigma_2^2)$，则统计量** $F=\dfrac{\sum\limits_{i=1}^{n_1}(X_i-\mu_1)^2\Big/(n_1\sigma_1^2)}{\sum\limits_{j=1}^{n_2}(Y_j-\mu_2)^2\Big/(n_2\sigma_2^2)}$ **服从自由度为** (n_1,n_2) **的** F **分布，即**

$$F=\frac{\sum\limits_{i=1}^{n_1}(X_i-\mu_1)^2\Big/(n_1\sigma_1^2)}{\sum\limits_{j=1}^{n_2}(Y_j-\mu_2)^2\Big/(n_2\sigma_2^2)}\sim F(n_1,n_2).$$

证 由定理 6.3.3 知

$$\chi_1^2=\frac{1}{\sigma_1^2}\sum_{i=1}^{n_1}(X_i-\mu_1)^2\sim\chi^2(n_1),$$

$$\chi_2^2=\frac{1}{\sigma_2^2}\sum_{j=1}^{n_2}(Y_j-\mu_2)^2\sim\chi^2(n_2).$$

因为所有的 $X_i(i=1,2,\cdots,n_1)$ 与 $Y_j(j=1,2,\cdots,n_2)$ 都相互独立，所以 χ_1^2 与 χ_2^2 也相互独立. 于是由 F 分布的定义得

$$F=\frac{\chi_1^2/n_1}{\chi_2^2/n_2}=\frac{\sum_{i=1}^{n_1}(X_i-\mu_1)^2\Big/(n_1\sigma_1^2)}{\sum_{j=1}^{n_2}(Y_j-\mu_2)^2\Big/(n_2\sigma_2^2)}\sim F(n_1,n_2).$$

定理 6.3.9 **设总体 X 服从正态分布 $N(\mu_1,\sigma_1^2)$，Y 服从正态分布 $N(\mu_2,\sigma_2^2)$，则统计量 $F=\frac{S_1^2/\sigma_1^2}{S_2^2/\sigma_2^2}$ 服从自由度为 (n_1-1,n_2-1) 的 F 分布，即**

$$F=\frac{S_1^2/\sigma_1^2}{S_2^2/\sigma_2^2}\sim F(n_1-1,n_2-1).$$

证 由定理 6.3.4 知

$$\chi_1^2=\frac{(n_1-1)S_1^2}{\sigma_1^2}\sim\chi^2(n_1-1),$$

$$\chi_2^2=\frac{(n_2-1)S_2^2}{\sigma_2^2}\sim\chi^2(n_2-1).$$

因为 S_1^2 与 S_2^2 相互独立，所以 χ_1^2 与 χ_2^2 也相互独立. 于是由 F 分布的定义得

$$F=\frac{\chi_1^2/(n_1-1)}{\chi_2^2/(n_2-1)}=\frac{S_1^2/\sigma_1^2}{S_2^2/\sigma_2^2}\sim F(n_1-1,n_2-1).$$

例 6.3.3 设总体 X 服从正态分布 $N(20,5^2)$，Y 服从正态分布 $N(10,2^2)$，从总体 X 与 Y 中分别抽取容量为 $n_1=10$ 与 $n_2=8$ 的样本，求：

(1) 样本均值差 $\overline{X}-\overline{Y}$ 大于 6 的概率；

(2) 样本方差比 $\frac{S_1^2}{S_2^2}$ 小于 23 的概率.

解 (1) 由定理 6.3.6 知

$$U=\frac{(\overline{X}-\overline{Y})-(20-10)}{\sqrt{\frac{5^2}{10}+\frac{2^2}{8}}}=\frac{\overline{X}-\overline{Y}-10}{\sqrt{3}}\sim N(0,1),$$

所以有

$$\begin{aligned}P\{\overline{X}-\overline{Y}>6\}&=P\left\{\frac{\overline{X}-\overline{Y}-10}{\sqrt{3}}>\frac{6-10}{\sqrt{3}}\right\}=P\{U>-2.31\}\\&=1-P\{U\leqslant-2.31\}=1-\Phi(-2.31)\\&=\Phi(2.31)=0.9896.\end{aligned}$$

(2) 由定理 6.3.9 知

$$F=\frac{S_1^2/5^2}{S_2^2/2^2}\sim F(9,7),$$

所以有

$$P\left\{\frac{S_1^2}{S_2^2}<23\right\}=P\left\{\frac{S_1^2/5^2}{S_2^2/2^2}<\frac{23/5^2}{1/2^2}\right\}$$
$$=P\{F<3.68\}$$
$$=1-P\{F\geqslant 3.68\}.$$

查附表得 $F_{0.05}(9,7)=3.68$，由此得

$$P\left\{\frac{S_1^2}{S_2^2}<23\right\}=1-0.05=0.95.$$

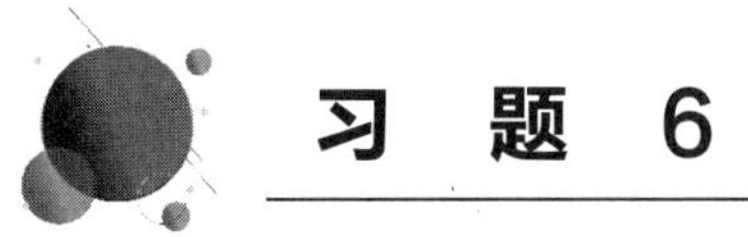

习　题　6

1. 从某厂生产的一批仪表中随机抽取 8 台做寿命试验，各台从开始工作到初次发生故障的时间(单位：h) 分别为

1 408，　1 632，　1 957，　2 315，　2 400，　2 912，　4 315，　4 378，

求样本均值 $\overline{x}$ 和样本方差 s^2.

2. 已知总体 X 的数学期望 $\mu=50$，标准差 $\sigma=300$，从 X 中抽取一个容量为 100 的样本，样本均值为 $\overline{X}$，求 $\overline{X}$ 的数学期望和标准差.

3. 设总体 $X\sim N(150,25^2)$，从 X 中抽取一个容量为 n 的样本，样本均值为 $\overline{X}$.

(1) 当 $n=25$ 时，求 $P\{140\leqslant\overline{X}\leqslant 147.5\}$.

(2) 当 $n=64$ 时，求 $P\{|\overline{X}-150|<1\}$.

(3) 问：样本容量 n 至少为多大时，才能使概率 $P\{|\overline{X}-150|<1\}$ 达到 0.95?

4. 设总体 $X\sim N(12,2^2)$，现从中抽取一个容量为 6 的样本 $X_1,X_2,\cdots,X_6$，求：

(1) 样本均值 $\overline{X}$ 大于 13 的概率；

(2) 样本的最小值小于 10 的概率；

(3) 样本的最大值大于 15 的概率.

5. 已知某厂生产的电容器的使用寿命服从指数分布 $e(\lambda)$，但参数 λ 未知，为此随机抽查 n 只电容器，测得其实际使用寿命为 $x_1,x_2,\cdots,x_n$. 问：本试验中什么是总体？什么是样本？并求样本的联合概率密度.

6. 设总体 $X\sim N(\mu,\sigma^2)$，从中抽取样本 $X_1,X_2,\cdots,X_n$，样本均值为 $\overline{X}$，样本方差为 S^2. 如果再抽取一个样本 X_{n+1}，证明：

$$\sqrt{\frac{n}{n+1}}\frac{X_{n+1}-\overline{X}}{S}\sim t(n-1).$$

7. 设 $X_1,X_2,\cdots,X_{10}$ 为来自正态总体 $X\sim N(0,0.3^2)$ 的一个样本，求

$$P\left\{\sum_{i=1}^{10}X_i^2>1.44\right\}.$$

第7章

参数估计

从本章起介绍统计推断.统计推断问题分为两大类:参数估计问题和假设检验问题,它们是数理统计的基础组成部分.本章首先介绍参数估计.

在实际工作中,我们往往对总体分布并非一无所知.例如,一批产品的某项质量指标 X 是随机变量,根据以往的经验知道它服从 $N(\mu,\sigma^2)$ 分布,只是其中的参数 μ 和 σ^2 待定.又如,某信息台在一定时间内接到的呼叫次数 X 是一个随机变量,由 X 产生的机理能推知它是服从泊松分布 $P(\lambda)$ 的,但参数 λ 未知.这类已知总体分布的类型,需要通过样本构造适当的统计量来估计总体分布中某些未知参数的问题,就是本章所要介绍的参数估计问题.

参数估计的方法分为点估计和区间估计两大类,下面分别给以介绍.

7.1 点估计

设总体 X 的分布函数 $F(x;\theta)$ 的类型已知,其中 θ 是未知参数.抽取该总体的一个容量为 n 的样本 $X_1,X_2,\cdots,X_n$,然后根据参数 θ 在总体 X 中的作用,并依据合理的理由来构造一个统计量 $\hat{\theta}(X_1,X_2,\cdots,X_n)$,用这个统计量来估计总体 X 中的未知参数 θ,称统计量 $\hat{\theta}(X_1,X_2,\cdots,X_n)$ 为参数 θ 的**估计量**.将抽样完成后得到的样本值 $x_1,x_2,\cdots,x_n$ 代入上述估计量中,则可以算出一个关于参数 θ 的**估计值** $\hat{\theta}(x_1,x_2,\cdots,x_n)$.

我们由上述定义可知,估计量 $\hat{\theta}(X_1,X_2,\cdots,X_n)$ 是一个随机变量,而估计值 $\hat{\theta}(x_1,x_2,\cdots,x_n)$ 是一个实数.当没有必要强调两者的区别时,我们常常将它们统称为参数 θ 的**估计**.

例 7.1.1 设某电路中的电流(单位:A)X 服从正态分布 $N(\mu,\sigma^2)$,其中 μ 和 σ^2 为未知参数.现随机测试 5 次电流,得电流值如下:

$$10.50,\quad 10.31,\quad 10.21,\quad 10.78,\quad 10.65,$$

试估计参数 μ 和 σ^2.

解 因总体 $X\sim N(\mu,\sigma^2)$,故有 $E(X)=\mu,D(X)=\sigma^2$.由于样本反映了总体的部分信息,因此我们可以考虑用样本均值 $\overline{X}$ 和样本方差 S^2 来分别估计总体均值 μ 和总体方差

σ^2，即得估计量

$$\hat{\mu}=\overline{X}=\frac{1}{n}\sum_{i=1}^{n}X_i,\quad \hat{\sigma}^2=S^2=\frac{1}{n-1}\sum_{i=1}^{n}(X_i-\overline{X})^2.$$

再由所给的样本值可算出 μ 和 σ^2 的估计值，即

$$\hat{\mu}=\overline{x}=\frac{1}{5}(10.50+10.31+10.21+10.78+10.65)=10.49,$$

$$\begin{aligned}\hat{\sigma}^2=s^2&=\frac{1}{4}[(10.50-10.49)^2+(10.31-10.49)^2+(10.21-10.49)^2\\&\quad+(10.78-10.49)^2+(10.65-10.49)^2]\\&=0.05515.\end{aligned}$$

利用总体的一个样本所构造的统计量来估计总体未知参数的问题，称为参数的**点估计问题**. 如何求估计量呢？方法很多，下面介绍最常用的两种方法.

7.1.1 矩估计法

矩估计法是一种简捷的方法，它是一种基于替换的方法，即用样本矩去替换总体矩. 我们知道，总体矩是由总体的分布唯一确定的，而样本来源于总体，样本矩在一定程度上反映了总体矩的特征. 用样本矩来估计总体矩的方法就称为**矩估计法**.

从直观上看，总体 X 的均值 $E(X)$（一阶原点矩）是对 X 的取值求以概率为权的加权平均，而样本均值 $\overline{X}$ 是对抽取的样本求算术平均. 从理论上讲，由大数定律有

$$\lim_{n\to\infty}P\{|\overline{X}-E(X)|<\varepsilon\}=1,$$

故当 n 很大时，样本均值 $\overline{X}$ 的值会很接近总体均值 $E(X)$，因此用 $\overline{X}$ 估计 $E(X)$ 是有充分理由的一种选择. 将这类依据推广就得到"用样本 k 阶原点矩 $A_k=\frac{1}{n}\sum\limits_{i=1}^{n}X_i^k$ 估计总体 k 阶原点矩 $E(X^k)$"的思想，基于这一思想形成的点估计法就是矩估计法.

设总体 X 的分布中含有未知参数 $\theta_1,\theta_2,\cdots,\theta_k$，总体 X 的前 k 阶原点矩 $\mu_1,\mu_2,\cdots,\mu_k$ 均存在，则它们都是 $\theta_1,\theta_2,\cdots,\theta_k$ 的函数，即

$$\begin{cases}\mu_1=\mu_1(\theta_1,\theta_2,\cdots,\theta_k),\\ \mu_2=\mu_2(\theta_1,\theta_2,\cdots,\theta_k),\\ \quad\cdots\cdots\\ \mu_k=\mu_k(\theta_1,\theta_2,\cdots,\theta_k).\end{cases}$$

一般来说，可以从中解出 $\theta_1,\theta_2,\cdots,\theta_k$，得到

$$\begin{cases}\theta_1=\theta_1(\mu_1,\mu_2,\cdots,\mu_k),\\ \theta_2=\theta_2(\mu_1,\mu_2,\cdots,\mu_k),\\ \quad\cdots\cdots\\ \theta_k=\theta_k(\mu_1,\mu_2,\cdots,\mu_k).\end{cases}$$

再以样本 i 阶原点矩 $A_i=\frac{1}{n}\sum\limits_{j=1}^{n}X_j^i$ 分别代替上式中的总体 i 阶原点矩 $\mu_i(i=1,2,\cdots,k)$，可得参数 θ_i 的估计量

$$\hat{\theta}_i=\hat{\theta}_i(A_1,A_2,\cdots,A_k).$$

这种估计量称为**矩估计量**,矩估计量的观测值称为**矩估计值**.

例 7.1.2 某纺织厂细纱机上的断头次数 X 服从泊松分布 $P(\lambda)$,其中 $\lambda>0$ 为未知参数.设 $X_1,X_2,\cdots,X_n$ 为来自总体 X 的一个样本,求参数 λ 的矩估计.

解 设样本 $X_1,X_2,\cdots,X_n$ 的观测值为 $x_1,x_2,\cdots,x_n$.总体一阶原点矩为

$$\mu_1=E(X)=\lambda,$$

样本一阶原点矩为

$$A_1=\frac{1}{n}\sum_{i=1}^{n}X_i=\overline{X}.$$

令 $\mu_1=A_1$,解得参数 λ 的矩估计量为

$$\hat{\lambda}=\overline{X},$$

相应的矩估计值为

$$\hat{\lambda}=\overline{x}.$$

例 7.1.3 某人去银行取款的等候时间(单位:mm)X 服从指数分布 $e(\lambda)$,其中 $\lambda>0$ 为未知参数.设 $X_1,X_2,\cdots,X_n$ 为来自总体 X 的一个样本,求参数 λ 的矩估计.

解 设样本 $X_1,X_2,\cdots,X_n$ 的观测值为 $x_1,x_2,\cdots,x_n$.总体一阶原点矩为

$$\mu_1=E(X)=\frac{1}{\lambda},$$

样本一阶原点矩为

$$A_1=\frac{1}{n}\sum_{i=1}^{n}X_i=\overline{X}.$$

令 $\mu_1=A_1$,解得参数 λ 的矩估计量为

$$\hat{\lambda}=\frac{1}{\overline{X}},$$

相应的矩估计值为

$$\hat{\lambda}=\frac{1}{\overline{x}}.$$

例 7.1.4 某物体的温度 X 服从正态分布 $N(\mu,\sigma^2)$,其中 μ 和 σ^2 为未知参数.设 $X_1,X_2,\cdots,X_n$ 为来自总体 X 的一个样本,求参数 μ 和 σ^2 的矩估计.

解 设样本 $X_1,X_2,\cdots,X_n$ 的观测值为 $x_1,x_2,\cdots,x_n$.总体前二阶原点矩为

$$\mu_1=E(X)=\mu,$$
$$\mu_2=E(X^2)=D(X)+[E(X)]^2=\sigma^2+\mu^2,$$

样本前二阶原点矩为

$$A_1=\frac{1}{n}\sum_{i=1}^{n}X_i=\overline{X},$$

$$A_2=\frac{1}{n}\sum_{i=1}^{n}X_i^2.$$

令 $\mu_1=A_1,\mu_2=A_2$，解得参数 μ 和 σ^2 的矩估计量为

$$\hat{\mu}=\overline{X},\quad \hat{\sigma}^2=\frac{1}{n}\sum_{i=1}^{n}X_i^2-\overline{X}^2=\frac{1}{n}\sum_{i=1}^{n}(X_i-\overline{X})^2,$$

相应的矩估计值为

$$\hat{\mu}=\overline{x},\quad \hat{\sigma}^2=\frac{1}{n}\sum_{i=1}^{n}(x_i-\overline{x})^2.$$

7.1.2 极大似然估计法

矩估计法具有直观、简便等优点，但对总体矩不存在的分布（如柯西分布）不适用. 下面介绍另一种求点估计的方法 —— **极大似然估计法**.

设总体 X 为离散型随机变量，其分布律为 $P\{X=x\}=p(x;\theta)\ (\theta\in\Theta)$，其中 θ 为待估参数，Θ 是 θ 的可能取值范围. 又设 $X_1,X_2,\cdots,X_n$ 为来自总体 X 的一个样本，$x_1,x_2,\cdots,x_n$ 是样本 $X_1,X_2,\cdots,X_n$ 的观测值，则事件 $\{X_1=x_1,X_2=x_2,\cdots,X_n=x_n\}$ 发生的概率为

$$L(x_1,x_2,\cdots,x_n;\theta)=L(\theta)=\prod_{i=1}^{n}p(x_i;\theta)\quad(\theta\in\Theta).$$

当 $x_1,x_2,\cdots,x_n$ 取定时，这一概率随 θ 的取值而变化，它是 θ 的函数，称为样本的**似然函数**.

设总体 X 为连续型随机变量，其概率密度为 $f(x;\theta)\ (\theta\in\Theta)$，其中 θ 为待估参数. 又设 $X_1,X_2,\cdots,X_n$ 为来自总体 X 的一个样本，$x_1,x_2,\cdots,x_n$ 是样本 $X_1,X_2,\cdots,X_n$ 的观测值，则随机点 $(X_1,X_2,\cdots,X_n)$ 落在点 $(x_1,x_2,\cdots,x_n)$ 的邻域内的概率近似为

$$\prod_{i=1}^{n}f(x_i;\theta)\,\mathrm{d}x_i.$$

当 $x_1,x_2,\cdots,x_n$ 取定时，这一概率随 θ 的取值而变化，它是 θ 的函数. 由于因子 $\prod_{i=1}^{n}\mathrm{d}x_i$ 不随 θ 而变，因此样本 $X_1,X_2,\cdots,X_n$ 的似然函数可定义为

$$L(x_1,x_2,\cdots,x_n;\theta)=L(\theta)=\prod_{i=1}^{n}f(x_i;\theta)\quad(\theta\in\Theta).$$

极大似然估计法是由英国统计学家费希尔提出的，至今仍是重要且普遍适用的点估计法. 极大似然估计法的思想就是固定样本值 $x_1,x_2,\cdots,x_n$，在 θ 的可能取值范围内挑选出使得似然函数 $L(x_1,x_2,\cdots,x_n;\theta)$ 达到最大的参数值 $\hat{\theta}$，以此作为参数 θ 的估计值，即取 $\hat{\theta}$，使得

$$L(x_1,x_2,\cdots,x_n;\hat{\theta})=\max_{\theta\in\Theta}L(x_1,x_2,\cdots,x_n;\theta).$$

由此得到的 $\hat{\theta}$ 与样本值 $x_1,x_2,\cdots,x_n$ 有关，常记为 $\hat{\theta}(x_1,x_2,\cdots,x_n)$，称为参数 θ 的**极大似然估计值**，而相应的统计量 $\hat{\theta}(X_1,X_2,\cdots,X_n)$ 称为参数 θ 的**极大似然估计量**. 这样，确定极大似然估计量的问题就转化为求似然函数最大值的问题了.

似然函数 $L(\theta)$ 是参数 θ 的函数，如果它是 θ 的可微函数，那么可以通过解**似然方程**

$$\frac{\mathrm{d}}{\mathrm{d}\theta}L(\theta)=0$$

求得极大似然估计 $\hat{\theta}$. 又因 $L(\theta)$ 与 $\ln L(\theta)$ 在同一 θ 处取得最大值，故 θ 的极大似然估计 $\hat{\theta}$

也可以通过求解**对数似然方程**

$$\frac{\mathrm{d}}{\mathrm{d}\theta}\ln L(\theta)=0$$

得到. 这比求解似然方程方便简单得多.

极大似然估计法也适用于分布中含多个未知参数 $\theta_1,\theta_2,\cdots,\theta_k$ 的情况. 这时，似然函数 L 是参数 $\theta_1,\theta_2,\cdots,\theta_k$ 的函数，求解似然方程组

$$\frac{\partial L}{\partial\theta_i}=0 \quad (i=1,2,\cdots,k)$$

或对数似然方程组

$$\frac{\partial\ln L}{\partial\theta_i}=0 \quad (i=1,2,\cdots,k),$$

即可得到未知参数的极大似然估计.

例 7.1.5 求例 7.1.2 中未知参数 λ 的极大似然估计.

解 设样本 $X_1,X_2,\cdots,X_n$ 的观测值为 $x_1,x_2,\cdots,x_n$. 依题意，总体 X 的分布律为

$$P\{X=x\}=\frac{\lambda^x}{x!}\mathrm{e}^{-\lambda} \quad (x=0,1,2,\cdots),$$

则似然函数为

$$L(x_1,x_2,\cdots,x_n;\lambda)=L(\lambda)=\prod_{i=1}^{n}\frac{\lambda^{x_i}}{x_i!}\mathrm{e}^{-\lambda}=\frac{\lambda^{\sum\limits_{i=1}^{n}x_i}}{x_1!x_2!\cdots x_n!}\mathrm{e}^{-n\lambda}.$$

上式两边取对数，得

$$\ln L(\lambda)=-n\lambda+\ln\lambda\sum_{i=1}^{n}x_i-\sum_{i=1}^{n}\ln x_i!.$$

令

$$\frac{\mathrm{d}\ln L(\lambda)}{\mathrm{d}\lambda}=-n+\frac{\sum\limits_{i=1}^{n}x_i}{\lambda}=0,$$

解得参数 λ 的极大似然估计值为

$$\hat{\lambda}=\frac{1}{n}\sum_{i=1}^{n}x_i=\overline{x},$$

相应的极大似然估计量为

$$\hat{\lambda}=\overline{X}.$$

例 7.1.6 求例 7.1.3 中未知参数 λ 的极大似然估计.

解 设样本 $X_1,X_2,\cdots,X_n$ 的观测值为 $x_1,x_2,\cdots,x_n$. 依题意，总体 X 的概率密度为

$$f(x;\lambda)=\begin{cases}\lambda\mathrm{e}^{-\lambda x}, & x>0,\\ 0, & x\leqslant 0,\end{cases}$$

则似然函数为

$$L(x_1,x_2,\cdots,x_n;\lambda)=L(\lambda)=\prod_{i=1}^{n}f(x_i;\lambda)=\prod_{i=1}^{n}\lambda e^{-\lambda x_i}=\lambda^n e^{-\lambda\sum\limits_{i=1}^{n}x_i}.$$

上式两边取对数,得

$$\ln L(\lambda)=n\ln\lambda-\lambda\sum_{i=1}^{n}x_i.$$

令

$$\frac{d\ln L(\lambda)}{d\lambda}=\frac{n}{\lambda}-\sum_{i=1}^{n}x_i=0,$$

解得参数 λ 的极大似然估计值为

$$\hat{\lambda}=\frac{1}{\overline{x}},$$

相应的极大似然估计量为

$$\hat{\lambda}=\frac{1}{\overline{X}}.$$

例 7.1.7　求例 7.1.4 中未知参数 μ 和 σ^2 的极大似然估计.

解　设样本 $X_1,X_2,\cdots,X_n$ 的观测值为 $x_1,x_2,\cdots,x_n$. 依题意,总体 X 的概率密度为

$$f(x;\mu,\sigma^2)=\frac{1}{\sqrt{2\pi}\sigma}e^{-\frac{(x-\mu)^2}{2\sigma^2}}\quad(-\infty<x<+\infty),$$

则似然函数为

$$\begin{aligned}L(x_1,x_2,\cdots,x_n;\mu,\sigma^2)=L(\mu,\sigma^2)&=\prod_{i=1}^{n}f(x_i;\mu,\sigma^2)\\&=\prod_{i=1}^{n}\frac{1}{\sqrt{2\pi}\sigma}e^{-\frac{(x_i-\mu)^2}{2\sigma^2}}=(\sqrt{2\pi}\sigma)^{-n}e^{-\frac{1}{2\sigma^2}\sum\limits_{i=1}^{n}(x_i-\mu)^2}.\end{aligned}$$

上式两边取对数,得

$$\ln L(\mu,\sigma^2)=-\frac{n}{2}\ln 2\pi\sigma^2-\frac{1}{2\sigma^2}\sum_{i=1}^{n}(x_i-\mu)^2.$$

令

$$\frac{\partial\ln L(\mu,\sigma^2)}{\partial\mu}=\frac{1}{\sigma^2}\left(\sum_{i=1}^{n}x_i-n\mu\right)=0,$$

$$\frac{\partial\ln L(\mu,\sigma^2)}{\partial\sigma^2}=-\frac{n}{2\sigma^2}+\frac{1}{2\sigma^4}\sum_{i=1}^{n}(x_i-\mu)^2=0,$$

解得参数 μ 和 σ^2 的极大似然估计值为

$$\hat{\mu}=\overline{x},\quad \hat{\sigma}^2=\frac{1}{n}\sum_{i=1}^{n}(x_i-\overline{x})^2,$$

相应的极大似然估计量为

$$\hat{\mu}=\overline{X},\quad \hat{\sigma}^2=\frac{1}{n}\sum_{i=1}^{n}(X_i-\overline{X})^2.$$

从上述几个例子中可以发现，泊松分布、指数分布和正态分布的相应参数的矩估计与极大似然估计是一样的，那么是不是其他分布的相应参数的矩估计与极大似然估计也一样呢？下面的例子给出了否定的回答.

例 7.1.8 设总体 X 服从区间 $[a,b]$ 上的均匀分布，求未知参数 a,b 的矩估计和极大似然估计.

解 依题意，总体 X 的概率密度为

$$f(x)=\begin{cases}\dfrac{1}{b-a}, & a\leqslant x\leqslant b,\\ 0, & \text{其他}.\end{cases}$$

设 $X_1,X_2,\cdots,X_n$ 为来自总体 X 的一个样本，其观测值为 $x_1,x_2,\cdots,x_n$.

首先求矩估计. 总体前二阶原点矩为

$$\mu_1=E(X)=\int_a^b \frac{x}{b-a}\mathrm{d}x=\frac{a+b}{2},$$

$$\mu_2=E(X^2)=\int_a^b \frac{x^2}{b-a}\mathrm{d}x=\frac{1}{3}(a^2+ab+b^2),$$

解上述方程组得

$$a=\mu_1-\sqrt{3(\mu_2-\mu_1^2)},\quad b=\mu_1+\sqrt{3(\mu_2-\mu_1^2)}.$$

用样本前二阶原点矩 A_1,A_2 分别代替上式中的 μ_1,μ_2，得参数 a,b 的矩估计量为

$$\hat{a}=A_1-\sqrt{3(A_2-A_1^2)}=\overline{X}-\sqrt{3\left(\frac{1}{n}\sum_{i=1}^{n}X_i^2-\overline{X}^2\right)},$$

$$\hat{b}=A_1+\sqrt{3(A_2-A_1^2)}=\overline{X}+\sqrt{3\left(\frac{1}{n}\sum_{i=1}^{n}X_i^2-\overline{X}^2\right)},$$

相应的矩估计值为

$$\hat{a}=\overline{x}-\sqrt{3\left(\frac{1}{n}\sum_{i=1}^{n}x_i^2-\overline{x}^2\right)},$$

$$\hat{b}=\overline{x}+\sqrt{3\left(\frac{1}{n}\sum_{i=1}^{n}x_i^2-\overline{x}^2\right)}.$$

再求极大似然估计. 似然函数为

$$L(a,b)=\begin{cases}\dfrac{1}{(b-a)^n}, & a\leqslant x_1,x_2,\cdots,x_n\leqslant b,\\ 0, & \text{其他}.\end{cases}$$

显然，似然函数 $L(a,b)$ 不是参数 a,b 的可微函数，故不能用求解似然方程组的方法求 a,b 的极大似然估计，而要用极大似然估计的定义. 从似然函数 $L(a,b)$ 可以看出，a 和 b 越靠近，$L(a,b)$ 就越大，但同时也要满足 $a\leqslant x_1,x_2,\cdots,x_n\leqslant b$，所以取 $a=\min\limits_{1\leqslant i\leqslant n}\{x_i\}$，$b=\max\limits_{1\leqslant i\leqslant n}\{x_i\}$ 时，似然函数 $L(a,b)$ 达到最大，即 a,b 的极大似然估计值为

$$\hat{a}=\min_{1\leqslant i\leqslant n}\{x_i\},\quad \hat{b}=\max_{1\leqslant i\leqslant n}\{x_i\},$$

相应的极大似然估计量为

$$\hat{a}=\min_{1\leqslant i\leqslant n}\{X_i\},\quad \hat{b}=\max_{1\leqslant i\leqslant n}\{X_i\}.$$

7.1.3 估计量的评价标准

从之前的讨论可以看到,对同一个未知参数,采用不同的估计方法可能得到不同的估计量,原则上任何统计量都可以作为未知参数的估计量.正如对未来几天的天气,人人都可以做出预报,但不同的预报方法有好有坏.我们自然会问,对于一个未知参数,采用哪一个估计量为好呢?这就要求进一步研究点估计的性质,以帮助我们决定估计量的选取和寻求得到优良估计的方法.下面从不同的角度来介绍点估计的优良性质,从而得出几个用来衡量估计量好坏的评价标准.

1. 无偏性

估计量是样本值 $x_1,x_2,\cdots,x_n$ 的函数,取不同的样本值所得到的估计值一般是不同的,即估计量会在一定范围内波动.我们自然希望估计量能围绕着未知参数的真值 θ 波动,或者说估计量的平均取值为 θ,这就提出了所谓无偏性的标准.

定义 7.1.1 设 $\hat{\theta}=\hat{\theta}(X_1,X_2,\cdots,X_n)$ 是未知参数 θ 的一个估计量.若

$$E(\hat{\theta})=\theta,$$

则称 $\hat{\theta}$ 为 θ 的**无偏估计量**.

一个估计量如果不是无偏的,就是有偏的.$|E(\hat{\theta})-\theta|$ 称为估计量 $\hat{\theta}$ 的**偏**,在科学技术中也称为 $\hat{\theta}$ 的**系统误差**.无偏估计的实际意义就是无系统误差.

例 7.1.9 证明:样本均值 $\overline{X}$ 和样本方差 S^2 分别是总体均值 $E(X)$ 和总体方差 $D(X)$ 的无偏估计量.

证 因为

$$E(\overline{X})=E\left(\frac{1}{n}\sum_{i=1}^{n}X_i\right)=\frac{1}{n}\sum_{i=1}^{n}E(X_i)=E(X),$$

所以 $\overline{X}$ 是 $E(X)$ 的无偏估计量.

又

$$E(S^2)=E\left[\frac{1}{n-1}\sum_{i=1}^{n}(X_i^2-\overline{X}^2)\right]=\frac{1}{n-1}\left[\sum_{i=1}^{n}E(X_i^2)-nE(\overline{X}^2)\right],$$

而

$$\sum_{i=1}^{n}E(X_i^2)=\sum_{i=1}^{n}\{[E(X_i)]^2+D(X_i)\}=n\{[E(X)]^2+D(X)\},$$

$$E(\overline{X}^2)=[E(\overline{X})]^2+D(\overline{X})=[E(X)]^2+\frac{1}{n}D(X),$$

所以

$$E(S^2)=\frac{1}{n-1}\left\{n\{[E(X)]^2+D(X)\}-n\left\{[E(X)]^2+\frac{1}{n}D(X)\right\}\right\}=D(X),$$

即 S^2 是 $D(X)$ 的无偏估计量.

2. 有效性

对于参数 θ 的无偏估计量,其取值应在真值附近波动,我们自然希望它与真值之间的偏差越小越好,即无偏估计量的方差越小越好.

定义 7.1.2 设 $\hat{\theta}_1$ 和 $\hat{\theta}_2$ 都是未知参数 θ 的无偏估计量. 若

$$D(\hat{\theta}_1) < D(\hat{\theta}_2),$$

则称 $\hat{\theta}_1$ 比 $\hat{\theta}_2$ **有效**.

例 7.1.10 设 $X_1, X_2, \cdots, X_n (n > 1)$ 为来自总体 X 的一个样本,易知 $\overline{X}$ 和 X_1 都是总体均值 $E(X)$ 的无偏估计量,试判定 $\overline{X}$ 和 X_1 谁更有效.

解 由于

$$D(\overline{X}) = \frac{1}{n^2}\sum_{i=1}^{n} D(X_i) = \frac{D(X)}{n} < D(X) = D(X_1),$$

因此 $\overline{X}$ 比 X_1 更有效.

3. 一致性

在参数估计中很容易想到,如果样本容量越大,样本所含的有关总体分布的信息应该越多. 换句话说,样本容量 n 越大,就越能精确地估计总体的未知参数. 随着 n 的无限增大,一个好的估计量与未知参数的真值之间任意接近的可能性会越来越大. 特别地,对于有限总体,若将其所有个体全部抽出构成一个样本,则总体分布中未知参数的估计值应与其真值一致.

定义 7.1.3 设 $\hat{\theta} = \hat{\theta}(X_1, X_2, \cdots, X_n)$ 为未知参数 θ 的估计量. 若对于任意的实数 $\varepsilon > 0$,有

$$\lim_{n \to \infty} P\{|\hat{\theta} - \theta| < \varepsilon\} = 1,$$

则称 $\hat{\theta}$ 为 θ 的**一致估计量**.

7.2 区间估计

在点估计中,我们求得的估计值 $\hat{\theta}(x_1, x_2, \cdots, x_n)$ 仅仅是未知参数 θ 的一个近似值,即使 $\hat{\theta}$ 具有无偏性、有效性和一致性等性质,用 $\hat{\theta}$ 作为 θ 的估计值时也不可避免地会有误差,而这个误差究竟有多大(误差的范围) 在点估计中没有明确地表现出来.

在实际应用中,我们往往还需要知道参数的估计值落在其真值附近的一个范围,因此有必要进行进一步探讨. 例如,在估计某一类人的月收入时可以说“月收入 1 000 元左右”,也可以说“月收入在 800 元至 1 200 元之间”. 前者就是点估计的说法,而后者给人的信息量显然比前者多. 这就是本节要介绍的区间估计.

7.2.1　区间估计的概念

所谓参数的**区间估计**，本质上是构造出两个统计量 $\hat{\theta}_1=\hat{\theta}_1(X_1,X_2,\cdots,X_n)$，$\hat{\theta}_2=\hat{\theta}_2(X_1,X_2,\cdots,X_n)$，而且恒有 $\hat{\theta}_1<\hat{\theta}_2$，由它们组成一个区间 $(\hat{\theta}_1,\hat{\theta}_2)$. 对一个具体问题，一旦取得了样本值 $x_1,x_2,\cdots,x_n$ 之后，便给出了一个具体的区间

$$(\hat{\theta}_1(x_1,x_2,\cdots,x_n),\hat{\theta}_2(x_1,x_2,\cdots,x_n)),$$

并且认为未知参数 θ 包含在这个区间内. 一般地，对不同的样本值，会得到不同的具体区间，故未知参数 θ 落在区间 $(\hat{\theta}_1,\hat{\theta}_2)$ 内是一个随机事件. 这个随机事件发生的概率大小反映了区间估计的可靠程度，常用 $1-\alpha\,(0<\alpha<1)$ 表示；而区间长度的均值 $E(\hat{\theta}_2-\hat{\theta}_1)$ 的大小反映了区间估计的精确程度. 我们自然希望反映可靠程度的概率 $1-\alpha$ 越大越好，而反映精确程度的区间长度的均值 $E(\hat{\theta}_2-\hat{\theta}_1)$ 越小越好. 但在实际问题中，这两者总是不能兼顾. 例如，要预报某地区的日平均气温，总是用大小相差 10 ℃ 的两个数来预报，即最低气温与最高气温. 若预报气温的两数相差太大，虽然预报很可靠，但是这样根本没有实用价值；若用相差 1 ℃ 的两个数来预报气温，虽然预报区间长度很小（精度很高），但气温预报的可靠性却很差. 因此，区间估计的原则是在保证足够可靠程度 $1-\alpha$ 的前提下，尽量使区间长度的均值 $E(\hat{\theta}_2-\hat{\theta}_1)$ 小一些.

定义 7.2.1　设 θ 为总体 X 的未知参数，$X_1,X_2,\cdots,X_n$ 为来自 X 的一个样本. 构造两个统计量 $\hat{\theta}_1=\hat{\theta}_1(X_1,X_2,\cdots,X_n)$ 和 $\hat{\theta}_2=\hat{\theta}_2(X_1,X_2,\cdots,X_n)$，使得对于事先给定的 $\alpha\,(0<\alpha<1)$，有

$$P\{\hat{\theta}_1<\theta<\hat{\theta}_2\}=1-\alpha,$$

则称 $(\hat{\theta}_1,\hat{\theta}_2)$ 为 θ 的一个**置信区间**，其中 $1-\alpha$ 称为**置信度**，$\hat{\theta}_1$ 称为**置信下限**，$\hat{\theta}_2$ 称为**置信上限**.

定义 7.2.1 中的式子 $P\{\hat{\theta}_1<\theta<\hat{\theta}_2\}=1-\alpha$ 不能解释为 θ 落在区间 $(\hat{\theta}_1,\hat{\theta}_2)$ 内的概率为 $1-\alpha$，因为 θ 是一个客观存在的未知数，所以确切地解释应该为区间 $(\hat{\theta}_1,\hat{\theta}_2)$ 包含 θ 的概率为 $1-\alpha$.

置信度 $1-\alpha$ 反映的是置信区间的可靠程度，其值是根据实际情况事先选取的，一般常用的值为 0.90，0.95，0.99 等. 例如，取 $1-\alpha=0.95$，则定义 7.2.1 中的式子 $P\{\hat{\theta}_1<\theta<\hat{\theta}_2\}=1-\alpha$ 的解释为对总体做 100 次抽样，可得到 100 个确定的区间 $(\hat{\theta}_1,\hat{\theta}_2)$，这 100 个区间中大约有 95 个包含了未知参数 θ，还有大约 5 个不包含 θ.

下面我们分情形给出构造置信区间的方法.

7.2.2　单个正态总体参数的区间估计

设 $X_1,X_2,\cdots,X_n$ 为来自正态总体 $X\sim N(\mu,\sigma^2)$ 的一个样本，$\overline{X}$ 和 S^2 分别为样本均值和样本方差.

1. 求 μ 的置信区间

(1) σ^2 已知.

由第 6 章 6.3 节的定理 6.3.2 知

$$\frac{\overline{X}-\mu}{\sigma/\sqrt{n}} \sim N(0,1).$$

对于事先给定的置信度 $1-\alpha$，查附表得 $u_{\frac{\alpha}{2}}$，使得

$$P\left\{-u_{\frac{\alpha}{2}}<\frac{\overline{X}-\mu}{\sigma/\sqrt{n}}<u_{\frac{\alpha}{2}}\right\}=1-\alpha,$$

整理得

$$P\left\{\overline{X}-\frac{\sigma}{\sqrt{n}}u_{\frac{\alpha}{2}}<\mu<\overline{X}+\frac{\sigma}{\sqrt{n}}u_{\frac{\alpha}{2}}\right\}=1-\alpha.$$

故参数 μ 的置信度为 $1-\alpha$ 的置信区间为

$$\left(\overline{X}-\frac{\sigma}{\sqrt{n}}u_{\frac{\alpha}{2}},\overline{X}+\frac{\sigma}{\sqrt{n}}u_{\frac{\alpha}{2}}\right). \tag{7.2.1}$$

例 7.2.1 已知某厂生产的滚珠直径(单位:mm) $X \sim N(\mu,0.06)$，其中 μ 未知. 现从某天生产的滚珠中随机抽取 6 个，测得直径为

14.6， 15.1， 14.9， 14.8， 15.2， 15.1，

求 μ 的置信度为 0.95 的置信区间.

解 计算得

$$\overline{x}=\frac{1}{6}(14.6+15.1+14.9+14.8+15.2+15.1)=14.95,$$

依题意 $\alpha=1-0.95=0.05$，查附表得 $u_{\frac{\alpha}{2}}=u_{0.025}=1.96$，而 $n=6$，$\sigma=\sqrt{0.06}$. 将计算数据代入式(7.2.1)中，得 μ 的置信度为 0.95 的置信区间为(14.75,15.15).

(2) σ^2 未知.

由第 6 章 6.3 节的定理 6.3.5 知

$$\frac{\overline{X}-\mu}{S/\sqrt{n}} \sim t(n-1).$$

对于事先给定的置信度 $1-\alpha$，查附表得 $t_{\frac{\alpha}{2}}(n-1)$，使得

$$P\left\{-t_{\frac{\alpha}{2}}(n-1)<\frac{\overline{X}-\mu}{S/\sqrt{n}}<t_{\frac{\alpha}{2}}(n-1)\right\}=1-\alpha,$$

整理得

$$P\left\{\overline{X}-\frac{S}{\sqrt{n}}t_{\frac{\alpha}{2}}(n-1)<\mu<\overline{X}+\frac{S}{\sqrt{n}}t_{\frac{\alpha}{2}}(n-1)\right\}=1-\alpha.$$

故参数 μ 的置信度为 $1-\alpha$ 的置信区间为

$$\left(\overline{X}-\frac{S}{\sqrt{n}}t_{\frac{\alpha}{2}}(n-1),\overline{X}+\frac{S}{\sqrt{n}}t_{\frac{\alpha}{2}}(n-1)\right). \tag{7.2.2}$$

例 7.2.2　对某型号飞机的飞行速度进行了 15 次测验，测得最大飞行速度(单位：m/s) 如下：

422.2，　417.2，　425.6，　420.3，　425.3，
423.1，　418.7，　428.2，　438.3，　434.0，
412.3，　431.5，　441.3，　423.0，　413.5.

根据长期经验，可以认为最大飞行速度服从正态分布 $N(\mu,\sigma^2)$，试就上述测验数据对 μ 进行区间估计(置信度取 0.95).

解　计算得

$$\overline{x}=\frac{1}{15}(422.2+417.2+\cdots+413.5)=425.0,$$

$$s=\sqrt{\frac{1}{14}\left[(422.2-425.0)^2+(417.2-425.0)^2+\cdots+(413.5-425.0)^2\right]}=8.5.$$

依题意 $\alpha=1-0.95=0.05$，$n=15$，查附表得 $t_{\frac{\alpha}{2}}(n-1)=t_{0.025}(14)=2.1448$，将计算数据代入式(7.2.2) 中，得 μ 的置信度为 0.95 的置信区间为(420.3，429.7).

2. 求 σ^2 的置信区间

(1) μ 已知.

由第 6 章 6.3 节的定理 6.3.3 知

$$\frac{\sum_{i=1}^{n}(X_i-\mu)^2}{\sigma^2}\sim\chi^2(n).$$

对于事先给定的置信度 $1-\alpha$，查附表得 $\chi^2_{\frac{\alpha}{2}}(n)$，$\chi^2_{1-\frac{\alpha}{2}}(n)$，使得

$$P\left\{\chi^2_{1-\frac{\alpha}{2}}(n)<\frac{\sum_{i=1}^{n}(X_i-\mu)^2}{\sigma^2}<\chi^2_{\frac{\alpha}{2}}(n)\right\}=1-\alpha,$$

整理得

$$P\left\{\frac{\sum_{i=1}^{n}(X_i-\mu)^2}{\chi^2_{\frac{\alpha}{2}}(n)}<\sigma^2<\frac{\sum_{i=1}^{n}(X_i-\mu)^2}{\chi^2_{1-\frac{\alpha}{2}}(n)}\right\}=1-\alpha.$$

故参数 σ^2 的置信度为 $1-\alpha$ 的置信区间为

$$\left(\frac{\sum_{i=1}^{n}(X_i-\mu)^2}{\chi^2_{\frac{\alpha}{2}}(n)},\frac{\sum_{i=1}^{n}(X_i-\mu)^2}{\chi^2_{1-\frac{\alpha}{2}}(n)}\right).\tag{7.2.3}$$

(2) μ 未知.

由第 6 章 6.3 节的定理 6.3.4 知

$$\frac{(n-1)S^2}{\sigma^2}\sim\chi^2(n-1).$$

对于事先给定的置信度 $1-\alpha$，查附表得 $\chi^2_{\frac{\alpha}{2}}(n-1)$，$\chi^2_{1-\frac{\alpha}{2}}(n-1)$，使得

$$P\left\{\chi^2_{1-\frac{\alpha}{2}}(n-1)<\frac{(n-1)S^2}{\sigma^2}<\chi^2_{\frac{\alpha}{2}}(n-1)\right\}=1-\alpha,$$

整理得

$$P\left\{\frac{(n-1)S^2}{\chi^2_{\frac{\alpha}{2}}(n-1)}<\sigma^2<\frac{(n-1)S^2}{\chi^2_{1-\frac{\alpha}{2}}(n-1)}\right\}=1-\alpha.$$

故参数 σ^2 的置信度为 $1-\alpha$ 的置信区间为

$$\left(\frac{(n-1)S^2}{\chi^2_{\frac{\alpha}{2}}(n-1)},\frac{(n-1)S^2}{\chi^2_{1-\frac{\alpha}{2}}(n-1)}\right). \tag{7.2.4}$$

例 7.2.3 从自动机床加工的同类零件中随机抽取 16 个，测得长度值（单位：mm）为

12.15， 12.12， 12.01， 12.28， 12.09， 12.16， 12.03， 12.03，
12.06， 12.01， 12.13， 12.13， 12.07， 12.11， 12.08， 12.01.

若可认为这些值来自正态总体 $X\sim N(\mu,\sigma^2)$，求总体标准差 σ 的置信度为 0.95 的置信区间.

解 计算得

$$\bar{x}=\frac{1}{16}(12.15+12.12+\cdots+12.01)=12.09,$$

$$s^2=\frac{1}{15}[(12.15-12.09)^2+(12.12-12.09)^2+\cdots+(12.01-12.09)^2]=0.005.$$

依题意 $\alpha=1-0.95=0.05$，$n=16$，查附表得

$$\chi^2_{\frac{\alpha}{2}}(n-1)=\chi^2_{0.025}(15)=27.488,\quad \chi^2_{1-\frac{\alpha}{2}}(n-1)=\chi^2_{0.975}(15)=6.262,$$

将计算数据代入式(7.2.4)中，得 σ^2 的置信度为 0.95 的置信区间为(0.002 7，0.012 0)，即得 σ 的置信度为 0.95 的置信区间为(0.05，0.11).

7.2.3 两个正态总体参数的区间估计

设 $X_1,X_2,\cdots,X_{n_1}$ 为来自正态总体 $X\sim N(\mu_1,\sigma_1^2)$ 的一个样本，其样本均值和样本方差分别为 $\overline{X}$ 和 S_1^2；$Y_1,Y_2,\cdots,Y_{n_2}$ 为来自正态总体 $Y\sim N(\mu_2,\sigma_2^2)$ 的一个样本，其样本均值和样本方差分别为 $\overline{Y}$ 和 S_2^2.

1. 求 $\mu_1-\mu_2$ 的置信区间

(1) 已知 $\sigma_1^2=\sigma_2^2$，但 σ_1^2,σ_2^2 未知.

由第 6 章 6.3 节的定理 6.3.7 知

$$\frac{(\overline{X}-\overline{Y})-(\mu_1-\mu_2)}{S_w\sqrt{\dfrac{1}{n_1}+\dfrac{1}{n_2}}}\sim t(n_1+n_2-2),$$

其中 $S_w^2=\dfrac{(n_1-1)S_1^2+(n_2-1)S_2^2}{n_1+n_2-2}$. 对于事先给定的置信度 $1-\alpha$，查附表得

$t_{\frac{\alpha}{2}}(n_1+n_2-2)$，使得

$$P\left\{-t_{\frac{\alpha}{2}}(n_1+n_2-2)<\frac{(\overline{X}-\overline{Y})-(\mu_1-\mu_2)}{S_w\sqrt{\frac{1}{n_1}+\frac{1}{n_2}}}<t_{\frac{\alpha}{2}}(n_1+n_2-2)\right\}=1-\alpha,$$

整理得

$$P\left\{\overline{X}-\overline{Y}-S_\omega\sqrt{\frac{1}{n_1}+\frac{1}{n_2}}t_{\frac{\alpha}{2}}(n_1+n_2-2)<\mu_1-\mu_2 <\overline{X}-\overline{Y}+S_\omega\sqrt{\frac{1}{n_1}+\frac{1}{n_2}}t_{\frac{\alpha}{2}}(n_1+n_2-2)\right\}=1-\alpha.$$

故 $\mu_1-\mu_2$ 的置信度为 $1-\alpha$ 的置信区间为

$$\left(\overline{X}-\overline{Y}-S_\omega\sqrt{\frac{1}{n_1}+\frac{1}{n_2}}t_{\frac{\alpha}{2}}(n_1+n_2-2),\overline{X}-\overline{Y}+S_\omega\sqrt{\frac{1}{n_1}+\frac{1}{n_2}}t_{\frac{\alpha}{2}}(n_1+n_2-2)\right).\tag{7.2.5}$$

(2) σ_1^2,σ_2^2 已知.

类似地，可以推出当 σ_1^2,σ_2^2 都已知时，$\mu_1-\mu_2$ 的置信度为 $1-\alpha$ 的置信区间为

$$\left(\overline{X}-\overline{Y}-u_{\frac{\alpha}{2}}\sqrt{\frac{\sigma_1^2}{n_1}+\frac{\sigma_2^2}{n_2}},\overline{X}-\overline{Y}+u_{\frac{\alpha}{2}}\sqrt{\frac{\sigma_1^2}{n_1}+\frac{\sigma_2^2}{n_2}}\right).\tag{7.2.6}$$

例 7.2.4 为比较两种型号步枪子弹的枪口速度（单位：m/s），随机抽取甲型子弹10发进行试验，得枪口速度的均值 $\overline{x}=500$ m/s，标准差 $s_1=1.04$ m/s；随机抽取乙型子弹20发，得枪口速度的均值 $\overline{y}=496$ m/s，标准差 $s_2=1.17$ m/s. 设两总体均可以认为近似服从正态分布，且方差相等，求两总体均值差 $\mu_1-\mu_2$ 的置信度为 0.95 的置信区间.

解 依题意 $\alpha=1-0.95=0.05,n_1=10,n_2=20$，查附表得

$$t_{\frac{\alpha}{2}}(n_1+n_2-2)=t_{0.025}(28)=2.0484.$$

将计算数据代入式(7.2.5)中，得 $\mu_1-\mu_2$ 的置信度为 0.95 的置信区间为(3.10,4.90).

2. 求 $\frac{\sigma_1^2}{\sigma_2^2}$ 的置信区间

(1) μ_1,μ_2 未知.

由第 6 章 6.3 节的定理 6.3.9 知

$$\frac{S_1^2/S_2^2}{\sigma_1^2/\sigma_2^2}\sim F(n_1-1,n_2-1).$$

对于事先给定的置信度 $1-\alpha$，查附表得 $F_{\frac{\alpha}{2}}(n_1-1,n_2-1)$，$F_{1-\frac{\alpha}{2}}(n_1-1,n_2-1)$，使得

$$P\left\{F_{1-\frac{\alpha}{2}}(n_1-1,n_2-1)<\frac{S_1^2/S_2^2}{\sigma_1^2/\sigma_2^2}<F_{\frac{\alpha}{2}}(n_1-1,n_2-1)\right\}=1-\alpha,$$

整理得

$$P\left\{\frac{S_1^2}{S_2^2}\frac{1}{F_{\frac{\alpha}{2}}(n_1-1,n_2-1)}<\frac{\sigma_1^2}{\sigma_2^2}<\frac{S_1^2}{S_2^2}\frac{1}{F_{1-\frac{\alpha}{2}}(n_1-1,n_2-1)}\right\}=1-\alpha.$$

故$\frac{\sigma_1^2}{\sigma_2^2}$的置信度为$1-\alpha$的置信区间为

$$\left(\frac{S_1^2}{S_2^2}\frac{1}{F_{\frac{\alpha}{2}}(n_1-1,n_2-1)},\frac{S_1^2}{S_2^2}\frac{1}{F_{1-\frac{\alpha}{2}}(n_1-1,n_2-1)}\right). \tag{7.2.7}$$

(2) μ_1,μ_2已知.

类似地，可以推出当μ_1,μ_2都已知时，$\frac{\sigma_1^2}{\sigma_2^2}$的置信度为$1-\alpha$的置信区间为

$$\left(\frac{\frac{1}{n_1}\sum_{i=1}^{n_1}(X_i-\mu_1)^2}{\frac{1}{n_2}\sum_{j=1}^{n_2}(Y_j-\mu_2)^2}\frac{1}{F_{\frac{\alpha}{2}}(n_1,n_2)},\frac{\frac{1}{n_1}\sum_{i=1}^{n_1}(X_i-\mu_1)^2}{\frac{1}{n_2}\sum_{j=1}^{n_2}(Y_j-\mu_2)^2}\frac{1}{F_{1-\frac{\alpha}{2}}(n_1,n_2)}\right). \tag{7.2.8}$$

例 7.2.5 设从正态总体$X\sim N(\mu_1,\sigma_1^2)$与$Y\sim N(\mu_2,\sigma_2^2)$中各自独立地抽取容量为10的样本，其样本方差分别为$s_1^2=0.541\,9$，$s_2^2=0.606\,5$，求方差比$\frac{\sigma_1^2}{\sigma_2^2}$的置信度为0.90的置信区间.

解 依题意$\alpha=1-0.90=0.10$，$n_1=n_2=10$，查附表得

$$F_{\frac{\alpha}{2}}(n_1-1,n_2-1)=F_{0.05}(9,9)=3.18,$$

$$F_{1-\frac{\alpha}{2}}(n_1-1,n_2-1)=F_{0.95}(9,9)=\frac{1}{F_{0.05}(9,9)}=\frac{1}{3.18}.$$

将计算数据代入式(7.2.7)中，得$\frac{\sigma_1^2}{\sigma_2^2}$的置信度为0.90的置信区间为(0.28,2.84).

7.2.4 单侧置信限

上述区间估计都是双侧的，即同时估计置信下限$\hat{\theta}_1$和置信上限$\hat{\theta}_2$，而在许多实际问题中，我们只关心单侧置信限.例如，对于产品的寿命，我们希望它越长越好，因而关心的是产品寿命的下限；对于产品的不合格率，我们希望它越低越好，因而关心的是产品不合格率的上限.这些问题往往只须估计出置信下限或置信上限，这就引出了单侧置信区间的概念.单侧置信区间具有$(\hat{\theta}_1,+\infty)$或$(-\infty,\hat{\theta}_2)$的形式，此时称$\hat{\theta}_1$为**单侧置信下限**，$\hat{\theta}_2$为**单侧置信上限**.

设$X_1,X_2,\cdots,X_n$为来自正态总体$X\sim N(\mu,\sigma^2)$的一个样本，$\overline{X}$和S^2分别为样本均值和样本方差，σ^2为未知参数，求μ的置信度为$1-\alpha$的单侧置信限.

由

$$\frac{\overline{X}-\mu}{S/\sqrt{n}}\sim t(n-1),$$

有

$$P\left\{\frac{\overline{X}-\mu}{S/\sqrt{n}}<t_\alpha(n-1)\right\}=1-\alpha \quad 或 \quad P\left\{\frac{\overline{X}-\mu}{S/\sqrt{n}}>-t_\alpha(n-1)\right\}=1-\alpha.$$

于是，得 μ 的置信度为 $1-\alpha$ 的单侧置信下限为

$$\overline{X}-\frac{S}{\sqrt{n}}t_{\alpha}(n-1), \tag{7.2.9}$$

单侧置信上限为

$$\overline{X}+\frac{S}{\sqrt{n}}t_{\alpha}(n-1). \tag{7.2.10}$$

读者可类似推导出其他情形下的单侧置信限.

例 7.2.6　从一批产品中随机抽取 5 件做寿命试验，其寿命值(单位:h) 如下：

1 050，　1 100，　1 120，　1 250，　1 280.

设该批产品的寿命 X 服从正态分布 $N(\mu,\sigma^2)$，求 μ 的置信度为 0.95 的单侧置信下限.

解　计算得

$$\overline{x}=\frac{1}{5}(1\,050+1\,100+1\,120+1\,250+1\,280)=1\,160,$$

$$\begin{aligned}s^2&=\frac{1}{4}[(1\,050-1\,160)^2+(1\,100-1\,160)^2+(1\,120-1\,160)^2\\&\quad+(1\,250-1\,160)^2+(1\,280-1\,160)^2]\\&=9\,950.\end{aligned}$$

依题意 $\alpha=1-0.95=0.05$，$n=5$，查附表得 $t_{\alpha}(n-1)=t_{0.05}(4)=2.131\,8$，将计算数据代入式(7.2.9) 中，得 μ 的置信度为 0.95 的单侧置信下限为 1 064.90.

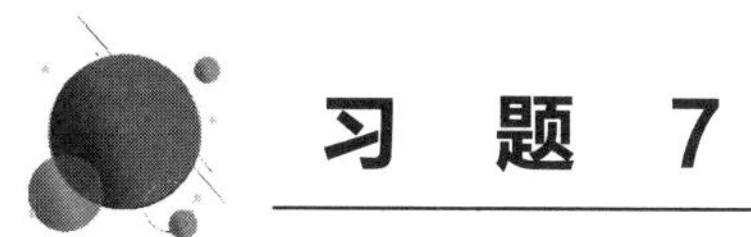

习　题　7

1. 一盒子里装有多个白球和黑球，有放回地取出一个容量为 n 的样本，其中有 k 个白球，求盒子里黑球数和白球数之比 R 的极大似然估计量.

2. 设总体 X 的概率密度为

$$f(x;\theta)=\begin{cases}\dfrac{6x}{\theta^3}(\theta-x), & 0<x<\theta,\\ 0, & \text{其他},\end{cases}$$

其中参数 θ 未知，$X_1,X_2,\cdots,X_n$ 为来自 X 的一个样本.

(1) 求 θ 的矩估计量 $\hat{\theta}$.

(2) 判断 $\hat{\theta}$ 是否为 θ 的无偏估计量.

3. 设总体 X 服从拉普拉斯分布，其概率密度为

$$f(x;\theta)=\frac{1}{2\theta}\mathrm{e}^{-\frac{|x|}{\theta}}\quad(-\infty<x<+\infty),$$

其中 $\theta>0$ 未知. 如果取得一组样本值为 $x_1,x_2,\cdots,x_n$，求参数 θ 的矩估计值和极大似然估

计值.

4. 设总体 X 服从指数分布 $e\left(\frac{1}{\lambda}\right)$，其中 $\lambda>0$ 未知，$X_1,X_2,\cdots,X_n$ 为来自 X 的一个样本，证明：

(1) 样本均值 $\overline{X}$ 是 λ 的无偏估计量，但 $\overline{X}^2$ 却不是 λ^2 的无偏估计量；

(2) $\frac{n}{n+1}\overline{X}^2$ 是 λ^2 的无偏估计量.

5. 随机地从一批钉子中抽取 16 个，测得其长度（单位：cm）为

2.14， 2.13， 2.10， 2.15， 2.13， 2.12， 2.13， 2.10，
2.15， 2.12， 2.14， 2.10， 2.13， 2.11， 2.14， 2.11.

若钉长 X 服从正态分布 $N(\mu,\sigma^2)$，试对下列两种情况分别求出 μ 的置信度为 0.90 的置信区间：

(1) 已知 $\sigma=0.01$；

(2) σ 未知.

6. 为了得到某种材料抗压力的资料，对 10 个试件做压力试验，得数据（单位：$\mathrm{kN/cm^2}$）如下：

49.3， 48.6， 47.5， 48.0， 51.2， 45.6， 47.7， 49.5， 46.0， 50.6.

若试验数据服从正态分布，试以 0.95 的置信度估计：

(1) 该种材料平均抗压力的置信区间；

(2) 该种材料抗压力方差的置信区间.

7. 为了在正常条件下检验一种杂交作物的两种新处理方案，在同一地区随机地选择 5 块地段，在各地段按两种方案试验作物，得到单位面积产量（单位：kg）如下：

方案 1：87， 56， 93， 93， 75；

方案 2：79， 58， 91， 82， 74.

若两种方案的产量都服从正态分布，且有相同的方差，问：在 0.95 的置信度下两种方案的平均产量的差在什么范围内？

8. 有两台机器生产同一种零件，从中都抽取 5 件测量其尺寸（单位：cm），得到数据如下：

第一台机器：6.2， 5.7， 6.5， 6.0， 6.3；

第二台机器：5.9， 5.6， 5.6， 5.7， 5.8.

已知零件尺寸服从正态分布，问：如果取置信度为 0.90，那么两台机器加工精度（标准差）之比应在什么范围内？

9. 从一批电容器中随机抽取 10 个，测得其电容值（单位：μF）如下：

102.5， 103.5， 103.5， 104.5， 105.0，
105.5， 105.5， 106.0， 106.5， 107.5.

设电容值服从正态分布 $N(\mu,\sigma^2)$.

(1) 若已知 $\sigma^2=4$，求 μ 的置信度为 0.90 的单侧置信下限.

(2) 求 σ^2 的置信度为 0.90 的单侧置信上限.

第 8 章

假设检验

在实际生活中,我们经常对很多问题提出一些猜测或论断,这就是对问题提出某种假设,然后对假设给出是或非的回答.为此,我们需要做一些试验(抽取样本),然后根据试验的结果对假设是否正确给出是或非的回答(通过样本检验该假设是否与实际相符),以上过程我们称之为**假设检验**.假设检验是统计推断的重要内容之一,主要有两种:直接对总体分布进行的假设检验称为**非参数假设检验**;如果总体分布类型已确定,对其中的未知参数进行的假设检验称为**参数假设检验**.本章在给出假设检验的基本思想和概念后,介绍正态总体的参数假设检验.

8.1 假设检验的基本思想和概念

下面通过例子说明假设检验的基本思想和概念.

例 8.1.1 某学校为了提高学生的平均成绩,决定进行一项教学方法改革试验,试验之前,在同一年级随机抽取了 50 人的样本进行短期(如只讲一章)的微型试验.试验之后,对全年级进行统一测验,计算得全年级的平均成绩 μ_0、标准差 σ 和 50 人样本的平均成绩 $\overline{x}$.根据这些资料,判断是否应进行这项教改试验.

我们可以把这 50 人看成来自全年级这个总体中的一个样本,并假设总体在测验前的平均成绩是 μ,同时标准差在测验前后保持不变,均为 σ.我们的目的是要判断是否应进行这项教改试验,即判断测验前的平均成绩 μ 与测验后的平均成绩 μ_0 是否不同.可先假设 $\mu=\mu_0$,这个假设称为**原假设**,通常又称为**零假设**,记为 H_0.如果我们利用样本数据能够判断原假设 H_0 为真,那么表明测验前后学生的平均成绩无变化,也就没有进行这项教改试验的必要;如果我们能够判断原假设 H_0 不真,即 $\mu\neq\mu_0$(称为**备择假设**,记为 H_1),那么当 $\mu<\mu_0$ 时,表明这项教改试验有成效,试验可进行下去,而当 $\mu>\mu_0$ 时,表明试验是失败的,不应该进行下去.

例 8.1.2 设某厂生产的一种灯管的寿命(单位:h)$X\sim N(\mu,200^2)$.从过去较长一段时间的生产情况来看,灯管的平均寿命 $\mu_0=1\ 500$ h,现在采用新工艺后,在所生产的灯管中随机抽取 25 只,测得平均寿命 $\overline{x}=1\ 675$ h,问:采用新工艺后,灯管的寿命是否有变化?

这里的问题也可转化为检验是否有 $\mu \neq \mu_0$，仿照例 8.1.1，先提出假设：

$$H_0:\mu=\mu_0=1\,500;\quad H_1:\mu \neq \mu_0=1\,500. \tag{8.1.1}$$

接着根据抽取的样本来检验原假设 H_0 是否为真. 若 H_0 为真，则接受 H_0（拒绝 H_1），说明灯管的寿命没有变化；若 H_0 不真，则拒绝 H_0（接受 H_1），说明灯管的寿命有变化.

直接利用抽取的样本来推断原假设 H_0 是否为真比较困难，此处选用 μ 的无偏估计量 $\overline{X}$ 进行推断比较合适. 假设 H_0 为真，$|\overline{x}-\mu_0|$ 不应过大，如果 $|\overline{x}-\mu_0|$ 大到一定程度，就应怀疑 H_0 不真. 也就是说，根据 $|\overline{x}-\mu_0|$ 的大小就能对 H_0 做出检验. 我们可以按一定的原则找一个适当的常数 k 作为临界值，当 $|\overline{x}-\mu_0|>k$ 时就认为 H_0 不真，从而拒绝 H_0；反之，若 $|\overline{x}-\mu_0|\leqslant k$，则接受 H_0. 这就是假设检验的基本思想.

那么，如何确定常数 k 呢？由于 $\overline{x}$ 是 $\overline{X}$ 的观测值，因此自然想到应由 $\overline{X}$ 的分布来确定 k. 若 H_0 为真，则 $\overline{X} \sim N\left(\mu_0,\dfrac{\sigma^2}{n}\right)$，将其标准化，所得的统计量

$$U=\frac{\overline{X}-\mu_0}{\sigma/\sqrt{n}} \sim N(0,1). \tag{8.1.2}$$

统计量 U 可用来检验 H_0，常称它为**检验统计量**. 当 H_0 为真时，因为 $|\overline{x}-\mu_0|$ 不应过大，所以 $|U|$ 过大的可能性应很小，我们就取一个较小的正数 α，按 $P\{|U|>k\}=\alpha$ 来确定常数 k 的值. 又 $P\{|U|>u_{\frac{\alpha}{2}}\}=\alpha$，故 $k=u_{\frac{\alpha}{2}}$，查附表可得 $u_{\frac{\alpha}{2}}$ 的值.

对于确定的 k 值，由样本值计算出检验统计量 U 的观测值 u，只要 $|u|>k$，则认为小概率事件在一次观察下发生了，违背了小概率事件的实际不可能性原理，而违背原理的原因是假设 H_0 为真，从而从反面认为应拒绝 H_0；反之，若 $|u|\leqslant k$，则接受 H_0.

再回到例 8.1.2，取 $\alpha=0.05$，查附表得 $u_{\frac{\alpha}{2}}=u_{0.025}=1.96$，将样本值代入式(8.1.2)中算得 $|U|$ 的观测值为

$$|u|=4.375>1.96=u_{\frac{\alpha}{2}},$$

故拒绝 H_0，接受 H_1，即认为采用新工艺后，灯管的寿命有变化.

像上面那样，只对 H_0 做出接受或拒绝的检验，称为**显著性假设检验**，α 称为**显著性水平**（一般取 α 为 0.1，0.05，0.01，0.005 等），而假设(8.1.1)称为**双边假设检验**. 显然，当 U 的观测值落入 $C=\{U \mid |U|>u_{\frac{\alpha}{2}}\}$ 中时，应拒绝 H_0，我们称 C 为**拒绝域**或**临界域**.

有时我们只关心总体均值是否增大或减小，如考试成绩、电器的使用寿命越高越好，此时，我们需要检验假设：

$$H_0:\mu \leqslant \mu_0;\quad H_1:\mu>\mu_0. \tag{8.1.3}$$

称假设(8.1.3)为**右边假设检验**. 而产品废品率、生产成本越低越好，此时，我们需要检验假设：

$$H_0:\mu \geqslant \mu_0;\quad H_1:\mu<\mu_0. \tag{8.1.4}$$

称假设(8.1.4)为**左边假设检验**. 左边假设检验和右边假设检验统称为**单边假设检验**.

由于假设检验是根据样本做出的，因此可能会做出错误的判断. 这种错误有以下两类.

第一类错误是：当 H_0 为真时，却拒绝了 H_0，这类错误称为**拒真错误**，犯这类错误的概

率记为α，即$P\{拒绝 H_0 \mid H_0 为真\}=\alpha$，这里$\alpha$就是前述的显著性水平.

第二类错误是：当H_0不真时，却接受了H_0，这类错误称为**取伪错误**，犯这类错误的概率记为β，即$P\{接受 H_0 \mid H_0 不真\}=\beta$.

统计推断中犯错误是不可避免的，我们希望犯两类错误的概率尽可能地小. 然而，在样本容量n确定的条件下，α和β是不可能同时减小的. 要同时减少α和β，就需要增大样本容量n，即要以增加试验的次数为代价.

综上，总结出显著性假设检验的一般处理步骤如下：

(1) 根据实际问题提出原假设H_0及备择假设H_1；

(2) 选用检验统计量，在给定的显著性水平α下，确定出临界值，进而求出拒绝域；

(3) 由样本值计算出检验统计量的观测值，视其是否落入拒绝域，做出拒绝或接受H_0的判断.

8.2 正态总体参数的假设检验

本节介绍正态总体参数的常用假设检验方法. 根据检验统计量的分布，正态总体参数的假设检验可以分为U检验、T检验、χ^2检验和F检验.

8.2.1 单个正态总体均值的假设检验

设$X_1,X_2,\cdots,X_n$为来自正态总体$X\sim N(\mu,\sigma^2)$的一个样本，$\overline{X}$与S^2分别为样本均值和样本方差.

1. σ^2 已知，关于 μ 的检验(U 检验)

(1) 双边假设检验.

提出假设：

$$H_0:\mu=\mu_0;\quad H_1:\mu\neq\mu_0.$$

选用检验统计量

$$U=\frac{\overline{X}-\mu_0}{\sigma/\sqrt{n}}\overset{H_0 为真}{\sim}N(0,1).$$

对于给定的显著性水平α，有

$$P\{|U|>u_{\frac{\alpha}{2}}\}=\alpha,$$

查附表得$u_{\frac{\alpha}{2}}$，从而确定拒绝域为

$$C=\{U \mid |U|>u_{\frac{\alpha}{2}}\}.$$

然后由样本值计算出检验统计量U的观测值，视其是否落入拒绝域而做出拒绝或接受H_0的判断.

(2) 单边假设检验.

对于右边假设检验，提出假设：

$$H_0:\mu\leqslant\mu_0;\quad H_1:\mu>\mu_0.$$

选用检验统计量

$$U=\frac{\overline{X}-\mu_0}{\sigma/\sqrt{n}}.$$

若 H_0 为真，则 $\overline{x}-\mu_0$ 不应过大，这意味着取一个适当的常数 k，当 $\overline{x}-\mu_0>k$ 时，H_0 不真，应拒绝 H_0. 对于给定的显著性水平 α，有

$$P\left\{\frac{\overline{X}-\mu_0}{\sigma/\sqrt{n}}>u_\alpha\right\}\leqslant P\left\{\frac{\overline{X}-\mu}{\sigma/\sqrt{n}}>u_\alpha\right\}=\alpha,$$

故可取 $k=u_\alpha$. 查附表得 u_α，从而确定拒绝域为

$$C=\{U\mid U>u_\alpha\}.$$

类似地，可得左边假设检验

$$H_0:\mu\geqslant\mu_0;\quad H_1:\mu<\mu_0$$

的拒绝域为

$$C=\{U\mid U<-u_\alpha\}.$$

例 8.2.1 某大学全体本科一年级学生进行高等数学考试，已知某专业学生的平均成绩为70.5 分，标准差为 5.2 分. 假定标准差不变，从全体本科一年级学生中随机抽取 60 位学生，测得平均成绩为 75 分，问：该专业学生的高等数学成绩与全体本科一年级学生的高等数学成绩有无显著差异(假设考试成绩服从正态分布，显著性水平为 0.05)？

解 提出假设：

$$H_0:\mu=\mu_0=70.5;\quad H_1:\mu\neq\mu_0=70.5.$$

选用检验统计量

$$U=\frac{\overline{X}-\mu_0}{\sigma/\sqrt{n}}\overset{H_0\text{ 为真}}{\sim}N(0,1).$$

对于给定的显著性水平 $\alpha=0.05$，有

$$P\{|U|>u_{\frac{\alpha}{2}}\}=\alpha,$$

查附表得 $u_{\frac{\alpha}{2}}=u_{0.025}=1.96$. 由 $\mu_0=70.5$，$\sigma=5.2$，$n=60$，$\overline{x}=75$ 得检验统计量 $|U|$ 的观测值为

$$|u|=\left|\frac{75-70.5}{5.2/\sqrt{60}}\right|=6.70>1.96=u_{\frac{\alpha}{2}}.$$

故应拒绝 H_0，即认为该专业学生的高等数学成绩与全体本科一年级学生的高等数学成绩有显著差异.

2. σ^2 未知，关于 μ 的检验(T 检验)

(1) 双边假设检验.

提出假设：

$$H_0:\mu=\mu_0;\quad H_1:\mu\neq\mu_0.$$

选用检验统计量

$$T=\frac{\overline{X}-\mu_0}{S/\sqrt{n}}\overset{H_0\text{ 为真}}{\sim}t(n-1). \tag{8.2.1}$$

对于给定的显著性水平 α，有

$$P\{|T|>t_{\frac{\alpha}{2}}(n-1)\}=\alpha,$$

查附表得 $t_{\frac{\alpha}{2}}(n-1)$，从而确定拒绝域为

$$C=\{T \mid |T|>t_{\frac{\alpha}{2}}(n-1)\}.$$

然后将样本值代入式(8.2.1)计算出 T 的观测值，视其是否落入拒绝域而做出拒绝或接受 H_0 的判断.

(2) 单边假设检验.

对于右边假设检验，提出假设：

$$H_0:\mu \leqslant \mu_0;\quad H_1:\mu>\mu_0.$$

选用检验统计量

$$T=\frac{\overline{X}-\mu_0}{S/\sqrt{n}}.$$

对于给定的显著性水平 α，有

$$P\left\{\frac{\overline{X}-\mu_0}{S/\sqrt{n}}>t_\alpha(n-1)\right\} \leqslant P\left\{\frac{\overline{X}-\mu}{S/\sqrt{n}}>t_\alpha(n-1)\right\}=\alpha,$$

查附表得 $t_\alpha(n-1)$，从而确定拒绝域为

$$C=\{T \mid T>t_\alpha(n-1)\}.$$

类似地，可得左边假设检验

$$H_0:\mu \geqslant \mu_0;\quad H_1:\mu<\mu_0$$

的拒绝域为

$$C=\{T \mid T<-t_\alpha(n-1)\}.$$

例 8.2.2 健康成年男性的脉搏平均为72次/min.某学校参加体育测检的25名男生的脉搏平均为73.5次/min，标准差为4.5次/min，问：此25名男生的脉搏与一般成年男性相比是否有显著提高(假设脉搏服从正态分布，显著性水平为0.05)?

解 提出假设：

$$H_0:\mu \leqslant \mu_0=72;\quad H_1:\mu>\mu_0=72.$$

选用检验统计量

$$T=\frac{\overline{X}-\mu_0}{S/\sqrt{n}}.$$

对于给定的显著性水平 $\alpha=0.05$，依题意有 $n=25$，查附表得 $t_\alpha(n-1)=t_{0.05}(24)=1.7109$.计算检验统计量 T 的观测值为

$$t=\frac{\overline{x}-\mu_0}{s/\sqrt{n}}=\frac{73.5-72}{4.5/\sqrt{25}}=1.6667.$$

由于 $1.6667<1.7109$，因此接受 H_0，即认为此25名男生的脉搏与一般成年男性相比无显著提高.

以上讨论的 U 检验和 T 检验都是关于正态总体均值的假设检验，下面来讨论正态总体

方差的假设检验.

8.2.2 单个正态总体方差的假设检验

1. μ 已知,关于 σ^2 的检验(χ^2 检验)

(1) 双边假设检验.

提出假设:

$$H_0:\sigma^2=\sigma_0^2;\quad H_1:\sigma^2\neq\sigma_0^2.$$

选用检验统计量

$$\chi^2=\frac{\sum_{i=1}^{n}(X_i-\mu)^2}{\sigma_0^2}\overset{H_0\text{ 为真}}{\sim}\chi^2(n). \tag{8.2.2}$$

对于给定的显著性水平 α,有

$$P\{\chi^2<\chi^2_{1-\frac{\alpha}{2}}(n)\}=\frac{\alpha}{2},\quad P\{\chi^2>\chi^2_{\frac{\alpha}{2}}(n)\}=\frac{\alpha}{2},$$

查附表得 $\chi^2_{1-\frac{\alpha}{2}}(n),\chi^2_{\frac{\alpha}{2}}(n)$,从而确定拒绝域为

$$C=\{\chi^2\mid\chi^2>\chi^2_{\frac{\alpha}{2}}(n)\text{ 或 }\chi^2<\chi^2_{1-\frac{\alpha}{2}}(n)\}.$$

然后将样本值代入式(8.2.2)计算出 χ^2 的观测值,视其是否落入拒绝域而做出拒绝或接受 H_0 的判断.

(2) 单边假设检验.

右边假设检验

$$H_0:\sigma^2\leqslant\sigma_0^2;\quad H_1:\sigma^2>\sigma_0^2$$

的拒绝域为

$$C=\{\chi^2\mid\chi^2>\chi^2_{\alpha}(n)\}.$$

左边假设检验

$$H_0:\sigma^2\geqslant\sigma_0^2;\quad H_1:\sigma^2<\sigma_0^2$$

的拒绝域为

$$C=\{\chi^2\mid\chi^2<\chi^2_{1-\alpha}(n)\}.$$

2. μ 未知,关于 σ^2 的检验(χ^2 检验)

(1) 双边假设检验.

提出假设:

$$H_0:\sigma^2=\sigma_0^2;\quad H_1:\sigma^2\neq\sigma_0^2.$$

由于 μ 未知,因此用样本均值 $\overline{X}$ 代替 μ,即用 $\sum_{i=1}^{n}(X_i-\overline{X})^2$ 代替 $\sum_{i=1}^{n}(X_i-\mu)^2$,选用检验统计量

$$\chi^2=\frac{\sum_{i=1}^{n}(X_i-\overline{X})^2}{\sigma_0^2}=\frac{(n-1)S^2}{\sigma_0^2}\overset{H_0\text{ 为真}}{\sim}\chi^2(n-1). \tag{8.2.3}$$

对于给定的显著性水平 α，有

$$P\{\chi^2 < \chi^2_{1-\frac{\alpha}{2}}(n-1)\}=\frac{\alpha}{2},\quad P\{\chi^2 > \chi^2_{\frac{\alpha}{2}}(n-1)\}=\frac{\alpha}{2},$$

查附表得 $\chi^2_{1-\frac{\alpha}{2}}(n-1)$，$\chi^2_{\frac{\alpha}{2}}(n-1)$，从而确定拒绝域为

$$C=\{\chi^2 \mid \chi^2 > \chi^2_{\frac{\alpha}{2}}(n-1) \text{ 或 } \chi^2 < \chi^2_{1-\frac{\alpha}{2}}(n-1)\}.$$

然后将样本值代入式(8.2.3)计算出 χ^2 的观测值，视其是否落入拒绝域而做出拒绝或接受 H_0 的判断.

(2) 单边假设检验.

右边假设检验

$$H_0:\sigma^2 \leqslant \sigma_0^2;\quad H_1:\sigma^2 > \sigma_0^2$$

的拒绝域为

$$C=\{\chi^2 \mid \chi^2 > \chi^2_{\alpha}(n-1)\}.$$

左边假设检验

$$H_0:\sigma^2 \geqslant \sigma_0^2;\quad H_1:\sigma^2 < \sigma_0^2$$

的拒绝域为

$$C=\{\chi^2 \mid \chi^2 < \chi^2_{1-\alpha}(n-1)\}.$$

例 8.2.3　某车间生产铜丝，其折断力(单位：N)服从正态分布. 现从产品中随机抽取 10 根铜丝检查其折断力，得到数据如下：

292，289，286，285，284，286，285，285，286，298，

问：可否认为该车间生产的铜丝折断力的方差为 16 N^2 ($\alpha=0.05$)?

解　由题意提出假设：

$$H_0:\sigma^2=\sigma_0^2=16;\quad H_1:\sigma^2 \neq \sigma_0^2=16.$$

由于总体均值 μ 未知，因此选用检验统计量

$$\chi^2=\frac{(n-1)S^2}{\sigma_0^2}.$$

对于给定的显著性水平 $\alpha=0.05$，依题意有 $n=10$，查附表得

$$\chi^2_{1-\frac{\alpha}{2}}(n-1)=\chi^2_{0.975}(9)=2.700,\quad \chi^2_{\frac{\alpha}{2}}(n-1)=\chi^2_{0.025}(9)=19.023.$$

计算检验统计量 χ^2 的观测值为 $\chi^2=10.650$.

因 $2.700<10.650<19.023$，没有落入拒绝域，故接受 H_0，即可以认为该车间生产的铜丝折断力的方差为 16 N^2.

8.2.3　两个正态总体均值差的假设检验

设 $X_1,X_2,\cdots,X_{n_1}$ 为来自正态总体 $X\sim N(\mu_1,\sigma_1^2)$ 的一个样本，$Y_1,Y_2,\cdots,Y_{n_2}$ 为来自正态总体 $Y\sim N(\mu_2,\sigma_2^2)$ 的一个样本，且两样本相互独立，$\overline{X}$，$\overline{Y}$ 分别为两样本的样本均值，S_1^2，S_2^2 分别为两样本的样本方差.

1. $\sigma_1^2=\sigma_2^2=\sigma^2$，$\sigma^2$ **未知，关于** $\mu_1-\mu_2$ **的检验(**T **检验)**

(1) 双边假设检验.

提出假设：

$$H_0:\mu_1-\mu_2=0;\quad H_1:\mu_1-\mu_2\neq 0.$$

由于 σ^2 未知且样本方差 S^2 是 σ^2 的无偏估计量，因此选用检验统计量

$$T=\frac{\overline{X}-\overline{Y}}{S_\omega\sqrt{\dfrac{1}{n_1}+\dfrac{1}{n_2}}}\overset{H_0\text{ 为真}}{\sim} t(n_1+n_2-2),\tag{8.2.4}$$

其中 $S_\omega^2=\dfrac{(n_1-1)S_1^2+(n_2-1)S_2^2}{n_1+n_2-2}$.

对于给定的显著性水平 α，有

$$P\{|T|>t_{\frac{\alpha}{2}}(n_1+n_2-2)\}=\alpha,$$

查附表得 $t_{\frac{\alpha}{2}}(n_1+n_2-2)$，从而确定拒绝域为

$$C=\{T\,|\,|T|>t_{\frac{\alpha}{2}}(n_1+n_2-2)\}.$$

然后将样本值代入式(8.2.4)计算出 T 的观测值，视其是否落入拒绝域而做出拒绝或接受 H_0 的判断.

(2) 单边假设检验.

右边假设检验

$$H_0:\mu_1-\mu_2\leqslant 0;\quad H_1:\mu_1-\mu_2>0$$

的拒绝域为

$$C=\{T\,|\,T>t_\alpha(n_1+n_2-2)\}.$$

左边假设检验

$$H_0:\mu_1-\mu_2\geqslant 0;\quad H_1:\mu_1-\mu_2<0$$

的拒绝域为

$$C=\{T\,|\,T<-t_\alpha(n_1+n_2-2)\}.$$

2. σ_1^2,σ_2^2 已知，关于 $\mu_1-\mu_2$ 的检验(U 检验)

(1) 双边假设检验.

提出假设：

$$H_0:\mu_1-\mu_2=0;\quad H_1:\mu_1-\mu_2\neq 0.$$

选用检验统计量

$$U=\frac{\overline{X}-\overline{Y}}{\sqrt{\dfrac{\sigma_1^2}{n_1}+\dfrac{\sigma_2^2}{n_2}}}\overset{H_0\text{ 为真}}{\sim} N(0,1).\tag{8.2.5}$$

对于给定的显著性水平 α，有

$$P\{|U|>u_{\frac{\alpha}{2}}\}=\alpha,$$

查附表得 $u_{\frac{\alpha}{2}}$，从而确定拒绝域为

$$C=\{U\,|\,|U|>u_{\frac{\alpha}{2}}\}.$$

然后将样本值代入式(8.2.5)计算出 U 的观测值，视其是否落入拒绝域而做出拒绝或

接受 H_0 的判断.

(2) 单边假设检验.

右边假设检验

$$H_0: \mu_1 - \mu_2 \leqslant 0; \quad H_1: \mu_1 - \mu_2 > 0$$

的拒绝域为

$$C = \{U \mid U > u_\alpha\}.$$

左边假设检验

$$H_0: \mu_1 - \mu_2 \geqslant 0; \quad H_1: \mu_1 - \mu_2 < 0$$

的拒绝域为

$$C = \{U \mid U < -u_\alpha\}.$$

例 8.2.4 某卷烟厂生产甲、乙两种香烟,现分别对两种香烟中的尼古丁含量(单位:mg) 做 6 次测量,得到数据如下:

甲:25, 28, 23, 26, 29, 22;

乙:28, 23, 30, 35, 21, 27.

若两种香烟中的尼古丁含量服从正态分布,且方差相等,问:这两种香烟中的尼古丁含量有无显著差异($\alpha = 0.05$)?

解 设甲种香烟中的尼古丁含量 $X \sim N(\mu_1, \sigma^2)$,乙种香烟中的尼古丁含量 $Y \sim N(\mu_2, \sigma^2)$,依题意,提出假设:

$$H_0: \mu_1 - \mu_2 = 0; \quad H_1: \mu_1 - \mu_2 \neq 0.$$

因为总体方差相等但未知,所以选用检验统计量

$$T = \frac{\overline{X} - \overline{Y}}{S_\omega \sqrt{\frac{1}{n_1} + \frac{1}{n_2}}}.$$

依题意有 $\alpha = 0.05, n_1 = 6, n_2 = 6$,由样本数据计算得 $\overline{x} = 25.5, \overline{y} = 27.3, s_\omega = 4.04$,查附表得 $t_{\frac{\alpha}{2}}(n_1 + n_2 - 2) = t_{0.025}(6 + 6 - 2) = 2.228\ 1$. 因

$$|t| = \left| \frac{25.5 - 27.3}{4.04 \times \sqrt{\frac{1}{6} + \frac{1}{6}}} \right| = 0.771\ 7 < 2.228\ 1,$$

故接受 H_0,即认为这两种香烟中的尼古丁含量无显著差异.

8.2.4 两个正态总体方差比的假设检验

1. μ_1, μ_2 未知,关于 $\frac{\sigma_1^2}{\sigma_2^2}$ 的检验(F 检验)

(1) 双边假设检验.

提出假设:

$$H_0: \frac{\sigma_1^2}{\sigma_2^2} = 1; \quad H_1: \frac{\sigma_1^2}{\sigma_2^2} \neq 1.$$

选用检验统计量

$$F=\frac{S_1^2}{S_2^2}\overset{H_0\text{为真}}{\sim}F(n_1-1,n_2-1). \tag{8.2.6}$$

对于给定的显著性水平 α，有

$$P\{F>F_{\frac{\alpha}{2}}(n_1-1,n_2-1)\}=\frac{\alpha}{2},\quad P\{F<F_{1-\frac{\alpha}{2}}(n_1-1,n_2-1)\}=\frac{\alpha}{2},$$

查附表得 $F_{\frac{\alpha}{2}}(n_1-1,n_2-1)$，$F_{1-\frac{\alpha}{2}}(n_1-1,n_2-1)$，从而确定拒绝域为

$$C=\{F\mid F>F_{\frac{\alpha}{2}}(n_1-1,n_2-1)\text{ 或 }F<F_{1-\frac{\alpha}{2}}(n_1-1,n_2-1)\}.$$

然后将样本值代入式(8.2.6)计算出 F 的观测值，视其是否落入拒绝域而做出拒绝或接受 H_0 的判断.

(2) 单边假设检验.

右边假设检验

$$H_0:\frac{\sigma_1^2}{\sigma_2^2}\leqslant 1;\quad H_1:\frac{\sigma_1^2}{\sigma_2^2}>1$$

的拒绝域为

$$C=\{F\mid F>F_\alpha(n_1-1,n_2-1)\}.$$

左边假设检验

$$H_0:\frac{\sigma_1^2}{\sigma_2^2}\geqslant 1;\quad H_1:\frac{\sigma_1^2}{\sigma_2^2}<1$$

的拒绝域为

$$C=\{F\mid F<F_{1-\alpha}(n_1-1,n_2-1)\}.$$

2. μ_1,μ_2 已知，关于 $\frac{\sigma_1^2}{\sigma_2^2}$ 的检验(F 检验)

(1) 双边假设检验.

提出假设：

$$H_0:\frac{\sigma_1^2}{\sigma_2^2}=1;\quad H_1:\frac{\sigma_1^2}{\sigma_2^2}\neq 1.$$

选用检验统计量

$$F=\frac{\sum_{i=1}^{n_1}(X_i-\mu_1)^2\Big/n_1}{\sum_{j=1}^{n_2}(Y_j-\mu_2)^2\Big/n_2}\overset{H_0\text{为真}}{\sim}F(n_1,n_2). \tag{8.2.7}$$

对于给定的显著性水平 α，有

$$P\{F>F_{\frac{\alpha}{2}}(n_1,n_2)\}=\frac{\alpha}{2},\quad P\{F<F_{1-\frac{\alpha}{2}}(n_1,n_2)\}=\frac{\alpha}{2},$$

查附表得 $F_{\frac{\alpha}{2}}(n_1,n_2)$，$F_{1-\frac{\alpha}{2}}(n_1,n_2)$，从而确定拒绝域为

$$C=\{F\mid F>F_{\frac{\alpha}{2}}(n_1,n_2)\text{ 或 }F<F_{1-\frac{\alpha}{2}}(n_1,n_2)\}.$$

然后将样本值代入式(8.2.7)计算出 F 的观测值，视其是否落入拒绝域而做出拒绝或

接受 H_0 的判断.

(2) 单边假设检验.

右边假设检验

$$H_0:\frac{\sigma_1^2}{\sigma_2^2}\leqslant 1;\quad H_1:\frac{\sigma_1^2}{\sigma_2^2}>1$$

的拒绝域为

$$C=\{F \mid F>F_\alpha(n_1,n_2)\}.$$

左边假设检验

$$H_0:\frac{\sigma_1^2}{\sigma_2^2}\geqslant 1;\quad H_1:\frac{\sigma_1^2}{\sigma_2^2}<1$$

的拒绝域为

$$C=\{F \mid F<F_{1-\alpha}(n_1,n_2)\}.$$

习　题　8

1. 水泥厂用自动打包机打包水泥,每包的标准质量为 50 kg,每天开工后需要检验打包机工作是否正常.某日开工后随机抽取 9 包水泥,测得质量如下:

49.65, 49.35, 50.25, 50.6, 49.15, 49.85, 49.75, 51.05, 50.25,

问:该日打包机工作是否正常(假设每包水泥的质量服从正态分布,显著性水平为 0.05)?

2. 从一批保险丝中随机抽取 10 根进行试验,其熔化时间(单位:ms) 为

43, 65, 75, 78, 71, 59, 57, 69, 55, 57.

若熔化时间服从正态分布,问:在显著性水平 $\alpha=0.05$ 下可否认为熔化时间的标准差为 9 ms?

3. 有甲、乙两台车床加工同一种产品,设产品直径(单位:mm) 服从正态分布.现从两台车床加工的产品中随机抽取若干件,测得其直径如下:

甲:20.5, 19.8, 20.4, 19.7, 20.1, 20.0, 19.6, 19.9;

乙:19.7, 20.8, 20.5, 19.8, 19.4, 20.6, 19.2.

问:两台车床的加工精度有无显著差异($\alpha=0.05$)?

4. 甲、乙两名化验员每天从工厂的冷却水中取样一次,并对同一水样分别测定水中含氯量(单位:10^{-6}),下面是 7 天的化验结果:

甲:1.08, 1.86, 0.93, 1.82, 1.14, 1.65, 1.90;

乙:1.00, 1.90, 0.90, 1.80, 1.20, 1.70, 1.95.

问:在显著性水平 $\alpha=0.01$ 下这两名化验员的化验结果有无显著差异?

5. 电视台广告部宣称某类企业在该台黄金时段内播放电视广告后的平均受益量(平均利润增加量) 至少为 15 万元.为此某调查公司对该电视台广告播出后的此类企业进行了随机抽样调查,抽取容量为 20 的样本,得平均受益量为 13.2 万元,标准差为 3.4 万元,试在显

著性水平 $\alpha=0.05$ 下判断该广告部的说法是否正确(假设这类企业在广告播出后的受益量近似服从正态分布).

6.5 名测量人员彼此独立地测量同一块土地,分别测得这块土地的面积(单位:km^2)为

$$1.27,\quad 1.24,\quad 1.20,\quad 1.29,\quad 1.23.$$

设测量值总体服从正态分布,问:由这批样本值能否说明这块土地的面积不到1.25 km^2($\alpha=0.05$)?

7. 现要求一种元件的使用寿命不低于 1 000 h,从一批这种元件中随机抽取 25 件,测定其使用寿命,计算得元件使用寿命的平均值为 950 h. 已知该种元件的使用寿命 $X\sim N(\mu,\sigma^2)$,据经验知 $\sigma=100$ h,问:在显著性水平 $\alpha=0.05$ 下这批元件是否合格?

8. 在正常情况下,某厂生产的维纶纤度(单位:旦尼尔)服从正态分布,标准差不大于 0.048 旦尼尔. 现从某日生产的维纶中随机抽取 5 根,测得其纤度为

$$1.32,\quad 1.55,\quad 1.36,\quad 1.40,\quad 1.44,$$

问:可否认为该日生产的维纶纤度的方差是正常的($\alpha=0.01$)?

附录 A　R 语言基础

A.1　R 语言简介

R 语言是一个自由且免费的软件，可以用于统计计算和绘图，主要适用于统计学、经济学、生态学、医药学等.

可进入 R 语言的官方网站 http://www.r-project.org(见图 A.1.1)下载并安装适用于不同操作系统的 R 语言软件.

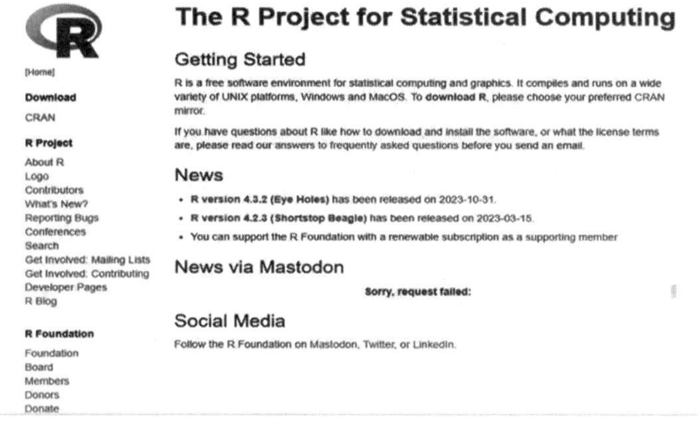

图 A.1.1

下载安装完成后，R 语言的运行界面如图 A.1.2 所示. 我们一般不直接在命令框窗口(R Console)中输入或运行程序，因为这样不利于随时修正，而是在“文件”菜单中选择“新建程序脚本”命令，打开“R 编辑器”，每编好一组程序都可以依次单击“程序运行按钮”(见图 A.1.3)，以便查看代码是否有误.

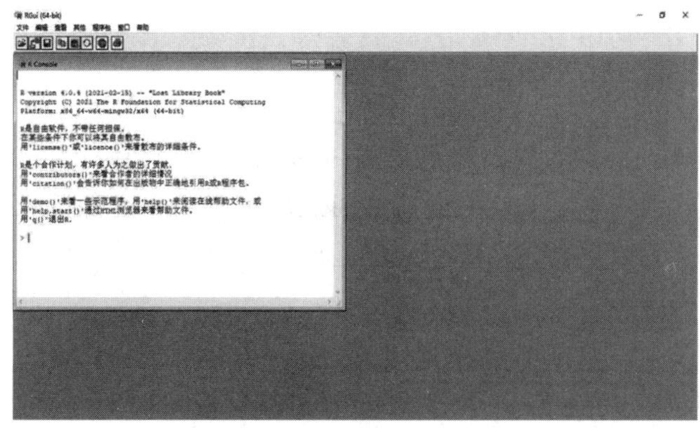

图 A.1.2

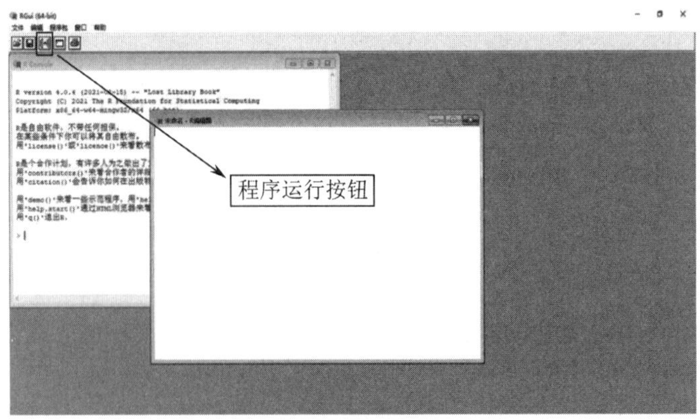

图 A.1.3

A.2 单变量数据

统计分析的基础是对单变量数据进行分析，单变量数据可构成一个向量，R 语言是一种向量语言. 本节主要介绍 R 语言的基本计算及向量的表示.

A.2.1 基本运算与常用函数

R 语言的基本界面是一个交互式命令窗口，命令提示符是一个大于号“>”，命令的运行结果会直接显示在命令的下面. R 命令有两种形式：表达式和赋值运算.

1. 表达式

R 语言的基本运算有加(+)、减(−)、乘(*)、除(/)、乘方(^)、开方(sqrt) 等，常用函数有 log()，log10()，exp()，sin()，cos()，tan()，asin()，acos() 等，也可以在“帮助” 菜单中查询所需的函数.

由基本运算符和函数构成的表达式是 R 命令的形式之一. 例如，用 R 语言计算 $\frac{1}{2}+5e^{3}+\sin\left(\frac{5\pi}{6}\right)$ 的值，可直接输入表达式

```
>1/2+5*exp(3)+sin(pi*5/6)
```

然后单击“程序运行按钮”，即可得到如下结果：

```
[1]101.4277
```

比较运算有大于(>)、小于(<)、大于等于(>=)、小于等于(<=)、等于(==)、不等于(!=)，运算后给出判别结果为 TRUE 或 FALSE. 例如，利用 R 语言验证下列不等式的正误：

(1) $\ln 20 < e^{2}$；

(2) $20^{30} > 30^{20}$.

解 (1)

```
>log(20)>exp(2)
[1]FALSE
```

(2)

```
>20^30>30^20
```

```
[1]TRUE
```

另外,还有逻辑运算与(&)、或(|)、非(!)等.

2. 赋值运算

赋值运算符用"<−"或"="来表示,是把赋值号右边的值赋给左边的变量.例如:

```
>x1=3;x1  #如果在一条语句之后续写语句,需要用分号";"隔开
[1]3
>x2=1:10;x2  #将1~10之间的整数赋值给变量x2
[1] 1 2 3 4 5 6 7 8 9 10
>x3=seq(1,2,0.1);x3  #将1~2之间,步长为0.1的数值赋值给变量x3
[1] 1.0 1.1 1.2 1.3 1.4 1.5 1.6 1.7 1.8 1.9 2.0
>x4=c(1:3,15:17);x4
[1] 1 2 3 15 16 17
>x=1.3:8.7;x
[1] 1.3 2.3 3.3 4.3 5.3 6.3 7.3 8.3
```

A.2.2　向量赋值

定义向量最常用的方法是使用函数c(),它能将若干个数值或字符串组合为一个向量.例如(x1为由1,2,3,4,5所组成的向量,x2是字符串型向量,x是将x1与x2合并后得到的向量):

```
>x1=c(1:5);x1
[1] 1 2 3 4 5
>x2=c("男","男","女","男");x2
[1]"男" "男" "女" "男"
>x=c(x1,x2);x
[1] "1" "2" "3" "4" "5" "男" "男" "女" "男"
```

在显示向量时左侧出现标志"[1]",它表示该行第一个数的下标.例如:

```
>x=-17:93;x
[1] -17 -16 -15 -14 -13 -12 -11 -10 -9 -8 -7 -6 -5 -4 -3 -2 -1 0 1 2 3 4 5 6 7 8 9 10 11 12 13 14 15 16 17 18 19 20 21 22
[41] 23 24 25 26 27 28 29 30 31 32 33 34 35 36 37 38 39 40 41 42 43 44 45 46 47 48 49 50 51 52 53 54 55 56 57 58 59 60 61 62
[81] 63 64 65 66 67 68 69 70 71 72 73 74 75 76 77 78 79 80 81 82 83 84 85 86 87 88 89 90 91 92 93
```

A.2.3　产生有规律的数列

使用函数seq()可产生等差数列,公差省略时默认值为1.例如:

```
>seq(10,15,0.5)
[1] 10.0 10.5 11.0 11.5 12.0 12.5 13.0 13.5 14.0 14.5 15.0
>seq(0,by=0.03,length=15)
[1] 0.00 0.03 0.06 0.09 0.12 0.15 0.18 0.21 0.24 0.27 0.30 0.33 0.36 0.39 0.42
```

使用函数rep()可产生有重复数字的数列.例如:

```
>rep(1:3,1:3)
[1] 1 2 2 3 3 3
>rep(1:3,rep(2,3))
[1] 1 1 2 2 3 3
>rep(1:3,length=10)
[1]1 2 3 1 2 3 1 2 3 1
>rep(1:4,rep(3,4))
[1] 1 1 1 2 2 2 3 3 3 4 4 4
```

A. 2. 4 向量运算

对向量可进行加(+)、减(−)、乘(*)、除(/)、乘方(^)、开方(sqrt) 等运算，其含义是将向量中的每个元素进行运算. 例如：

```
>x=c(1,2,3)  #向量 x 赋值为(1,2,3)
>y1=x^2+2^x;y1  #计算向量 y1
[1] 3 8 17
```

两个长度相等的向量进行运算，其含义是将对应的每个元素进行运算. 例如：

```
>x1=c(1,2,3)
>x2=c(2,4,6);x2/x1
[1] 2 2 2
```

两个长度不等的向量进行运算，长度短的向量将循环使用，且长度长的向量应为短的向量的整数倍. 例如：

```
>x1=c(1,2,3)
>x2=c(1,2,3,4,5,6,7,8,9)
>x1+x2
[1] 2 4 6 5 7 9 8 10 12
```

函数 sqrt(),log(),exp(),sin(),cos(),tan() 等都可以用向量作为自变量，其结果是对向量的每个元素取相对应的函数值. 例如：

```
>x=c(4,2,6.25)
>options(digits=3)  #输出结果保留 3 位有效数字
>sqrt(x)
[1] 2.00 1.41 2.50
```

A. 3 多维数组和矩阵

我们常需要处理多维数组，这就需要在 R 语言中进行矩阵运算，可以用函数 matrix() 来创建一个矩阵.

A. 3. 1 创建矩阵

函数 matrix() 的用法如下：

matrix(data＝NA,nrow＝1,ncol＝1,byrow＝FALSE,dimnames＝NULL),

其中 data 为必要的矩阵元素,nrow 为行数,ncol 为列数,注意 nrow 与 ncol 的乘积应为矩阵元素的个数,byrow 控制排列元素时是否按列进行(默认为 FALSE,表示按列排列元素,TRUE 表示按行排列元素),dimnames 给定行和列的名称. 例如,将 1 ～ 12 之间的整数排成 3 行 4 列或 4 行 3 列的矩阵:

```
>matrix(1:12,nrow=3,ncol=4)
     [,1] [,2] [,3] [,4]
[1,]   1    4    7   10
[2,]   2    5    8   11
[3,]   3    6    9   12
>matrix(1:12,4,3)  #nrow 和 ncol 两个参数名可省略,且可省略其中一个参数,默认为先行后列,不影响输出
     [,1] [,2] [,3]
[1,]   1    5    9
[2,]   2    6   10
[3,]   3    7   11
[4,]   4    8   12
```

A.3.2 矩阵的运算

1. 矩阵的加减

在 R 语言中对同行、同列矩阵相加减可用符号"+""−". 例如:

```
>A=matrix(1:12,nrow=3)
>B=matrix(1:12,nrow=3)
>A+B
     [,1] [,2] [,3] [,4]
[1,]   2    8   14   20
[2,]   4   10   16   22
[3,]   6   12   18   24
>A-B
     [,1] [,2] [,3] [,4]
[1,]   0    0    0    0
[2,]   0    0    0    0
[3,]   0    0    0    0
```

2. 数与矩阵相乘

在 R 语言中将数与矩阵相乘可用符号"*". 例如:

```
>c=2
>A=matrix(1:12,nrow=3)
>c*A
```

```
     [,1] [,2] [,3] [,4]
[1,]    2    8   14   20
[2,]    4   10   16   22
[3,]    6   12   18   24
```

3. 矩阵相乘

在 R 语言中将两个矩阵相乘可用符号“%*%”. 例如：

```
> A = matrix(c(1,2,4,3,8,7,6,5,0,9,8,7),nrow = 3)
> B = matrix(1:12,4)
> A%*%B
     [,1] [,2] [,3]
[1,]   61  137  213
[2,]   65  157  249
[3,]   46  118  190
```

设 $\boldsymbol{A}$,$\boldsymbol{B}$ 为两个矩阵，要得到 $\boldsymbol{A}^{\mathrm{T}}\boldsymbol{B}$，可用函数 crossprod(). 例如：

```
> A = matrix(1:12,nrow = 4)
> B = matrix(1:12,nrow = 4)
> crossprod(A,B)
     [,1] [,2] [,3]
[1,]   30   70  110
[2,]   70  174  278
[3,]  110  278  446
```

4. 矩阵的阿达马积

若矩阵 $\boldsymbol{A}=(a_{ij})_{m\times n}$,$\boldsymbol{B}=(b_{ij})_{m\times n}$，则矩阵的阿达马积定义为 $\boldsymbol{A}\cdot\boldsymbol{B}=(a_{ij}b_{ij})_{m\times n}$. 在 R 语言中求矩阵的阿达马积可以直接用符号“*”. 例如：

```
> A = matrix(1:12,4,3)
> B = matrix(12:1,4,3)
> A * B
     [,1] [,2] [,3]
[1,]   12   40   36
[2,]   22   42   30
[3,]   30   42   22
[4,]   36   40   12
```

在 R 语言中，矩阵的乘积(%*%)与阿达马积(*)的两个运算符的区别须加以注意.

5. 方阵的行列式的值

在 R 语言中用函数 det() 计算方阵的行列式的值. 例如：

```
> X = diag(3) +matrix(1,3,3)   #diag(3) 表示生成三阶单位矩阵
> X
     [,1] [,2] [,3]
[1,]    2    1    1
[2,]    1    2    1
[3,]    1    1    2
```

```
>det(X)
[1] 4
```

6. 矩阵的转置

在 R 语言中可用函数 t() 求矩阵的转置. 例如:

```
>A=matrix(1:12,nrow=3)
>A
     [,1] [,2] [,3] [,4]
[1,]   1    4    7   10
[2,]   2    5    8   11
[3,]   3    6    9   12
>t(A)
     [,1] [,2] [,3]
[1,]   1    2    3
[2,]   4    5    6
[3,]   7    8    9
[4,]  10   11   12
```

若将函数 t() 作用于一个向量 x,则 R 语言默认 x 为列向量,返回结果为一个行向量. 例如:

```
>x=c(1:10)
>t(x)
     [,1] [,2] [,3] [,4] [,5] [,6] [,7] [,8] [,9] [,10]
[1,]  1    2    3    4    5    6    7    8    9    10
```

若想得到一个列向量,可用 t(t(x)).

7. 矩阵的维数

在 R 语言中可用函数 dim() 求矩阵的维数. 此外,函数 nrow() 返回矩阵的行数,ncol() 返回矩阵的列数. 例如:

```
>A=matrix(1:12,3)
>dim(A)
[1] 3 4
```

8. 矩阵的向量化

在 R 语言中可以很容易地实现矩阵的向量化,使用函数 as. vector() 将矩阵按列向量拉直成一个新的向量. 例如:

```
>A=matrix(1:12,3,4)
>A
     [,1] [,2] [,3] [,4]
[1,]   1    4    7   10
[2,]   2    5    8   11
[3,]   3    6    9   12
>as.vector(A)
```

```
[1] 1 2 3 4 5 6 7 8 9 10 11 12
>as.vector(t(A))
[1] 1 4 7 10 2 5 8 11 3 6 9 12
```

A.4 读取 Excel 文件

假定在电脑上有一个 Excel 文件，原始的文件路径是“D:\data1”，文件内容如表 A.4.1 所示. 若想将该文件中的内容导入 R 语言中，首先需要注意的是，在 R 语言中输入路径的方式并不是用“\”，而是用“\\”. 例如，在 R 语言中，该文件的路径应为“D:\data1”.

表 A.4.1

姓名	性别	身高	体重
张敏	女	160	49
李和	男	172	54
王云	女	159	47
赵群	女	161	51
贾琪	女	163	53
钱超	男	174	66

在 R 语言中使用函数 read.table()，read.csv()，read.delim() 可以直接读取 Excel 文件. 例如：

```
>data1=read.csv("D:\\data1.csv",header=T)
>data1
   姓名  性别  身高  体重
1  张敏   女   160   49
2  李和   男   172   54
3  王云   女   159   47
4  赵群   女   161   51
5  贾琪   女   163   53
6  钱超   男   174   66
```

header＝T(TURE) 是默认的状态，在此状态下，输出的 data1 矩阵是一个 6×4 矩阵，第一行作为了 data1 的名字. 若输入 header＝F(FALSE)，则会实现原始的矩阵结果.

```
>data1=read.csv("D:\\data1.csv",header=F)
>data1
    V1    V2    V3    V4
1  姓名  性别  身高  体重
2  张敏   女   160   49
3  李和   男   172   54
4  王云  女  159  47
5  赵群  女  161  51
6  贾琪  女  163  53
7  钱超  男  174  66
```

另外一种方法也比较方便，首先打开 Excel 文件，全选里面的内容，点击复制，然后在 R 语言中输入以下命令：

```
>data<-read.table("clipboard",header=T,sep='\t')
>data
   姓名  性别  身高  体重
1  张敏   女   160   49
2  李和   男   172   54
3  王云   女   159   47
4  赵群   女   161   51
5  贾琪   女   163   53
6  钱超   男   174   66
```

若用 header＝F，则出现以下结果：

```
>data<-read.table("clipboard",header=F,sep='\t')
>data
     V1    V2    V3    V4
1  姓名  性别  身高  体重
2  张敏   女   160   49
3  李和   男   172   54
4  王云   女   159   47
5  赵群   女   161   51
6  贾琪   女   163   53
7  钱超   男   174   66
```

基于以上方法，很多时候我们可以直接在 Excel 上将数据录入（会比在 R 语言上录入更快），然后导入 R 语言，从而避免构造数据框的繁复编程. 关于导入数据的更多内容可以在“帮助”菜单中查找.

A.5　函　　数

函数是一个复合表达式，各表达式之间要换行或用分号隔开，在命令框窗口输入函数不方便修改，一般都是在 R 编辑器中进行编辑，然后在命令框窗口中运行，并且常用的已经编辑好的函数可以储存程序脚本，以方便下次调用.

函数定义的一般格式为

```
函数名＝function(x1,x2,…){
    表达式 1
    表达式 2
    ……
    输出变量
}
```

其中 x1，x2，… 是函数中的变量或参数，“{}”中列出函数的表达式，最后是函数输出的变量值. 定义函数后就可以方便地直接调用.

例如，定义 f01 为参数为 a 的指数分布的概率密度，f02 为该指数分布的分布函数，取 x＝5，a＝1/5 进行计算，可以看出，以下三种计算结果基本一致.

```
>f01=function(x,a){a*exp(-a*x)}
>f02=function(x,a){1-exp(-a*x)}
>f02(5,1/5)
[1]0.6321206
>pexp(5,1/5)  #pexp()为指数分布的分布函数
[1]0.6321206
>f03=function(x){(1/5)*exp(-(1/5)*x)}
>integrate(f03,lower=0,upper=5)  #对 f03 在(0,5)上求定积分
0.6321206 with absolute error<7e-15
```

A.6 程序控制结构

R 语言中的程序控制结构主要分为两类：分支结构和循环结构. 分支结构中常用到 if 结构，循环结构中常用到 for 循环、while 循环和 repeat 循环，下面分别予以介绍.

A.6.1 if 结构

if 结构的格式为

if(条件) 表达式 1 else 表达式 2

例如：

```
>f=function(x){if(x>0) sqrt(x)else 0}
>f(-2)
[1]0
>f(2)
[1]1.414214
```

需要注意的是，上述程序中如果将变量 x 定义为向量，那么程序会运行出错，这是因为 if 的判断条件是标量的真值或假值，而不能判断向量. 另外，有多个 if 语句时，else 与最近的一个 if 匹配. 可使用 if…else if…else if…else 的多重判断结构表示多分支. 例如：

```
>f=function(x){if(x<(-5))0 else if(x<5)1 else if(x<8)2 else 3}
>f(9)
[1]3
>f(7)
[1]2
>f(-8)
[1]0
```

例 A.6.1 帕累托分布是以意大利经济学家帕累托命名的，它不仅在经济收入模型中得到应用，在其他领域中也得到广泛的应用. 帕累托分布的概率密度和分布函数分别为

$$f(x)=\begin{cases}\dfrac{\theta}{a}\left(\dfrac{a}{x}\right)^{\theta+1}, & x>a,\\ 0, & x\leqslant a,\end{cases}\quad F(x)=\begin{cases}1-\left(\dfrac{a}{x}\right)^{\theta}, & x>a,\\ 0, & x\leqslant a,\end{cases}$$

其中 $\theta>0,a>0$ 为参数,用 R 语言定义其概率密度与分布函数.

解 定义概率密度:

```
>dpareto=function(x,a,theta){if(x>a) theta/a*(a/x)^(theta+1)else 0}
```

定义分布函数:

```
>ppareto=function(x,a,theta){if(x>a) 1-(a/x)^theta else 0}
```

当参数 a=2,$\theta=3$ 时,求解 $F(1)$ 与 $F(5)$,直接代入定义的分布函数可得:

```
>ppareto(1,2,3)
[1]0
>ppareto(5,2,3)
[1]0.936
```

A.6.2 for 循环

for 循环是对一个向量和列表逐次处理,其格式为

for(name in value){表达式 1
表达式 2
……}

但要注意,在程序运行之前总要赋予表达式中的变量一个初值,若已知循环次数,常利用函数 numeric() 将初值定义为 0 的向量形式.

例如,定义 t 的初值是一个由 15 个 0 元素所构成的向量,取变量 i 为从 1 至 15 之间的整数,输出相邻两项之积:

```
>t=numeric(15)
>for(i in 1:15){t[i]=(i-1)*i}
>t[3]
[1]6
>t[4]
[1]12
>t
[1] 0 2 6 12 20 30 42 56 72 90 110 132 156 182 210
```

另外,for 循环也可用于构造矩阵,只是需要嵌套使用 for 循环,其中矩阵的初值用 array(0,c(n,n)) 的形式定义.例如:

```
>n=4;x=array(0,c(n,n))
>for(i in 1:n){
 for(j in 1:n){
 x[i,j]=i*j}}
>x
      [,1] [,2] [,3] [,4]
[1,]     1    2    3    4
```

```
[2,]    2    4    6    8
[3,]    3    6    9    12
[4,]    4    8    12   16
```

A. 6. 3 while 循环

while 循环是在开始处判断条件的当型循环，它与 for 循环的不同之处在于：若知道终止条件（循环次数），则用 for 循环；若无法知道循环次数，则用 while 循环.

while 循环的格式为

while（条件）{表达式 1
表达式 2
……}

我们以一个简单的例子来说明 while 循环的工作原理. 例如，生成一个首项为 5，公差为 3，且末项的前一项不超过 30 的等差数列：

```
>f=5;i=1
>while(f[i]<30){
 f[i+1]=f[i]+3
 i=i+1}
>f
[1] 5 8 11 14 17 20 23 26 29 32
```

这里的 while 循环中，首先定义 f 的初值为 5，i=1 为循环变量的首项，条件是 f[i]＜30，每次循环都要运行{}中的两个表达式. 在循环到第 9 次时，f[9]＝29 仍然满足条件，进入下一次循环，这时 f[10]＝32＞30 不满足条件，即停止循环.

例 A. 6. 2 用 while 循环编写一个末项在 1 000 以内的斐波那契数列.

解

```
>f=1;f[2]=1;i=1
>while(f[i]+f[i+1]<1000){
 f[i+2]=f[i]+f[i+1]
 i=i+1}
>f
[1] 1 1 2 3 5 8 13 21 34 55 89 144 233 377 610 987
```

通过上面两道程序可以发现，在我们只知道终止循环的条件，却不知道循环的次数（或者并不会刻意地去计算它）的情况下，使用 while 循环是很方便的.

A. 6. 4 repeat 循环

repeat 循环的作用与 while 循环类似，其格式为

repeat{
表达式 1
表达式 2
……
if（条件）break}

同例 A. 6. 2,现用 repeat 循环编写一个末项在 1 000 以内的斐波那契数列:

```
>z=1;z[2]=1;i=1
>repeat{
  z[i+2]<-z[i]+z[i+1]
  i<-i+1
  if(z[i]+z[i+1]>=1000) break}
>z
[1] 1 1 2 3 5 8 13 21 34 55 89 144 233 377 610 987
```

可以看到,结果与之前用 while 循环一致.

最后,看一个用三种方式得到同一种结果的例子,并体会这三种循环语句的异同.

```
(1) >for(i in 1:5)print(1:i)
    [1] 1
    [1] 1 2
    [1] 1 2 3
    [1] 1 2 3 4
    [1] 1 2 3 4 5
(2) >i=1
    >while(i<=5){
    print(1:i)
    i=i+1}
    [1] 1
    [1] 1 2
    [1] 1 2 3
    [1] 1 2 3 4
    [1] 1 2 3 4 5
(3) >i=1
    >repeat{
    print(1:i)
    i=i+1
    if(i>5)break}
    [1] 1
    [1] 1 2
    [1] 1 2 3
    [1] 1 2 3 4
    [1] 1 2 3 4 5
```

附录 B　R 语言中的概率分布举例

下面介绍 R 语言中的内嵌概率分布函数及函数 plot() 的使用方法，以便绘出常见分布的概率分布图.

R 语言提供了 4 类有关概率分布的函数，分别是概率密度、分布函数、分位数函数、随机数函数. 对于所给的分布，加前缀"d"得到概率密度，加前缀"p"得到分布函数，加前缀"q"得到分位数函数，加前缀"r"得到该分布所产生的随机数. 若设某分布函数的名称为"fun"，则这 4 类函数的形式为

(1) 概率密度：dfun(x,p1,p2,…)，x 为数值向量，用于计算概率密度在该点处的取值.

(2) 分布函数：pfun(y,p1,p2,…)，y 为数值向量，用于计算分布函数在该点处的取值.

(3) 分位数函数：qfun(p,p1,p2,…)，p 为概率值构成的向量，用于计算分布函数在概率 p 值处的分位数(求常数 α，使得 $P\{X \leqslant \alpha\}=F(\alpha)=p$).

(4) 随机数函数：rfun(n,p1,p2,…)，n 为生成该分布的随机数个数.

p1,p2,… 是分布的参数值，可空缺.

B.1　函数 plot() 的用法

函数 plot() 的一般用法为

plot(x,y,…)

其中 x 为要绘图点的 x 坐标的向量，y 为要绘图点的 y 坐标的向量，当 x 不是坐标的向量时，不需要这个选项.

函数 plot() 中的通用参数 type 决定了图形的样式，有 9 种可能的取值，分别代表不同的样式："p" 是点；"l" 是线；"b" 是点连线；"c" 是在"b" 的基础上去掉点，只剩下线；"o" 也是点连线，但点在线上；"h" 是垂直线；"s" 是阶梯式线段，垂直线顶端显示数据；"S" 也是阶梯式线段，但垂直线底端显示数据；"n" 是不画任何点或曲线，是一幅空图，没有任何内容，但坐标轴、标题等其他元素都照样显示(除非用别的设置特意隐藏了).

函数 plot() 中的参数 main 决定了主标题名，也可以在作图之后用函数 title() 添加上. 例如：

```
>par(mfrow=c(3,3))  #创建 3 行、3 列共 9 个子图
>x=c(1:12)
>y= 2*x+rnorm(12)  #函数 rnorm() 用于产生服从正态分布的随机数
>plot(x,y,type="p",main="Plot type:p")
>plot(x,y,type="l",main="Plot type:l")
>plot(x,y,type="b",main="Plot type:b")
>plot(x,y,type="c",main="Plot type:c")
>plot(x,y,type="o",main="Plot type:o")
>plot(x,y,type="h",main="Plot type:h")
```

```
>plot(x,y,type="s",main="Plot type:s")
>plot(x,y,type="S",main="Plot type:S")
>plot(x,y,type="n",main="Plot type:n")
```

结果如图 B. 1. 1 所示.

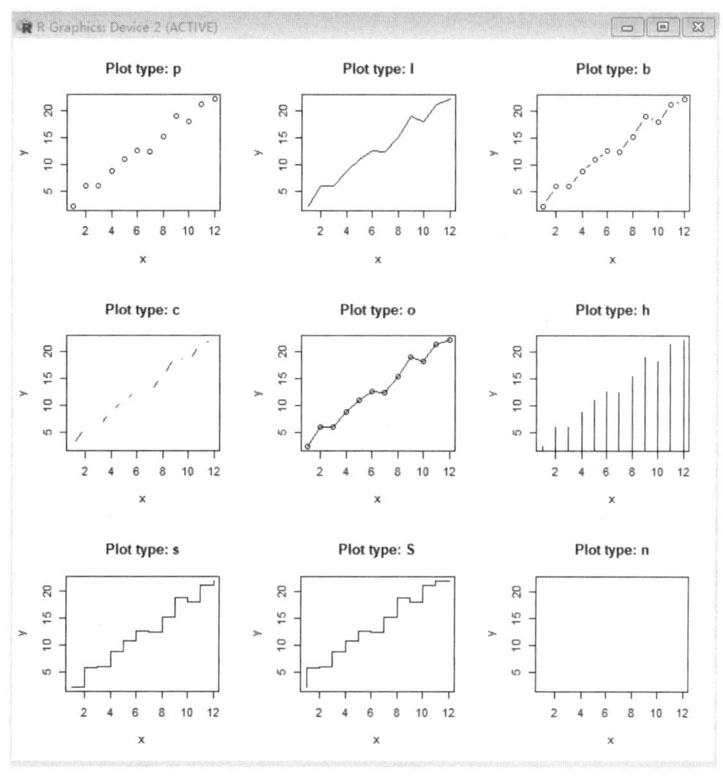

图 B. 1. 1

函数 plot() 中的其他一些参数的缺省值及功能如表 B. 1. 1 所示.

表 B. 1. 1

参数	缺省值及功能
add	FALSE,如果是 TURE,叠加图形到前一个图
axes	TURE,如果是 FALSE,不绘制轴和边框
xlim,ylim	指定轴的上下限
col	指定图形的颜色
xlab,ylab	添加坐标轴的标签,必须是字符型
lwd	设置线条粗细
sub	添加副标题

另外,函数 lines() 也是经常用到的低级绘图指令,函数 lines() 的功能与函数 plot() 的功能类似,只是将散点连接成线,并且可以添加在原有图像中. 后面将使用这两种函数绘出常见分布的概率分布图,以便更深刻地理解这些分布.

B.2 R语言中常见的离散型分布举例

B.2.1 二项分布

例 B.2.1 现有一由5个成员组成的决策系统，其中每个成员做出的决策互不影响，且每个成员做出正确决策的概率均为0.8.设做出正确决策的人数为X，试求出X的分布律及分布函数，并求半数以上的成员做出正确决策的概率.

解 由5个成员组成的决策系统可认为是5重伯努利试验，每个成员要么决策正确，要么决策错误.每个成员决策正确的概率是0.8，决策错误的概率是0.2，由此可得$X\sim B(5,0.8)$，其分布律为

$$P\{X=x\}=C_5^x 0.8^x 0.2^{5-x},\quad x=0,1,2,3,4,5.$$

R语言中二项分布的函数为binom(size,prob)，其中参数size表示试验次数，prob表示每次试验成功的概率.这里可以利用函数dbinom(x,5,0.8)求出对应的分布律.例如，现要求出$P\{X=3\}$和$P\{X=5\}$，可运行程序：

```
>p3=dbinom(3,5,0.8);p3
[1]0.2048
>p5=dbinom(5,5,0.8);p5
[1]0.32768
```

若要求出X的分布函数，可利用函数pbinom(x,5,0.8).例如，要求半数以上的成员做出正确决策的概率，所求概率等价于$P\{X\geqslant 3)=1-F(2)$，可运行程序：

```
>1-pbinom(2,5,0.8)
[1]0.94208
```

为绘出X的分布律与分布函数图，可运行程序：

```
>x=c(0:5)   #注意当试验次数较少时,x的取值应包含所有试验可能的结果
>op=par(mfrow=c(1,2))
>plot(x,dbinom(x,5,0.8),type='h',lwd=2,
  ylab='density',xlab='x',main="B(5,0.8) 分布律")
>plot(x,pbinom(x,5,0.8),type='h',lwd=2,
  ylab='distribution',xlab='x',main="B(5,0.8) 分布函数")
>par(op)   #恢复默认设置
```

结果如图B.2.1所示.

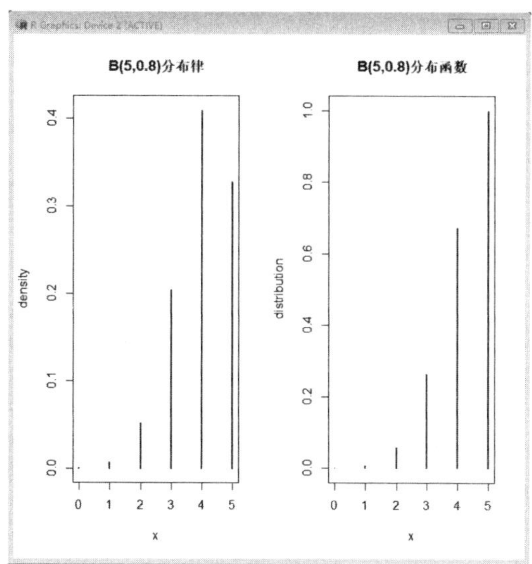

图 B.2.1

例 B.2.2 已知某种疾病的发病率为 0.001,某单位共有 5 000 人,求该单位患这种疾病的人数超过 5 的概率.

解 设该单位患这种疾病的人数为 X,则 $X \sim B(5\,000, 0.001)$,所求概率为

$$P\{X > 5\} = \sum_{k=6}^{5\,000} P\{X = k\} = 1 - F(5).$$

这里 F(5) 在 R 语言中表示为 pbinom(5,5 000,0.001),可运行程序:

```
>p5=pbinom(5,5000,0.001)
>1-p5
[1]0.3840393
```

很容易得到结果 $P\{X > 5\} = 0.384\,039\,3$.

此外,我们也可以绘出 X 的分布律和分布函数图.但注意到 $E(X) = 5\,000 \times 0.001 = 5$,当 X 较大时概率接近于 0,所以只须观察均值附近的变化情况即可,这里我们取 $X \leqslant 20$ 进行观察:

```
>x=c(0:20)
>op=par(mfrow=c(1,2))
>plot(x,dbinom(x,5000,0.001),type='h',lwd=2,
 ylab='density',xlab='x',main="B(5000,0.001) 分布律")
>plot(x,pbinom(x,5000,0.001),type='h',lwd=2,
 ylab='distribution',xlab='x',main="B(5000,0.001) 分布函数")
>par(op)
```

结果如图 B.2.2 所示.

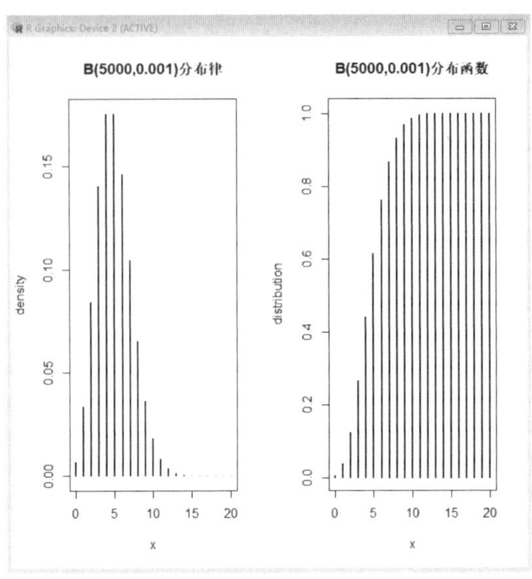

图 B.2.2

B.2.2 超几何分布

例 B.2.3 一箱中有 100 件外形一样的同批产品，其中正品 80 件、次品 20 件. 每次任取 1 件，经观察后不放回，在剩下的产品中再任取 1 件，求从这 100 件产品中任意抽取 10 件，其中有 2 件次品的概率. 若规定抽取的 10 件产品中次品数超过 3 件，则认定这批产品不合格，求这批产品被认定为不合格的概率.

解 设抽取的 10 件产品中次品数为 X，易知 X 服从超几何分布 $H(100,20,10)$，其分布律为

$$P\{X=x\}=\frac{C_{20}^{x}C_{80}^{10-x}}{C_{100}^{10}},\quad x=0,1,2,\cdots,10.$$

R 语言中超几何分布的函数为 hyper(m,n,k)，其中参数 m 表示次品数，n 表示正品数，k 表示抽取的样本数. 这里可以利用 dhyper(20,80,10) 求出对应的分布律. 例如，现要求出 $P\{X=2\}$，可运行程序：

```
>dhyper(2,20,80,10)
[1]0.3181706
```

即 $P\{X=2\}=0.3181706$.

这批产品被认定为不合格的概率等价于 $P\{X>3\}=1-F(3)$，可运行程序：

```
>1-phyper(3,20,80,10)
[1]0.1095719
```

所以这批产品被认定为不合格的概率为 0.1095719.

下面绘出分布律和分布函数图.

```
>op=par(mfrow=c(1,2))
>plot(x,dhyper(x,20,80,10),type='h',lwd=2,
```

```
 ylab='density',xlab='x',main="hyper(20,80,10) 分布律")
>plot(x,phyper(x,20,80,10),type='h',lwd=2,
 ylab='distribution',xlab='x',main="hyper(20,80,10) 分布函数")
>par(op)
```

结果如图 B. 2. 3 所示.

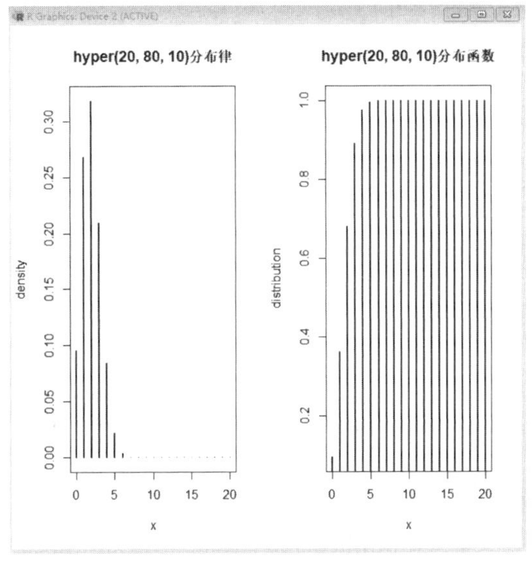

图 B. 2. 3

B. 2. 3 泊松分布

例 B. 2. 4 由某商店过去的销售记录可知,某种商品每月的销售量(单位:件)可以用参数为 $\lambda=10$ 的泊松分布来描述,为了以 95% 以上的把握保证不脱销,问:该商店在月底至少应进这种商品多少件?

解 设该商店每月销售这种商品 X 件,月底的进货量为 a 件,则 $X\sim P(10)$,且当 $X\leqslant a$ 时就不会脱销. 按题意要求,应有 $P\{X\leqslant a\}=F(a)\geqslant 0.95$.

R 语言中泊松分布的函数为 pois(lambda),其中参数 lambda 表示泊松分布的参数 λ. 这里可以利用 ppois(x,10) 求出对应的分布函数值,例如:

```
>ppois(5,10)
[1]0.06708596
>ppois(10,10)
[1]0.5830398
>ppois(15,10)
[1]0.9512596
>ppois(14,10)
[1]0.9165415
```

以上结果中分别求出了参数为 10 的泊松分布的分布函数在 5,10,15,14 处的函数值,由此可知 $a\geqslant 15$,即该商店在月底至少应进这种商品 15 件.

下面绘出分布律与分布函数图.

```
>x=c(0:20)
>op=par(mfrow=c(1,2))
>plot(x,dpois(x,10),type='h',lwd=2,
 ylab='density',xlab='x',main="pois(10) 分布律")
>plot(x,ppois(x,10),type='h',lwd=2,
 ylab='distribution',xlab='x',main="pois(10) 分布函数")
>par(op)
```

结果如图 B.2.4 所示.

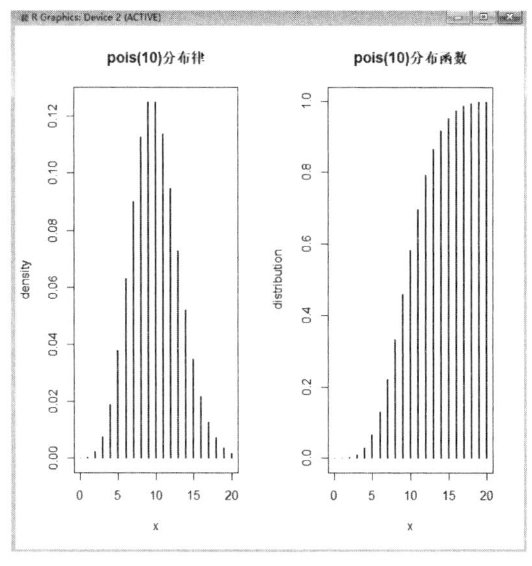

图 B.2.4

B.3 R 语言中常见的连续型分布举例

B.3.1 指数分布

例 B.3.1 假定打一次电话所用的时间(单位:min) X 服从参数为 $\lambda=0.1$ 的指数分布,求在排队打电话的人中,后一个人等待前一个人的时间(1) 超过 10 min,(2) 在 10 ~ 20 min 之间的概率.

解 R 语言中指数分布的函数为 exp(rate),其中参数 rate 表示指数分布的参数 λ.

(1) 所求概率为 $P\{X>10\}=1-F(10)$,可运行程序:

```
>p1=pexp(10,0.1)
>1-p1
[1]0.3678794
```

即所求概率为 0.367 879 4.

(2) 所求概率为 $P\{10\leqslant X\leqslant 20\}=F(20)-F(10)$,可运行程序:

```
>p2=pexp(20,0.1)
>p1=pexp(10,0.1)
>p2-p1
[1]0.2325442
```

即所求概率为 0.232 544 2.

下面绘出概率密度和分布函数图.

```
>x=seq(0,100)
>op=par(mfrow=c(1,2))
>plot(x,dexp(x,0.1),type='l',lwd=2,ylab='density',xlab='x',main="exp(0.1)概率密度")
>plot(x,pexp(x,0.1),type='l',lwd=2,ylab='distribution',xlab='x',main="exp(0.1)分布函数")
>par(op)
```

结果如图 B.3.1 所示.

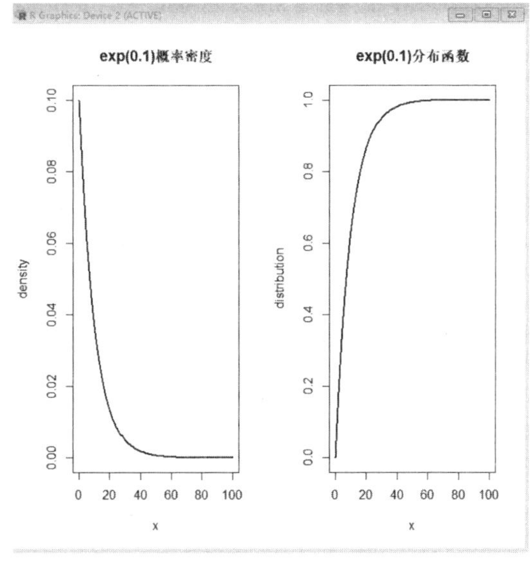

图 B.3.1

B.3.2 正态分布

例 B.3.2 设随机变量 X 服从正态分布 $N(108,3^2)$,求:

(1) $P\{101.1<X<117.6\}$;

(2) 常数 a,b 的值,使得 $P\{X<a\}=0.90$,$P\{X\leqslant b\}=0.70$;

(3) 常数 a 的值,使得 $P\{|X-a|>a\}=0.01$.

解 R 语言中正态分布的函数为 norm(mean,sd),其中均值 mean 和标准差 sd 的缺省值分别为 0 和 1.

(1) 这里 $P\{101.1<X<117.6\}=F(117.6)-F(101.1)$,可运行程序:

```
>F1=pnorm(101.1,108,3)
>F2=pnorm(117.6,108,3)
>F2-F1
[1]0.9885888
```

即所求概率为 0.988 588 8.

另外，由于

$$P\{101.1 < X < 117.6\} = P\left\{-2.3 < \frac{X-108}{3} < 3.2\right\} = \Phi(3.2) - \Phi(-2.3),$$

因此也可运行程序：

```
>pnorm(3.2)-pnorm(-2.3)
[1]0.9885888
```

两种方法运算结果一致.

(2) 可以用分位数函数求解：

```
>qnorm(0.9,108,3)
[1]111.8447
>qnorm(0.7,108,3)
[1]109.5732
```

$a = 111.8447, b = 109.5732$.

(3) 由于

$$\begin{aligned}P\{|X-a|>a\} &= P\{X-a>a\}+P\{X-a<-a\}\\ &= P\{X>2a\}+P\{X<0\}=1-F(2a)+F(0)=0.01,\end{aligned}$$

因此 $F(2a)=1-0.01+F(0)=0.99$，可以用分位数函数求解：

```
>b=qnorm(0.99,108,3)
>a=b/2;a
[1]57.48952
```

即 $a = 57.48952$.

下面用 R 语言观察正态分布的概率密度和分布函数图随着参数的变化而变化的趋势.

```
>x=seq(-5,5,0.01)
>y=dnorm(x)
>plot(x,y,col="red",type='l',xlim=c(-5,5),ylim=c(0,1),
 ylab='density',xlab='x',main="正态分布概率密度")
>lines(x,dnorm(x,0,0.5),col="green")
>lines(x,dnorm(x,0,2),col="blue")
>lines(x,dnorm(x,-2,1),col="orange")
```

结果如图 B.3.2(a) 所示. 如果将上述程序中的“dnorm”全部替换成“pnorm”，并修改相应的图形标签，那么运行后会得到不同正态分布的分布函数图[见图 B.3.2(b)].

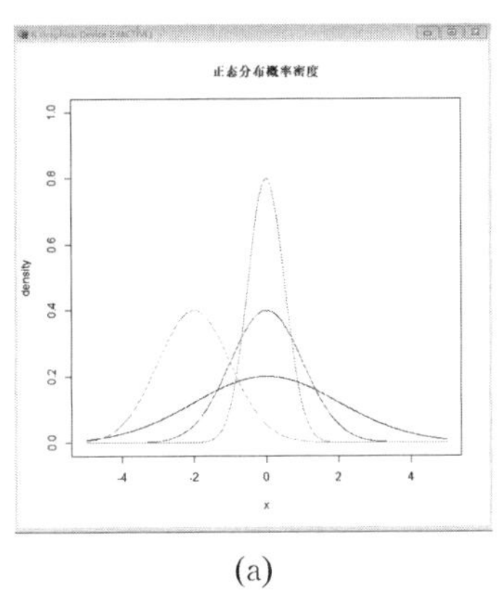

(a)

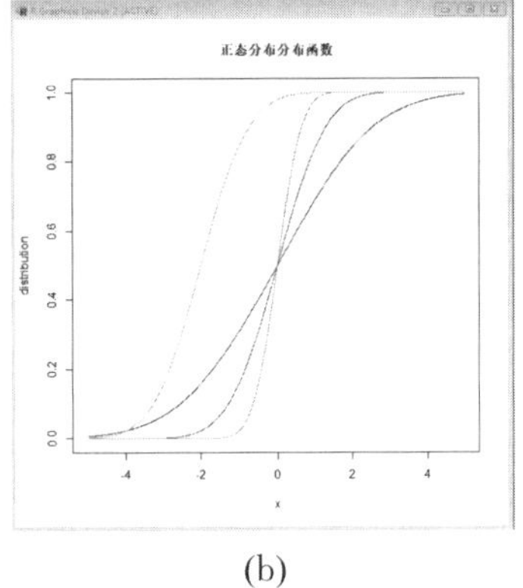

(b)

图 B. 3. 2

B. 3. 3　χ^2 分布

R 语言中 χ^2 分布的函数为 chisq(df)，其中参数 df 表示 χ^2 分布的自由度.

运行下列程序得到不同自由度下的 χ^2 分布的概率密度的图形：

```
>x=seq(0,30,0.1)
>y=dchisq(x,1)
>plot(x,y,col=1,type='l',ylim=c(0,0.3),
 ylab='density',xlab='x',main="卡方分布概率密度(自由度的变化)")
>lines(x,dchisq(x,3),col=2)
>lines(x,dchisq(x,5),col=3)
>lines(x,dchisq(x,10),col=4)
>legend(x=22,y=0.3,legend=c("n=1","n=3","n=5","n=10"),lty=1,col=c(1:4))
#添加图例
```

结果如图 B. 3. 3(a) 所示. 将以上程序中的“dchisq”修改为“pchisq”，并修改相应的图形标签及纵坐标范围，再运行即得到不同自由度下的 χ^2 分布的分布函数图[见图 B. 3. 3(b)].

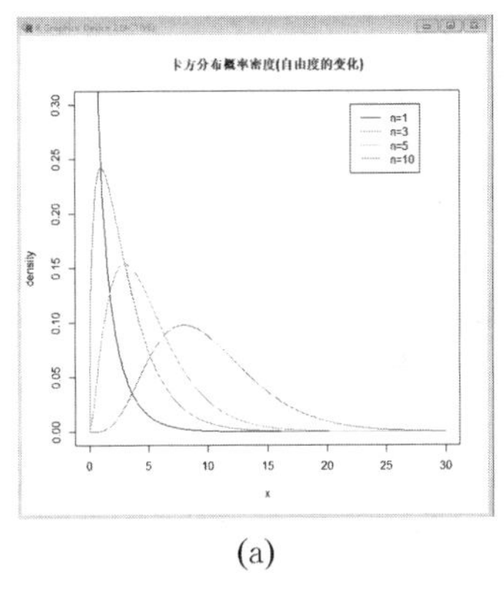

(a)

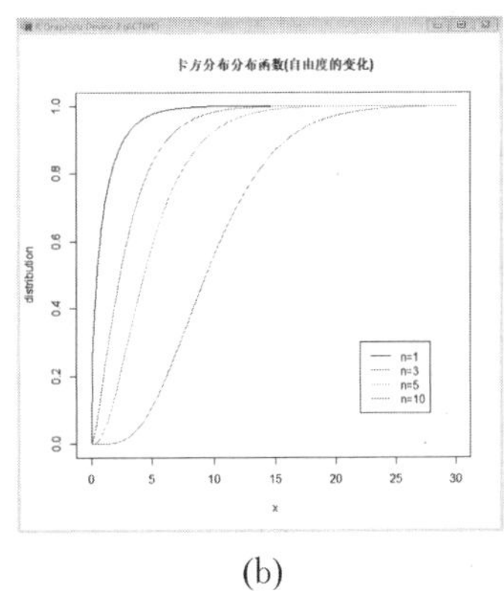

(b)

图 B. 3. 3

B.3.4　t 分布

R 语言中 t 分布的函数为 t(df)，其中参数 df 表示 t 分布的自由度.

运行下列程序得到不同自由度下的 t 分布的概率密度的图形：

```
>x=seq(-10,10,length=1000)
>y=dt(x,1)
>plot(x,y,col=1,xlim=c(-10,10),ylim=c(0,0.5),type='l',xaxs="i",yaxs="i",
 ylab='density',xlab='x',main="t 分布概率密度(自由度的变化)")
>lines(x,dt(x,5),col=2)
>lines(x,dt(x,10),col=3)
>legend("topleft",legend=paste("n=",c(1,5,10)),lwd=1,col=c(1,2,3))
```

结果如图 B.3.4(a) 所示. 将以上程序中的"dt" 修改为"pt"，再修改相应的图形标签及纵坐标范围，即可得到不同自由度下的 t 分布的分布函数图[见图 B.3.4(b)].

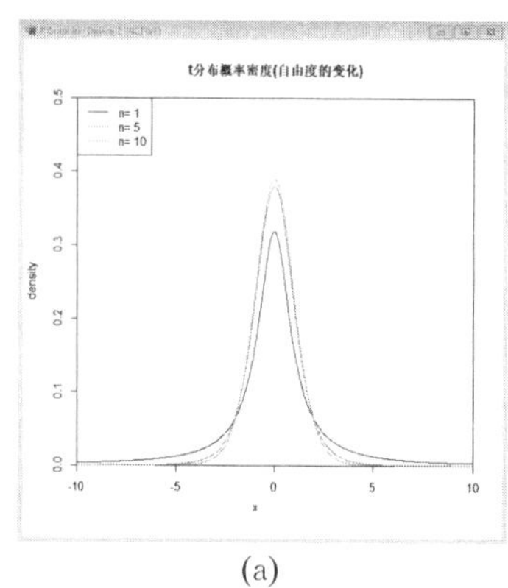

(a)

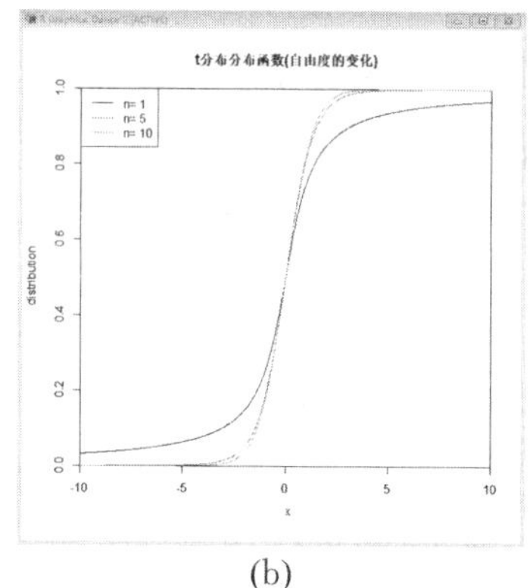

(b)

图 B.3.4

B.3.5　F 分布

R 语言中 F 分布的函数为 f(df1,df2)，其中参数 df1 和 df2 分别表示 F 分布的第一自由度和第二自由度.

运行下列程序得到不同自由度下的 F 分布的概率密度的图形：

```
>x=seq(0,5,length=1000)
>y=df(x,1,1)
>plot(x,y,col=1,xlim=c(0,5),ylim=c(0,1),type='l',xaxs="i",yaxs="i",
 ylab='density',xlab='x',main="F 分布概率密度(自由度的变化)")
>lines(x,df(x,5,1),col=2)
>lines(x,df(x,10,20),col=3)
>lines(x,df(x,20,25),col=4)
>legend("topright",legend=paste("m=",c(1,5,10,20),"n=",c(1,1,20,25)),lwd=1,
col=c(1,2,3,4))
```

结果如图 B.3.5(a) 所示. 将以上程序中的"df" 修改为"pf"，再修改相应的图形标签，即可得到不同自由度下的 F 分布的分布函数图[见图 B. 3. 5(b)].

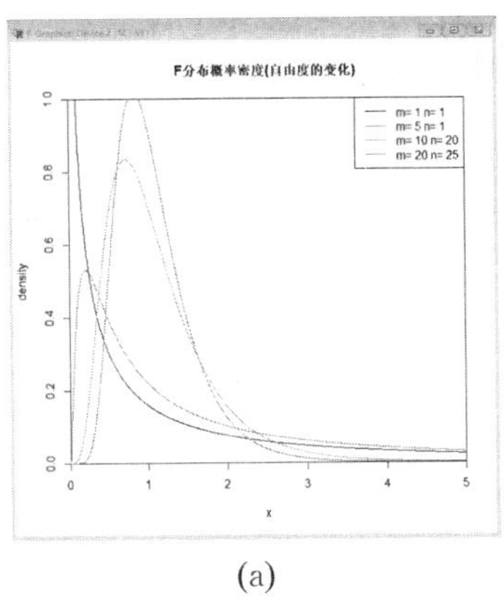

(a)

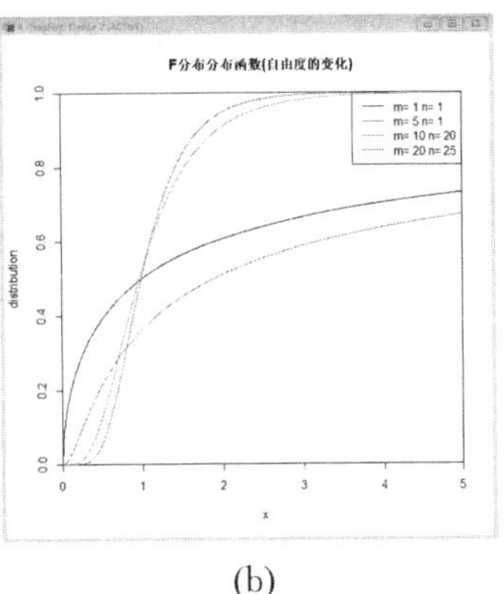

(b)

图 B. 3. 5

附录C　R语言中的描述性统计

描述性统计是指应用分类、制表、图形及概括性数据来描述数据分布特征的各项活动. 描述性统计分析要对样本数据进行统计性描述,主要包括数据的集中趋势分析、分散程度分析、分布及一些基本的统计图形.

C.1　样本的基本特征

C.1.1　均值与求和

R语言中求样本均值用函数 mean(). 若 x 是向量或矩阵,则 mean(x) 返回其全部元素的均值;若要返回数组某一维的均值,则使用函数 apply(x,dim,mean),其中参数 dim=1 表示计算行均值,dim=2 表示计算列均值;若 x 是数据框,则 mean(x) 返回各列的均值.

R语言中用函数 sum() 求和,其用法与函数 mean() 类似.

例如:

```
>a=c(1:12)
>mean(a)   #对向量 a 求均值
[1]6.5
>A=matrix(1:12,4,3)
>mean(A)   #对矩阵 A 求均值,是求矩阵所有元素的均值
[1]6.5
>apply(A,1,mean)   #按行求均值
[1] 5 6 7 8
>apply(A,2,mean)   #按列求均值
[1] 2.5 6.5 10.5
>sum(a)   #对向量 a 求和
[1] 78
>sum(A)   #对矩阵 A 求和,是求矩阵所有元素的和
[1] 78
>apply(A,1,sum)   #按行求和
[1] 15 18 21 24
>apply(A,2,sum)   #按列求和
[1] 10 26 42
```

C.1.2　次序统计量

将 n 个样本 $X_1,X_2,\cdots,X_n$ 按从小到大的顺序排列后得到的 n 个统计量 $X_{(1)},X_{(2)},\cdots,X_{(n)}(X_{(1)}\leqslant X_{(2)}\leqslant\cdots\leqslant X_{(n)})$,称为次序统计量.

在R语言中,函数sort(x)给出样本x的次序统计量,函数order(x)给出排序后的下标.例如:

```
>x=c(75,64,47.4,66.9,62.2,62.2,58.7,63.5)
>sort(x)
[1] 47.4 58.7 62.2 62.2 63.5 64.0 66.9 75.0
>order(x)
[1] 3 7 5 6 8 2 4 1
```

C.1.3 中位数

中位数是描述数据中心位置的数字特征.大体上比中位数大或小的数据数为整个数据数的一半.对于对称分布的数据,均值与中位数比较接近;对于偏态分布的数据,均值与中位数不同.中位数的又一显著特点是不受异常值的影响,具有稳健性,因此它是数据分析中相当重要的统计量.

在R语言中,函数median()给出样本的中位数.例如:

```
>x=c(75,64,47.4,66.9,62.2,62.2,58.7,63.5)
>median(x)
[1] 62.85
```

C.1.4 百分位数

百分位数是中位数的推广.设 n 个数据 $x_1,x_2,\cdots,x_n$ 按从小到大的顺序排列,则它的 $p(0<p<1)$ 分位数定义为

$$m_p=\begin{cases}x_{[np+1]}, & np\text{ 不是整数},\\ \dfrac{1}{2}(x_{[np]}+x_{[np+1]}), & np\text{ 是整数}.\end{cases}$$

R语言中用函数quantile(x,probs)计算样本x的百分位数,其中参数probs表示分位数.例如:

```
>w=c(75.0,64.0,47.4,66.9,62.2,62.2,58.7,63.5,66.6,64.0,57.0,69.0,56.9,50.0,72.0)
>quantile(w)  #直接使用函数quantile(),则默认输出样本的5个分位数
   0%    25%    50%    75%   100%
 47.40 57.85 63.50 66.75 75.00
>quantile(w,0.2)  #输出0.2分位数
  20%
56.98
>quantile(w,c(seq(0,1,0.2)))
   0%    20%    40%    60%    80%   100%
 47.40 56.98 62.20 64.00 67.32 75.00
```

C.2 数据分散程度的度量

表示数据分散程度的特征量有极差、方差、标准差和变异系数等.

1. 极差

极差定义为样本的最大值减最小值，即 $X_{(n)}-X_{(1)}$，半极差定义为样本的 0.75 分位数减 0.25 分位数，即 $m_{0.75}-m_{0.25}$.

极差的计算：max(x) − min(x).

半极差的计算：quantile(x,0.75) − quantile(x,0.25).

2. 样本方差及样本标准差

在 R 语言中，用函数 var(x) 计算样本 x 的方差，用函数 sd(x) 计算样本 x 的标准差.

3. 变异系数

当需要比较两组数据分散程度大小时，应消除测量尺度和量纲的影响，此时可以用变异系数，它是样本标准差与样本均值的比.

变异系数的计算：sd(x)/mean(x).

C.3　数据分布形状的度量

偏度系数是刻画数据对称性的指标. 关于均值对称的数据，其偏度系数为 0；对于右侧更分散的数据，其偏度系数为正；对于左侧更分散的数据，其偏度系数为负. 设有 n 个样本数据 $x_1,x_2,\cdots,x_n$，$\overline{x}$，s 分别为样本均值和样本标准差，则偏度系数 S_k 的计算公式为

$$S_k=\frac{n}{(n-1)(n-2)s^3}\sum_{i=1}^{n}(x_i-\overline{x})^3.$$

R 语言中计算样本偏度系数的程序可表示为

```
>n=length(x)
>m=mean(x)
>s=sd(x)
>sk=n/((n-1)*(n-2))*sum((x-m)^3)/s^3
```

衡量一组数据分布峰值高低的统计量称为峰度系数. 当数据的总体分布为正态分布时，峰度系数近似为 0；当峰度系数为正时，两侧极端数据较多；当峰度系数为负时，两侧极端数据较少. 峰度系数的计算公式为

$$Ku=\frac{n(n+1)}{(n-1)(n-2)(n-3)s^4}\sum_{i=1}^{n}(x_i-\overline{x})^4-\frac{3(n-1)^2}{(n-2)(n-3)}.$$

R 语言中计算样本峰度系数的程序可表示为

```
>n=length(x)
>m=mean(x)
>s=sd(x)
>ku=((n*(n+1))/((n-1)*(n-2)*(n-3))*sum((x-m)^4)/s^4-(3*(n-1)^2)/((n-2)*(n-3)))
```

例 C.3.1　生成总体服从正态分布 $N(10,0.1^2)$ 的 100 个随机数，并从其中抽取一个容量为 20 的样本，对该样本进行描述性统计.

解　运行下列程序：

```
>x=c(rnorm(100,10,0.1))
```

```
>a=sample(x,20,replace=F);a  #抽取容量为 20 的样本
 [1]  10.079370  9.938314  9.985405  10.024755  10.234299  10.021445  9.990390
 [8]   9.932948  9.850997  9.967817  10.186588   9.953743  10.018563  10.092741
[15]  10.022201  9.916744  9.880988  10.110175   9.952064   9.926048
>mean(a)  #计算 a 的均值
[1] 10.00428
>var(a)  #计算 a 的方差
[1] 0.00953367
>sd(a)  #计算 a 的标准差
[1] 0.09764052
>median(a)  #计算 a 的中位数
[1] 9.987898
>max(a)  #计算 a 的最大值
[1] 10.2343
>min(a)  #计算 a 的最小值
[1] 9.850997
>sum(a)  #求 a 的和
[1] 200.0856
>quantile(a,0.75)  #计算 a 的 0.75 分位数
75%
10.03841
>quantile(a,0.25)  #计算 a 的 0.25 分位数
25%
9.936972
>n=length(a)
>m=mean(a)
>s=sd(a)
>sk=n/((n-1)*(n-2))*sum((x-m)^3)/s^3
>sk  #计算 a 的偏度系数
[1]-5.021033
>ku=((n*(n+1))/((n-1)*(n-2)*(n-3))*sum((x-m)^4)/s^4-(3*(n-1)^2)/((n-2)*(n-3)))
>ku  #计算 a 的峰度系数
[1] 42.58997
```

有时可以直接利用函数 summary(x) 返回 x 的最小值、第一分位数(0.25 分位数)、中位数、均值、第三分位数(0.75 分位数) 和最大值. 例如：

```
>summary(a)
 Min.1stQu.Median  Mean 3rdQu.  Max.
9.875 9.964 10.030 10.020 10.060 10.230
```

如果数据为矩阵形式,可以用函数 apply() 求解对应的统计量.

例 C.3.2 从 A,B,C 三个公司中各抽取 75 名员工,调查他们的月收入(单位:元)情况,得到如表 C.3.1 所示的数据,试对三个公司员工的月收入情况进行描述性统计分析.

表 C.3.1

A	B	C	A	B	C	A	B	C
3 453	2 346	5 242	3 612	1 815	4 068	3 576	2 711	1 631
3 529	2 289	2 798	3 518	4 493	2 735	3 423	1 784	4 123
3 424	3 122	2 219	3 326	3 555	3 280	3 428	3 627	2 301
3 518	1 599	3 933	3 411	1 912	2 334	3 267	2 587	2 702
3 499	2 369	3 739	3 409	1 645	2 227	3 553	2 399	3 459
3 162	3 308	2 493	3 490	2 736	1 729	3 224	2 311	3 627
3 707	2 339	4 561	3 693	3 414	2 735	3 544	3 075	3 202
3 350	2 118	3 319	3 335	3 104	2 992	3 676	2 667	2 152
3 479	3 079	2 940	3 483	1 894	3 644	3 683	2 913	2 902
3 516	3 692	4 952	3 521	2 536	4 228	3 865	1 932	4 737
3 551	5 442	4 184	3 312	2 741	4 534	3 448	2 346	3 565
3 521	2 770	3 521	3 548	1 994	3 042	3 598	3 018	5 673
3 299	2 514	4 343	3 755	2 294	2 340	3 568	2 771	3 059
3 599	2 255	5 023	3 530	1 679	4 259	3 688	4 021	2 357
3 394	1 781	3 263	3 373	3 768	4 452	3 489	2 633	2 719
3 502	2 498	1 866	3 490	2 048	2 038	3 533	2 190	4 479
3 592	3 470	2 918	3 499	2 665	4 184	3 499	2 097	5 049
3 357	2 148	4 291	3 481	4 321	3 396	3 434	1 575	3 567
3 435	3 485	3 015	3 500	3 221	3 152	3 526	2 625	2 768
3 636	2 999	1 956	3 237	4 302	3 842	3 505	3 537	4 158
3 610	3 170	3 029	3 497	621	4 917	3 515	2 650	3 063
3 514	2 606	3 717	3 578	1 536	2 096	3 471	2 580	3 137
3 479	3 212	2 244	3 551	1 034	4 904	3 526	4 183	3 737
3 452	3 100	2 985	3 619	2 729	4 684	3 284	1 150	3 622
3 552	2 537	3 927	3 479	2 184	5 547	3 654	1 969	4 371

解　运行下列程序：

```
>w=read.table("clipboard",header=T,sep='\t')
>head(w)  #显示前 6 行数据
     A    B    C
1 3453 2346 5242
2 3529 2289 2798
3 3424 3122 2219
4 3518 1599 3933
5 3499 2369 3739
```

```
6 3162 3308 2493
> summary(w)
     A                B               C
Min.   :3162     Min.   :621     Min     :1631
1st Qu.:3434    1st Qu.:2133    1st Qu. :2752
Median :3502    Median :2606    Median :3396
Mean   :3498    Mean   :2665    Mean   :3467
3rd Qu.:3552    3rd Qu.:3113    3rd Qu.:4206
Max.   :3865    Max.   :5442    Max.   :5673
> apply(w,2,sum)
    A      B      C
262354 199840 259997
> apply(w,2,var)
       A          B          C
15415.48 707060.93 960595.51
> apply(w,2,sd)
       A         B        C
124.1591 840.8692 980.0997
> A = w[,1]
> B = w[,2]
> C = w[,3]
> R = c(max(A) -min(A),max(B) -min(B),max(C) -min(C));R
[1] 703 4821 4042
> CV = c(sd(A) /mean(A),sd(B) /mean(B),sd(B) /mean(B));CV
[1] 0.03549377 0.31557839 0.31557839
> uss = c(sum(A^2),sum(B^2),sum(C^2));uss
[1] 918869030 584802850 972396601
```

经过整理可得三个公司员工月收入的描述性统计(见表 C. 3. 2)

表 C. 3. 2

统计量	A	B	C
平均工资	3 498	2 665	3 467
最低工资	3 162	621	1 631
最高工资	3 865	5 442	5 673
极差	703	4 821	4 042
方差	15 415. 48	707 060. 93	960 595. 51
标准差	124. 159 1	840. 869 2	980. 099 7
工资和	262 354	199 840	259 997
变异系数	0. 035 493 77	0. 315 578 39	0. 315 578 39
0. 25 分位数	3 434	2 133	2 752

续表

统计量	A	B	C
中位数	3 502	2 606	3 396
0.75 分位数	3 552	3 113	4 206

通过以上结果可以发现，A 公司的平均工资最高，极差也较小，说明该公司收入水平相当；而 B 公司则恰好相反，极差和方差都较大，说明该公司收入水平差距较大，且平均工资较低；C 公司的平均工资还可以，但极差和方差都较大，说明该公司收入水平差距也较大.

C.4 频率分布与统计图

C.4.1 箱线图

之前介绍的百分位数可以展示出样本的基本信息，而箱线图能更直观简洁地展现数据分布的主要特征，比较不同样本间分布的差异. R 语言中绘制箱线图的函数是 boxplot(). 例如：

```
> op = par(mfrow = c(1,4))
> x = rnorm(100)   #生成 100 个服从标准正态分布的随机数
> y = rt(100,6)   #生成 100 个服从自由度为 6 的 t 分布的随机数
> boxplot(x)   #画出 x 的箱线图
> boxplot(x,y)   #画出 x 与 y 的箱线图
> boxplot(x,y,names = c("A","B"))
> boxplot(x,y,names = c("A","B"),col = c(2,6))
> par(op)
```

结果如图 C.4.1 所示.

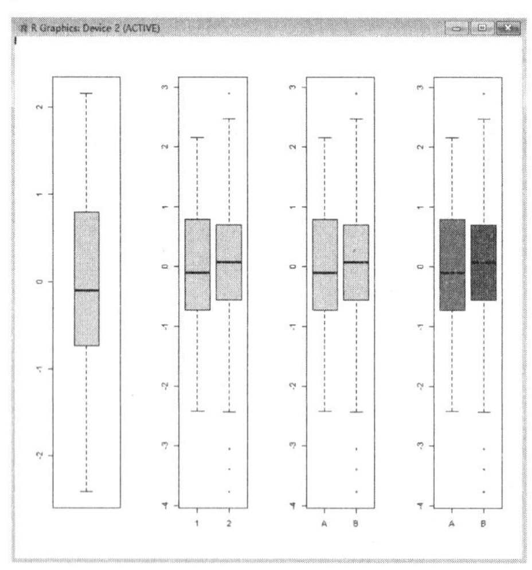

图 C.4.1

以 C.3 节例 C.3.2 中的数据为例，绘出三个公司员工月收入的箱线图，可运行程序：

```
> boxplot(w)
```

结果如图 C. 4. 2 所示.

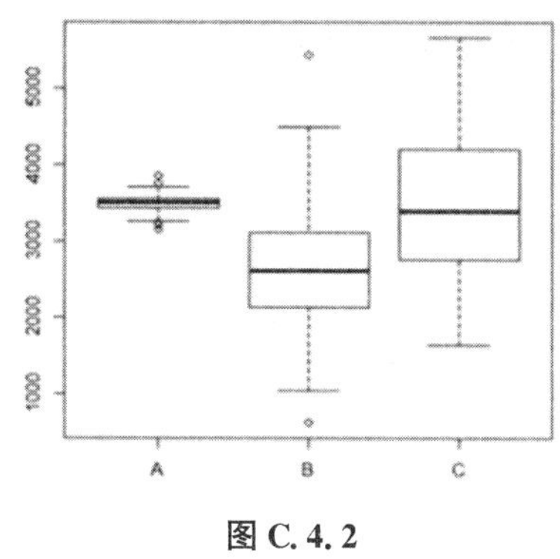

图 C. 4. 2

C. 4. 2 茎叶图

R 语言中关于茎叶图的函数是 stem(),但此函数不是绘图函数,其输出结果不是显示在图形窗口中,而是显示在 R 语言的命令框窗口中. 例如:

```
>x=c(64,63,63,65,65,64,67,68,67,69,71,71,72,73,75,75,79,79,58,59,58,57,81,
  86,86,86,91,94,92,93,97,97,96,92,92,91,91,68,69,67,69,77)
>stem(x)
The decimal point is 1 digit(s) to the right of the |
5| 7889
6| 3344
6| 5577788999
7| 1123
7| 55799
8| 1
8| 666
9| 11122234
9| 677
```

C. 4. 3 直方图

直方图常用于数据分析,它将数据的取值范围分成若干互不重叠的区间(一般是等间隔),每个区间的长度叫作组距,区间的总数叫作组数,并统计数据落入每个区间内的频数或频率.

R 语言中用函数 hist() 来绘制样本的直方图,其一般用法为

hist(x,breaks="Sturges",freq=NULL,density=NULL,angle=45,col=NULL,border=NULL,label=T)

其中:

x 是由样本值构成的向量;

breaks 规定直方图的组数,缺省值为 Sturges;

freq 为规定直方图类型的逻辑值,取 T 表示频数分布直方图(缺省),取 F 表示频率分布

直方图；

density 规定直方图中阴影线的密度，缺省时没有阴影线；

angle 规定直方图中阴影线的角度，缺省值为 45°；

col 规定直方图的填充颜色，在用阴影线填充时，表示阴影线的颜色；

border 规定直方图边框的颜色；

label 用于在直方图上添加标签.

下面以正态分布为例，取 600 个服从标准正态分布的随机数，将组距逐渐缩小(增大组数)，作频数分布直方图：

```
> x = c(rnorm(600))
> op = par(mfrow = c(2,3))
> hist(x, breaks = 4)   #分成等距的 4 个区间作直方图
> hist(x, breaks = 8)   #分成等距的 8 个区间作直方图
> hist(x, breaks = 20); hist(x, breaks = 30)
> hist(x, breaks = 50); hist(x, breaks = 100)
> par(op)
```

结果如图 C. 4. 3 所示.

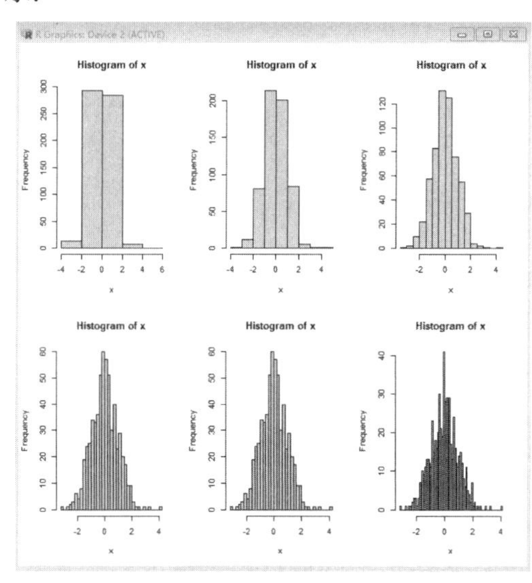

图 C. 4. 3

关于其他参数的设置，可参考下列程序：

```
> x = rnorm(600)
> op = par(mfrow = c(1,4))
> hist(x, freq = F, label = T)
> hist(x, freq = F, density = 8, angle = 60, col = 2, border = 4, label = T)
> hist(x, freq = F, breaks = 30, border = 2)
> hist(x, freq = F, col = 2, breaks = 60, border = 4)
> par(op)
```

结果如图 C. 4. 4 所示.

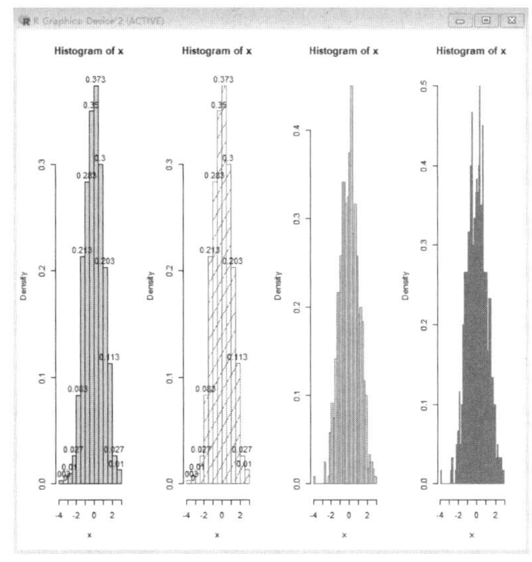

图 C. 4. 4

另外,可以在直方图中添加样本的正态分布曲线或密度曲线,通过函数 dnorm() 和 density() 来实现. 例如:

```
>w=rnorm(400)
>hist(w,freq=F)
>x=seq(min(w),max(w),0.2)
>lines(x,dnorm(x,mean(w),sd(w)),col='red')
>lines(density(w),col='blue')
```

结果如图 C. 4. 5 所示.

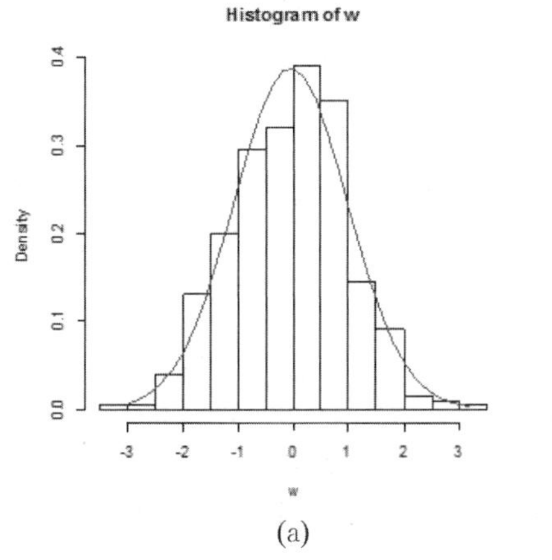

(a)

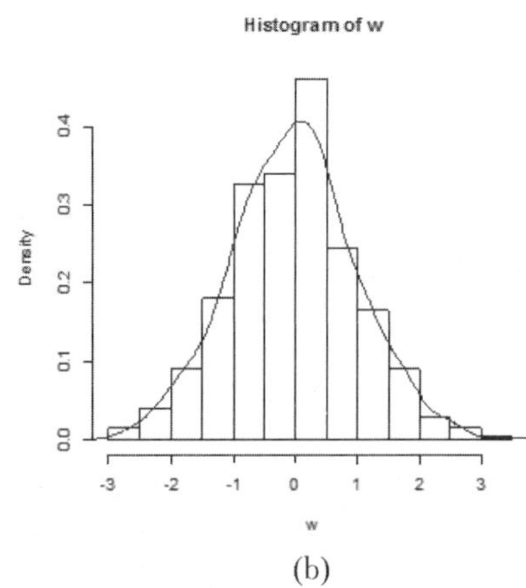

(b)

图 C. 4. 5

以 C. 3 节例 C. 3. 2 中的数据为例,绘出三个公司员工月收入的频率分布直方图,可运行程序:

```
>w=read.table("clipboard",header=T,sep='\t')
```

```
>A=w[,1]
>B=w[,2]
>C=w[,3]
>op=par(mfrow=c(1,3))
>hist(A,freq=F)
>hist(B,freq=F)
>hist(C,freq=F)
>par(op)
```

结果如图 C.4.6 所示.

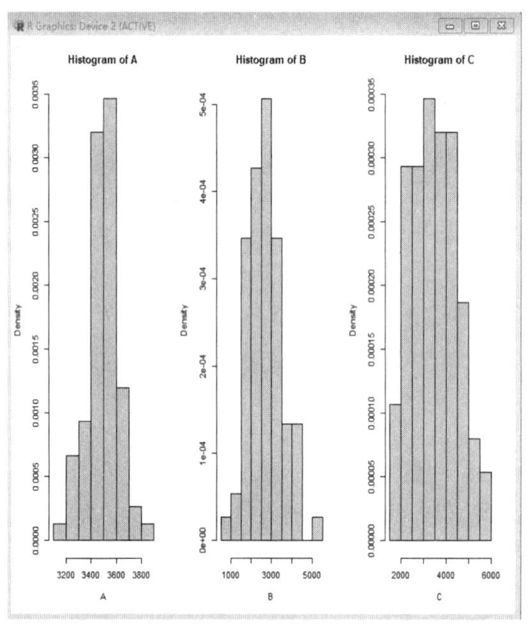

图 C.4.6

C.4.4 经验分布函数图

对于容量为 n 的一组样本值 $x_1,x_2,\cdots,x_n$，将其从小到大排列后，得到 $x_{(1)} \leqslant x_{(2)} \leqslant \cdots \leqslant x_{(n)}$，定义经验分布函数为

$$F_n(x)=\begin{cases}0, & x<x_{(1)},\\ \dfrac{k}{n}, & x_{(k)} \leqslant x<x_{(k+1)}, \quad (k=1,2,\cdots,n-1).\\ 1, & x \geqslant x_{(n)}\end{cases}$$

经验分布函数是对总体分布函数的良好近似，并且是右连续的、跳跃的阶梯函数. R 语言中用函数 ecdf() 计算样本的经验分布函数. 例如：

```
>w=rexp(50,0.01)   #生成 50 个服从参数为 0.01 的指数分布的随机数
>Fn=ecdf(w)   #计算出样本的经验分布函数
>Fn(c(10,100,300,600))   #计算出经验分布函数在 10,100,300,600 处的函数值
[1] 0.08 0.68 0.96 0.98
```

```
>op=par(mfrow=c(1,2))
>plot(ecdf(w))  #绘出经验分布函数的图形
>plot(ecdf(w),verticals=T,do.p=F)  #在跳跃处画垂直线
>x=seq(0,600,0.2)
>lines(x,pexp(x,0.01,600),col=2)  #绘出指数分布的图形,用红色表示
```

结果如图 C. 4. 7 所示.

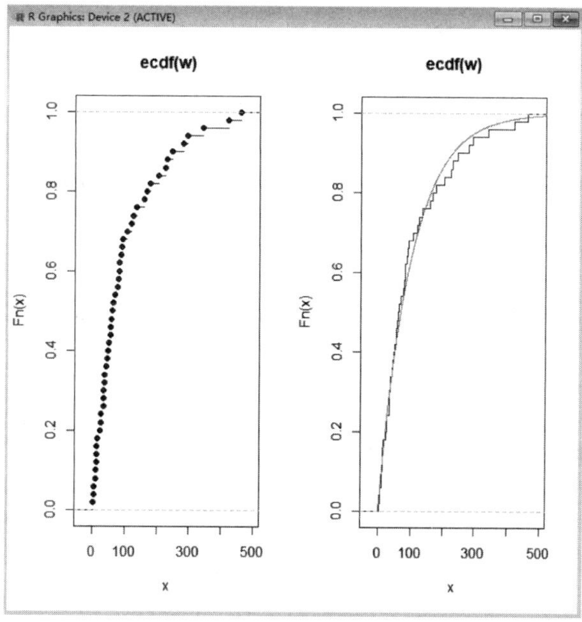

图 C. 4. 7

附表 1　泊松分布表

$$P\{X \geqslant x\} = \sum_{r=x}^{\infty} \frac{e^{-\lambda}}{r!} \lambda^{r}$$

x	$\lambda=0.2$	$\lambda=0.3$	$\lambda=0.4$	$\lambda=0.5$	$\lambda=0.6$
0	1.000 000 0	1.000 000 0	1.000 000 0	1.000 000	1.000 000
1	0.181 269 2	0.259 181 8	0.329 680 0	0.393 469	0.451 188
2	0.017 523 1	0.036 936 3	0.061 551 9	0.090 204	0.121 901
3	0.001 148 5	0.003 599 5	0.007 926 3	0.014 388	0.023 115
4	0.000 056 8	0.000 265 8	0.000 776 3	0.001 752	0.003 358
5	0.000 002 3	0.000 015 8	0.000 061 2	0.000 172	0.000 394
6	0.000 000 1	0.000 000 8	0.000 004 0	0.000 014	0.000 039
7			0.000 000 2	0.000 001	0.000 003

x	$\lambda=0.7$	$\lambda=0.8$	$\lambda=0.9$	$\lambda=1.0$	$\lambda=1.2$
0	1.000 000	1.000 000	1.000 000	1.000 000	1.000 000
1	0.503 415	0.550 671	0.593 430	0.632 121	0.698 806
2	0.155 805	0.191 208	0.227 518	0.264 241	0.337 373
3	0.034 142	0.047 423	0.062 857	0.080 301	0.120 513
4	0.005 753	0.009 080	0.013 459	0.018 988	0.033 769
5	0.000 786	0.001 411	0.002 344	0.003 660	0.007 746
6	0.000 090	0.000 184	0.000 343	0.000 594	0.001 500
7	0.000 009	0.000 021	0.000 043	0.000 083	0.000 251
8	0.000 001	0.000 002	0.000 005	0.000 010	0.000 037
9				0.000 001	0.000 005
10					0.000 001

x	$\lambda=1.4$	$\lambda=1.6$	$\lambda=1.8$	$\lambda=2.0$	$\lambda=2.5$
0	1.000 000	1.000 000	1.000 000	1.000 000	1.000 000
1	0.753 403	0.798 103	0.834 701	0.864 665	0.917 915
2	0.408 167	0.475 069	0.537 163	0.593 994	0.712 703
3	0.166 502	0.216 642	0.269 379	0.323 324	0.456 187
4	0.053 725	0.078 813	0.108 708	0.142 877	0.242 424
5	0.014 253	0.023 682	0.036 407	0.052 653	0.108 822
6	0.003 201	0.006 040	0.010 378	0.016 564	0.042 021
7	0.000 622	0.001 336	0.002 569	0.004 534	0.014 187
8	0.000 107	0.000 260	0.000 562	0.001 097	0.004 247
9	0.000 016	0.000 045	0.000 110	0.000 237	0.001 140
10	0.000 002	0.000 007	0.000 019	0.000 046	0.000 277
11		0.000 001	0.000 003	0.000 008	0.000 062
12				0.000 001	0.000 013
13					0.000 002

续表

x	$\lambda=3.0$	$\lambda=3.5$	$\lambda=4.0$	$\lambda=4.5$	$\lambda=5.0$
0	1.000 000	1.000 000	1.000 000	1.000 000	1.000 000
1	0.950 213	0.969 803	0.981 684	0.988 891	0.993 262
2	0.800 852	0.864 112	0.908 422	0.938 901	0.959 572
3	0.576 810	0.679 153	0.761 897	0.826 422	0.875 348
4	0.352 768	0.463 367	0.566 530	0.657 704	0.734 974
5	0.184 737	0.274 555	0.371 163	0.467 896	0.559 507
6	0.083 918	0.142 386	0.214 870	0.297 070	0.384 039
7	0.033 509	0.065 288	0.110 674	0.168 949	0.237 817
8	0.011 905	0.026 739	0.051 134	0.086 586	0.133 372
9	0.003 803	0.009 874	0.021 363	0.040 257	0.068 094
10	0.001 102	0.003 315	0.008 132	0.017 093	0.031 828
11	0.000 292	0.001 019	0.002 840	0.006 669	0.013 695
12	0.000 071	0.000 289	0.000 915	0.002 404	0.005 453
13	0.000 016	0.000 076	0.000 274	0.000 805	0.002 019
14	0.000 003	0.000 019	0.000 076	0.000 252	0.000 698
15	0.000 001	0.000 004	0.000 020	0.000 074	0.000 226
16		0.000 001	0.000 005	0.000 020	0.000 069
17			0.000 001	0.000 005	0.000 020
18				0.000 001	0.000 005
19					0.000 001

附表 2　标准正态分布表

$$\Phi(x)=\int_{-\infty}^{x}\frac{1}{\sqrt{2\pi}}e^{-\frac{u^2}{2}}\mathrm{d}u=P\{X\leqslant x\}$$

x	0	1	2	3	4	5	6	7	8	9
0.0	0.500 0	0.504 0	0.508 0	0.512 0	0.516 0	0.519 9	0.523 9	0.527 9	0.531 9	0.535 9
0.1	0.539 8	0.543 8	0.547 8	0.551 7	0.555 7	0.559 6	0.563 6	0.567 5	0.571 4	0.575 3
0.2	0.579 3	0.583 2	0.587 1	0.591 0	0.594 8	0.598 7	0.602 6	0.606 4	0.610 3	0.614 1
0.3	0.617 9	0.621 7	0.625 5	0.629 3	0.633 1	0.636 8	0.640 4	0.644 3	0.648 0	0.651 7
0.4	0.655 4	0.659 1	0.662 8	0.666 4	0.670 0	0.673 6	0.677 2	0.680 8	0.684 4	0.687 9
0.5	0.691 5	0.695 0	0.698 5	0.701 9	0.705 4	0.708 8	0.712 3	0.715 7	0.719 0	0.722 4
0.6	0.725 7	0.729 1	0.732 4	0.735 7	0.738 9	0.742 2	0.745 4	0.748 6	0.751 7	0.754 9
0.7	0.758 0	0.761 1	0.764 2	0.767 3	0.770 3	0.773 4	0.776 4	0.779 4	0.782 3	0.785 2
0.8	0.788 1	0.791 0	0.793 9	0.796 7	0.799 5	0.802 3	0.805 1	0.807 8	0.810 6	0.813 3
0.9	0.815 9	0.818 6	0.821 2	0.823 8	0.826 4	0.828 9	0.835 5	0.834 0	0.836 5	0.838 9
1	0.841 3	0.843 8	0.846 1	0.848 5	0.850 8	0.853 1	0.855 4	0.857 7	0.859 9	0.862 1
1.1	0.864 3	0.866 5	0.868 6	0.870 8	0.872 9	0.874 9	0.877 0	0.879 0	0.881 0	0.883 0
1.2	0.884 9	0.886 9	0.888 8	0.890 7	0.892 5	0.894 4	0.896 2	0.898 0	0.899 7	0.901 5
1.3	0.903 2	0.904 9	0.906 6	0.908 2	0.909 9	0.911 5	0.913 1	0.914 7	0.916 2	0.917 7
1.4	0.919 2	0.920 7	0.922 2	0.923 6	0.925 1	0.926 5	0.927 9	0.929 2	0.930 6	0.931 9
1.5	0.933 2	0.934 5	0.935 7	0.937 0	0.938 2	0.939 4	0.940 6	0.941 8	0.943 0	0.944 1
1.6	0.945 2	0.946 3	0.947 4	0.948 4	0.949 5	0.950 5	0.951 5	0.952 5	0.953 5	0.953 5
1.7	0.955 4	0.956 4	0.957 3	0.958 2	0.959 1	0.959 9	0.960 8	0.961 6	0.962 5	0.963 3
1.8	0.964 1	0.964 8	0.965 6	0.966 4	0.967 2	0.967 8	0.968 6	0.969 3	0.970 0	0.970 6
1.9	0.971 3	0.971 9	0.972 6	0.973 2	0.973 8	0.974 4	0.975 0	0.975 6	0.976 2	0.976 7
2	0.977 2	0.977 8	0.978 3	0.978 8	0.979 3	0.979 8	0.980 3	0.980 8	0.981 2	0.981 7
2.1	0.982 1	0.982 6	0.983 0	0.983 4	0.983 8	0.984 2	0.984 6	0.985 0	0.985 4	0.985 7
2.2	0.986 1	0.986 4	0.986 8	0.987 1	0.987 4	0.987 8	0.988 1	0.988 4	0.988 7	0.989 0
2.3	0.989 3	0.989 6	0.989 8	0.990 1	0.990 4	0.990 6	0.990 9	0.991 1	0.991 3	0.991 6
2.4	0.991 8	0.992 0	0.992 2	0.992 5	0.992 7	0.992 9	0.993 1	0.993 2	0.993 4	0.993 6
2.5	0.993 8	0.994 0	0.994 1	0.994 3	0.994 5	0.994 6	0.994 8	0.994 9	0.995 1	0.995 2
2.6	0.995 3	0.995 5	0.995 6	0.995 7	0.995 9	0.996 0	0.996 1	0.996 2	0.996 3	0.996 4
2.7	0.996 5	0.996 6	0.996 7	0.996 8	0.996 9	0.997 0	0.997 1	0.997 2	0.997 3	0.997 4
2.8	0.997 4	0.997 5	0.997 6	0.997 7	0.997 7	0.997 8	0.997 9	0.997 9	0.998 0	0.998 1
2.9	0.998 1	0.998 2	0.998 2	0.998 3	0.998 4	0.998 4	0.998 5	0.998 5	0.998 6	0.998 6
3	0.998 65	0.999 03	0.999 31	0.999 52	0.999 66	0.999 77	0.999 84	0.999 89	0.999 93	0.999 95
4	0.999 968	0.999 979	0.999 987	0.999 991	0.999 995	0.999 997	0.999 998	0.999 999	0.999 999 2	0.999 999 5

注：表中末两行系函数值 $\Phi(3.0),\Phi(3.1),\cdots,\Phi(3.9);\Phi(4.0),\Phi(4.1),\cdots,\Phi(4.9)$.

附表3　χ^2 分布表

$$P\{\chi^2(n) > \chi^2_\alpha(n)\} = \alpha$$

n	α											
	0.995	0.99	0.975	0.95	0.90	0.75	0.25	0.10	0.05	0.025	0.01	0.005
1	—	—	0.001	0.004	0.016	0.102	1.323	2.706	3.841	5.024	6.365	7.879
2	0.010	0.020	0.051	0.103	0.211	0.575	2.773	4.605	5.991	7.378	9.210	10.597
3	0.072	0.115	0.216	0.352	0.584	1.213	4.108	6.251	7.815	9.348	11.345	12.838
4	0.207	0.297	0.484	0.711	1.064	1.923	5.385	7.779	9.488	11.143	13.277	14.860
5	0.412	0.554	0.831	1.145	1.610	2.675	6.626	9.236	11.071	12.833	15.086	16.750
6	0.676	0.872	1.237	1.635	2.204	3.455	7.814	10.645	12.592	14.449	16.812	18.548
7	0.989	1.239	1.690	2.167	2.833	4.255	9.037	12.017	14.067	16.013	18.475	20.278
8	1.344	1.646	2.180	2.733	3.490	5.071	10.219	13.362	15.507	17.535	20.090	21.995
9	1.735	2.088	2.700	3.325	4.168	5.899	11.389	14.684	16.919	19.023	21.666	23.589
10	2.156	2.558	3.247	3.940	4.865	6.737	12.549	15.987	18.307	20.483	23.209	25.188
11	2.603	3.053	3.816	4.575	5.578	7.584	13.701	17.275	19.675	21.920	24.725	26.757
12	3.074	3.571	4.404	5.226	6.304	8.438	14.854	18.549	21.026	23.337	26.217	28.299
13	3.565	4.107	5.009	5.892	7.042	9.299	15.984	19.812	22.362	24.736	27.688	29.819
14	4.705	4.660	5.629	6.571	7.790	10.165	17.117	21.064	23.685	26.119	29.141	31.319
15	4.601	5.229	6.262	7.261	8.547	11.037	18.245	22.307	24.996	27.488	30.578	32.801
16	5.142	5.812	6.908	7.962	9.312	11.912	19.369	23.542	26.296	28.845	32.000	34.267
17	5.697	6.408	7.564	8.672	10.085	12.792	20.489	24.769	27.587	30.191	33.409	35.718
18	6.265	7.015	8.231	9.930	10.865	13.675	21.605	25.989	28.869	31.526	34.805	37.156
19	6.884	7.633	8.907	10.117	11.651	14.562	22.718	27.204	30.144	32.852	36.191	38.582
20	7.434	8.260	9.591	10.851	12.443	15.452	23.828	28.412	31.410	34.170	37.566	39.997
21	8.034	8.897	10.283	11.591	13.240	16.344	24.935	29.615	32.671	35.479	38.932	41.401
22	8.643	9.542	10.982	12.338	14.042	17.240	26.039	30.813	33.924	36.781	40.289	42.796
23	9.260	10.196	11.689	13.091	14.848	18.137	27.141	32.007	35.172	38.076	41.638	44.181
24	9.886	10.856	12.401	13.848	15.659	19.037	28.241	33.196	36.415	39.364	42.980	45.559
25	10.520	11.524	13.120	14.611	16.473	19.939	29.339	34.382	37.652	40.646	44.314	46.928
26	11.160	12.198	13.844	15.379	17.292	20.843	30.435	35.563	38.885	41.923	45.642	48.290
27	11.808	12.879	14.573	16.151	18.114	21.749	31.528	36.741	40.113	43.194	46.963	49.654
28	12.461	13.565	15.308	16.928	18.939	22.657	32.620	37.916	41.337	44.461	48.273	50.993
29	13.121	14.257	16.047	17.708	19.768	23.567	33.711	39.087	42.557	45.722	49.588	52.336
30	13.787	14.954	16.791	18.493	20.599	24.478	34.800	40.256	43.773	46.979	50.892	53.672
35	17.192	18.509	20.569	22.465	24.797	29.054	40.223	46.059	49.802	53.203	57.342	60.275
40	20.707	22.164	24.433	26.509	29.051	33.660	45.616	51.805	55.758	59.342	63.691	66.766
45	24.311	25.901	28.366	30.612	33.350	38.291	50.985	57.505	61.656	65.410	69.957	73.166

附表4　t 分布表

$$P\{t(n) > t_\alpha(n)\} = \alpha$$

n	α					
	0.25	0.10	0.05	0.025	0.01	0.005
1	1.000 0	3.077 7	6.313 8	12.706 2	31.820 7	63.657 4
2	0.816 5	1.885 6	2.920 0	4.303 7	6.964 6	9.924 8
3	0.764 9	1.637 7	2.353 4	3.182 4	4.540 7	5.840 9
4	0.740 7	1.533 2	2.131 8	2.776 4	3.764 9	4.6041
5	0.726 7	1.475 9	2.015 0	2.570 6	3.364 9	4.0322
6	0.717 6	1.439 8	1.943 2	2.446 9	3.142 7	3.707 4
7	0.711 1	1.414 9	1.894 6	2.364 6	2.998 0	3.499 5
8	0.706 4	1.396 8	1.859 5	2.306 0	2.896 5	3.355 4
9	0.702 7	1.383 0	1.833 1	2.262 2	2.821 4	3.249 8
10	0.699 8	1.372 2	1.812 5	2.228 1	2.763 8	3.169 3
11	0.697 4	1.363 4	1.795 9	2.201 0	2.718 1	3.105 8
12	0.695 5	1.356 2	1.782 3	2.178 8	2.681 0	3.054 5
13	0.693 8	1.350 2	1.770 9	2.164 0	2.650 3	3.012 3
14	0.692 4	1.345 0	1.761 3	2.144 8	2.624 5	2.976 8
15	0.691 2	1.340 6	1.753 1	2.131 5	2.602 5	2.946 7
16	0.690 1	1.336 8	1.745 9	2.119 9	2.583 5	2.920 8
17	0.689 2	1.333 4	1.739 6	2.109 8	2.566 9	2.898 2
18	0.688 4	1.330 4	1.734 1	2.100 9	2.552 4	2.878 4
19	0.687 6	1.327 7	1.729 1	2.093 0	2.539 5	2.860 9
20	0.687 0	1.325 3	1.724 7	2.086 0	2.528 0	2.845 3
21	0.686 4	1.323 2	1.720 7	2.079 6	2.517 7	2.831 4
22	0.685 8	1.321 2	1.717 1	2.073 9	2.508 3	2.818 8
23	0.685 3	1.319 5	1.713 9	2.068 7	2.499 9	2.807 3
24	0.684 8	1.317 8	1.710 9	2.063 9	2.492 2	2.796 9
25	0.684 4	1.316 3	1.708 1	2.059 5	2.485 1	2.787 4
26	0.684 0	1.315 0	1.705 6	2.055 5	2.478 6	2.778 7
27	0.683 7	1.313 7	1.703 3	2.051 8	2.472 7	2.770 7
28	0.683 4	1.312 5	1.701 1	2.048 4	2.467 1	2.763 3
29	0.683 0	1.311 4	1.699 1	2.045 2	2.462 0	2.756 4
30	0.682 8	1.310 4	1.687 3	2.042 3	2.457 3	2.750 0
31	0.682 5	1.309 5	1.695 5	2.039 5	2.452 8	2.744 0
32	0.682 2	1.308 6	1.693 9	2.036 9	2.448 7	2.738 5
33	0.682 0	1.307 7	1.692 4	2.034 5	2.444 8	2.733 3
34	0.681 8	1.307 0	1.690 9	2.032 2	2.441 1	2.728 4
35	0.681 6	1.306 2	1.689 6	2.030 1	2.437 7	2.723 8

续表

n	α					
	0.25	0.10	0.05	0.025	0.01	0.005
36	0.681 4	1.305 5	1.688 3	2.028 1	2.434 5	2.719 5
37	0.681 2	1.304 9	1.687 1	2.026 2	2.431 4	2.715 4
38	0,681 0	1.304 2	1.686 0	2.024 4	2.428 6	2.711 6
39	0.680 8	1.303 6	1.684 9	2.022 7	2.425 8	2.707 9
40	0.680 7	1.303 1	1.683 9	2.021 1	2.423 3	2.704 5
45	0.680 0	1.300 6	1.679 4	2.014 1	2.412 1	2.689 6

附表5　*F* 分布表

$$P\{F(n_1,n_2) > F_\alpha(n_1,n_2)\} = \alpha$$

$$\alpha = 0.10$$

n_2	n_1																		
	1	2	3	4	5	6	7	8	9	10	12	15	20	24	30	40	60	120	∞
1	39.86	49.50	53.59	55.33	57.24	58.20	58.91	59.44	59.86	60.19	60.71	61.22	61.74	62.06	62.26	62.53	62.79	63.06	63.33
2	8.53	9.00	9.16	9.24	6.29	9.33	9.35	9.37	9.38	9.39	9.41	9.42	9.44	9.45	9.46	9.47	9.47	9.48	9.49
3	5.54	5.46	5.39	5.34	5.31	5.28	5.27	5.25	5.24	5.23	5.22	5.20	5.18	5.18	5.17	5.16	5.15	5.14	5.13
4	4.54	4.32	4.19	4.11	4.05	4.01	3.98	3.95	3.94	3.92	3.90	3.87	3.84	3.83	3.82	3.80	3.79	3.78	3.76
5	4.06	3.78	3.62	3.52	3.45	3.40	3.37	3.34	3.32	3.30	3.27	3.24	3.21	3.19	3.17	3.16	3.14	3.12	3.10
6	3.78	3.46	3.29	3.18	3.11	3.05	3.01	2.98	2.96	2.94	2.90	2.87	2.84	2.82	2.80	2.78	2.76	2.74	2.72
7	3.59	3.26	3.07	2.96	2.88	2.83	2.78	2.75	2.72	2.70	2.67	2.63	2.59	2.58	2.56	2.54	2.51	2.49	2.47
8	3.46	3.11	2.92	2.81	2.73	2.67	2.62	2.59	2.56	2.54	2.50	2.46	2.42	2.40	2.38	2.36	2.34	2.32	2.29
9	3.36	3.01	2.81	2.69	2.61	2.55	2.51	2.47	2.44	2.42	2.38	2.34	2.30	2.28	2.25	2.23	2.21	2.18	2.16
10	3.20	2.92	2.73	2.61	2.52	2.46	2.41	2.38	2.35	2.32	2.28	2.24	2.20	2.18	2.16	2.13	2.11	2.08	2.06
11	3.23	2.86	2.66	2.54	2.45	2.39	2.34	2.30	2.27	2.25	2.21	2.17	2.12	2.10	2.08	2.05	2.03	2.00	1.97
12	3.18	2.81	2.61	2.48	2.39	2.33	2.28	2.24	2.21	2.19	2.15	2.10	2.06	2.04	2.01	1.99	1.96	1.93	1.90
13	3.14	2.76	2.56	2.43	2.35	2.28	2.23	2.20	2.16	2.14	2.10	2.05	2.01	1.98	1.96	1.93	1.90	1.88	1.85
14	3.10	2.73	2.52	2.39	2.31	2.24	2.19	2.15	2.12	2.10	2.05	2.01	1.96	1.94	1.91	1.89	1.82	1.83	1.80
15	3.07	2.70	2.49	2.36	2.27	2.21	2.16	2.12	2.09	2.06	2.02	1.97	1.92	1.90	1.87	1.85	1.82	1.79	1.76
16	3.05	2.67	2.46	2.33	2.24	2.18	2.13	2.09	2.06	2.03	1.99	1.94	1.89	1.87	1.84	1.81	1.78	1.75	1.72
17	3.03	2.64	2.44	2.31	2.22	2.15	2.10	2.06	2.03	2.00	1.96	1.91	1.86	1.84	1.81	1.78	1.75	1.72	1.69
18	3.01	2.62	2.42	2.29	2.20	2.13	2.08	2.04	2.00	1.98	1.93	1.89	1.84	1.81	1.78	1.75	1.72	1.69	1.66
19	2.99	2.61	2.40	2.27	2.18	2.11	2.06	2.02	1.98	1.96	1.91	1.86	1.81	1.79	1.76	1.73	1.70	1.67	1.63
20	2.97	2.50	2.38	2.25	2.16	2.09	2.04	2.00	1.96	1.94	1.89	1.84	1.79	1.77	1.74	1.71	1.68	1.64	1.61

续表

n_2	n_1																		
	1	2	3	4	5	6	7	8	9	10	12	15	20	24	30	40	60	120	∞
21	2.96	9.57	2.36	2.23	2.14	2.08	2.02	1.98	1.95	1.92	1.87	1.83	1.78	1.75	1.72	1.69	1.66	1.62	1.59
22	2.95	2.56	2.35	2.22	2.13	2.06	2.01	1.97	1.93	1.90	1.86	1.81	1.76	1.73	1.70	1.67	1.64	1.60	1.57
23	2.94	2.55	2.34	2.21	2.11	2.05	1.99	1.95	1.92	1.89	1.84	1.80	1.74	1.72	1.69	1.66	1.62	1.59	1.55
24	2.93	2.54	2.33	2.19	2.10	2.04	1.98	1.94	1.91	1.88	1.83	1.78	1.73	1.70	1.67	1.64	1.61	1.57	1.53
25	2.92	2.53	2.32	2.18	2.09	2.02	1.97	1.93	1.89	1.87	1.82	1.77	1.72	1.69	1.66	1.63	1.59	1.56	1.52
26	2.91	2.52	2.31	2.17	2.08	2.01	1.96	1.92	1.88	1.86	1.81	1.76	1.71	1.68	1.65	1.61	1.58	1.54	1.50
27	2.90	2.51	2.30	2.17	2.07	2.00	1.95	1.91	1.87	1.85	1.80	1.75	1.70	1.67	1.64	1.60	1.57	1.53	1.49
28	2.89	2.50	2.29	2.16	2.60	2.00	1.94	1.90	1.87	1.84	1.79	1.74	1.69	1.66	1.63	1.59	1.56	1.52	1.48
29	2.89	2.50	2.28	2.15	2.06	1.99	1.93	1.89	1.86	1.83	1.78	1.73	1.68	1.65	1.62	1.58	1.55	1.51	1.47
30	2.88	2.49	2.22	2.14	2.05	1.98	1.93	1.88	1.85	1.82	1.77	1.72	1.67	1.64	1.61	1.57	1.54	1.50	1.46
40	2.84	2.41	2.23	2.00	2.00	1.93	1.87	1.83	1.79	1.76	1.71	1.66	1.61	1.57	1.54	1.51	1.47	1.42	1.38
60	2.79	2.39	2.18	2.04	1.95	1.87	1.82	1.77	1.74	1.71	1.66	1.60	1.54	1.51	1.48	1.44	1.40	1.35	1.29
120	2.75	2.35	2.13	1.99	1.90	1.82	1.77	1.72	1.68	1.65	1.60	1.55	1.48	1.45	1.41	1.37	1.32	1.26	1.19
∞	2.71	2.30	2.08	1.94	1.85	1.77	1.72	1.67	1.63	1.60	1.55	1.49	1.42	1.38	1.34	1.30	1.24	1.17	1.00

续表

$\alpha = 0.05$

n_2	n_1																		
	1	2	3	4	5	6	7	8	9	10	12	15	20	24	30	40	60	120	∞
1	161.40	199.50	215.70	224.60	230.20	234.00	236.80	238.90	240.50	241.90	243.90	245.90	248.00	249.10	250.10	251.10	252.20	253.30	254.30
2	18.51	19.00	19.16	19.25	19.30	19.33	19.35	19.37	19.38	19.40	19.41	19.43	19.45	19.45	19.46	19.47	19.48	19.49	19.50
3	10.13	9.55	9.28	9.12	9.90	8.94	8.89	8.85	8.81	8.79	8.74	8.70	8.66	8.64	8.62	8.59	8.57	8.55	8.53
4	7.71	6.94	6.59	6.39	6.26	6.16	6.09	6.04	6.00	5.96	5.91	5.86	5.80	5.77	5.75	5.72	5.69	5.66	5.63
5	6.61	5.79	5.41	5.19	5.05	4.95	4.88	4.82	4.77	4.74	4.68	4.62	4.56	4.53	4.50	4.46	4.43	4.40	4.36
6	5.99	5.14	4.76	4.53	4.39	4.28	4.21	4.15	4.10	4.06	4.00	3.94	3.87	3.84	3.81	3.77	3.74	3.70	3.67
7	5.59	4.74	4.35	4.12	3.97	3.87	3.79	3.73	3.68	3.64	3.57	3.51	3.44	3.41	3.38	3.34	3.30	3.27	3.23
8	5.32	4.46	4.07	3.84	3.69	3.58	3.50	3.44	3.69	3.35	3.28	3.22	3.15	3.12	3.08	3.04	3.01	2.97	2.93
9	5.12	4.26	3.86	3.63	3.48	3.37	3.29	3.23	3.18	3.14	3.07	3.01	2.94	2.90	2.86	2.83	2.79	2.75	2.71
10	4.96	4.10	3.71	3.48	3.33	3.22	3.14	3.07	3.02	2.98	2.91	2.85	2.77	2.74	2.70	2.66	2.62	2.58	2.54
11	4.84	3.98	3.59	3.36	3.20	3.09	3.01	2.95	2.90	2.85	2.79	2.72	2.65	2.61	2.57	2.53	2.49	2.45	2.40
12	4.75	3.89	3.49	3.26	3.11	3.00	2.91	2.85	2.80	2.75	2.69	2.62	2.54	2.51	2.47	2.43	2.38	2.34	2.30
13	4.67	3.81	3.41	3.18	3.03	2.92	2.83	2.77	2.71	2.67	2.60	2.53	2.46	2.42	2.38	2.34	2.30	2.25	2.21
14	4.60	3.74	3.34	3.11	2.96	2.85	2.76	2.70	2.65	2.60	2.53	2.46	2.39	2.35	2.31	2.27	2.22	2.18	2.13
15	4.54	3.68	3.29	3.06	2.90	2.79	2.71	2.64	2.59	2.54	2.48	2.40	2.33	2.29	2.25	2.20	2.16	2.11	2.07
16	4.49	3.63	3.24	3.01	2.85	2.74	2.66	2.59	2.54	2.49	2.42	2.35	2.28	2.24	2.19	2.15	2.11	2.06	2.01
17	4.45	3.59	3.20	2.96	2.81	2.70	2.61	2.55	2.49	2.45	2.38	2.31	2.23	2.19	2.15	2.10	2.06	2.01	1.96
18	4.41	3.55	3.16	2.93	2.77	2.66	2.58	2.51	2.46	2.41	2.34	2.27	2.19	2.15	2.11	2.06	2.02	1.97	1.92
19	4.38	3.52	3.13	2.90	2.74	2.63	2.54	2.48	2.42	2.38	2.31	2.23	2.16	2.11	2.07	2.03	1.98	1.93	1.88
20	4.35	3.49	3.10	2.87	2.71	2.60	2.51	2.45	2.39	2.35	2.28	2.20	2.12	2.08	2.04	1.99	1.95	1.90	1.84
21	4.32	3.47	3.07	2.84	2.68	2.57	2.49	2.42	2.37	2.32	2.25	2.18	2.10	2.05	2.01	1.96	1.92	1.87	1.81
22	4.30	3.44	3.05	2.82	2.66	2.55	2.46	2.40	2.34	2.30	2.23	2.15	2.07	2.03	1.98	1.94	1.89	1.84	1.78
23	4.28	3.42	3.03	2.80	2.64	2.53	2.44	2.37	2.32	2.27	2.20	2.13	2.05	2.01	1.96	1.91	1.86	1.81	1.76

续表

n_2	n_1																		
	1	2	3	4	5	6	7	8	9	10	12	15	20	24	30	40	60	120	∞
24	4.26	3.40	3.01	2.78	2.62	2.51	2.42	2.36	2.30	2.25	2.18	2.11	2.03	1.98	1.94	1.89	1.84	1.79	1.73
25	4.24	3.39	2.99	2.76	2.60	2.49	2.40	2.34	2.28	2.24	2.16	2.09	2.01	1.96	1.92	1.87	1.82	1.77	1.71
26	4.23	3.37	2.98	2.74	2.59	2.47	2.39	2.32	2.27	2.22	2.15	1.07	1.99	1.95	1.90	1.85	1.80	1.75	1.69
27	4.21	3.35	2.96	2.73	2.57	2.46	2.37	2.31	2.25	2.20	2.13	1.06	1.97	1.93	1.88	1.84	1.79	1.73	1.67
28	4.20	3.34	2.95	2.71	2.56	2.45	2.36	2.29	2.24	2.19	2.12	1.04	1.96	1.91	1.87	1.82	1.77	1.71	1.65
29	4.18	3.33	2.93	2.70	2.55	2.43	2.35	2.28	2.22	2.18	2.10	1.03	1.94	1.90	1.85	1.81	1.75	1.70	1.64
30	4.17	3.32	2.92	2.69	2.53	2.42	2.33	2.27	2.21	2.16	2.09	2.01	1.93	1.89	1.84	1.79	1.74	1.68	1.62
40	4.08	3.23	2.84	2.61	2.45	2.34	2.25	2.18	2.12	2.08	2.00	1.92	1.84	1.79	1.74	1.69	1.64	1.58	1.51
60	4.00	3.15	2.76	2.53	2.37	2.25	2.17	2.10	2.04	1.99	1.92	1.84	1.75	1.70	1.65	1.59	1.53	1.47	1.39
120	3.92	3.07	2.68	2.45	2.29	2.17	2.09	2.02	1.96	1.91	1.83	1.75	1.66	1.61	1.55	1.50	1.43	1.35	1.25
∞	3.84	3.00	2.60	2.37	2.21	2.10	2.01	1.94	1.88	1.83	1.75	1.67	1.57	1.52	1.46	1.39	1.32	1.22	1.00

续表

$\alpha=0.025$

n_2	n_1=1	2	3	4	5	6	7	8	9	10	12	15	20	24	30	40	60	120	∞
1	647. 80	799. 50	864. 20	899. 60	921. 80	937. 10	948. 20	956. 70	963. 30	968. 60	976. 70	984. 90	993. 10	997. 20	1 001	1 006	1 010	1 014	1 018
2	38. 51	39. 00	39. 17	39. 25	139. 30	39. 33	39. 36	39. 37	39. 39	39. 40	39. 41	39. 43	39. 45	39. 46	39. 46	39. 47	39. 48	39. 49	39. 50
3	17. 44	16. 04	15. 44	15. 10	14. 88	14. 73	14. 62	14. 54	14. 47	14. 42	14. 34	14. 25	14. 17	14. 12	14. 08	14. 04	13. 99	13. 95	13. 90
4	12. 22	10. 65	9. 98	9. 60	9. 36	9. 20	9. 07	8. 98	8. 90	8. 84	8. 75	8. 66	8. 56	8. 51	8. 46	8. 41	8. 36	8. 31	8. 26
5	10. 01	8. 43	7. 76	7. 39	7. 15	6. 98	6. 85	6. 76	6. 68	6. 62	6. 52	6. 43	6. 33	6. 28	6. 23	6. 18	6. 12	6. 07	6. 02
6	8. 81	7. 26	6. 60	6. 23	5. 99	5. 82	5. 70	5. 60	5. 52	5. 46	5. 37	5. 27	5. 17	5. 12	5. 07	5. 01	4. 96	4. 90	4. 85
7	8. 07	6. 54	5. 89	5. 52	5. 29	5. 12	4. 99	4. 90	4. 82	4. 76	4. 67	4. 57	4. 47	4. 42	4. 36	4. 31	4. 25	4. 20	4. 14
8	7. 57	6. 06	5. 42	5. 05	4. 82	4. 65	4. 53	4. 43	4. 36	4. 30	4. 20	4. 10	4. 00	3. 95	3. 89	3. 84	3. 78	3. 73	3. 67
9	7. 21	5. 71	5. 08	4. 72	4. 48	4. 32	4. 20	4. 10	4. 03	3. 96	3. 87	3. 77	3. 67	3. 61	3. 56	3. 51	3. 45	3. 39	3. 33
10	6. 94	5. 46	4. 83	4. 47	4. 24	4. 07	3. 95	3. 85	3. 78	3. 72	3. 62	3. 52	3. 42	3. 37	3. 31	3. 26	3. 20	3. 14	3. 08
11	6. 72	5. 26	4. 63	4. 28	4. 04	3. 88	3. 76	3. 66	3. 59	3. 53	3. 43	3. 33	3. 23	3. 17	3. 12	3. 06	3. 00	2. 94	2. 88
12	6. 55	5. 10	4. 47	4. 12	3. 89	3. 73	3. 61	3. 51	3. 44	3. 37	3. 28	3. 18	3. 07	3. 02	2. 96	2. 91	2. 85	2. 79	2. 72
13	6. 41	4. 97	4. 35	4. 00	3. 77	3. 60	3. 48	3. 39	3. 31	3. 25	3. 15	3. 05	2. 95	2. 89	2. 84	2. 78	2. 72	2. 66	2. 60
14	6. 30	4. 86	4. 24	3. 89	3. 66	3. 50	3. 38	3. 29	3. 21	3. 15	3. 05	2. 95	2. 84	2. 79	2. 73	2. 67	2. 61	2. 55	2. 49
15	6. 20	4. 77	4. 15	3. 80	3. 58	3. 41	3. 29	3. 30	3. 12	3. 06	2. 96	2. 86	2. 76	2. 70	2. 64	2. 59	2. 52	2. 46	2. 40
16	6. 12	4. 69	4. 08	3. 73	3. 50	3. 34	3. 22	3. 12	3. 05	2. 99	2. 89	2. 79	2. 68	2. 63	2. 57	2. 51	2. 45	2. 38	2. 32
17	6. 04	4. 62	4. 01	3. 66	3. 44	3. 28	3. 16	3. 06	2. 98	2. 92	2. 82	2. 72	2. 62	2. 56	2. 50	2. 44	2. 38	2. 32	2. 25
18	5. 98	4. 56	3. 95	3. 61	3. 38	3. 22	3. 10	3. 01	2. 93	2. 87	2. 77	2. 67	2. 56	2. 50	2. 44	2. 38	2. 32	2. 26	2. 19
19	5. 92	4. 51	3. 90	3. 56	3. 33	3. 17	3. 05	2. 96	2. 88	2. 82	2. 72	2. 62	2. 51	2. 45	2. 39	2. 35	2. 27	2. 20	2. 13
20	5. 87	4. 46	3. 86	3. 51	3. 29	3. 13	3. 01	2. 91	2. 84	2. 77	2. 68	2. 57	2. 46	2. 41	2. 35	2. 29	2. 22	2. 16	2. 09
21	5. 83	4. 42	3. 82	3. 48	3. 25	3. 09	2. 97	2. 87	2. 80	2. 73	2. 64	2. 53	2. 42	2. 37	2. 31	2. 25	2. 18	2. 11	2. 04
22	5. 79	4. 38	3. 78	3. 44	3. 22	3. 05	2. 93	2. 84	2. 76	2. 70	2. 60	2. 50	2. 39	2. 33	2. 27	2. 21	2. 14	2. 08	2. 00
23	5. 75	4. 35	3. 75	3. 41	3. 18	3. 02	2. 90	2. 81	2. 73	2. 67	2. 57	2. 47	2. 36	2. 30	2. 24	2. 18	2. 11	2. 04	1. 97

续表

n_2 \ n_1	1	2	3	4	5	6	7	8	9	10	12	15	20	24	30	40	60	120	∞
24	5.72	4.32	3.72	3.38	3.15	2.99	2.87	2.78	2.70	2.64	2.54	2.44	2.33	2.27	2.21	2.15	2.08	2.01	1.94
25	5.69	4.29	3.69	3.35	3.13	2.97	2.85	2.75	2.68	2.61	2.51	2.41	2.30	2.24	2.18	2.12	2.05	1.98	1.91
26	5.66	4.27	3.67	3.33	3.10	2.94	2.82	2.73	2.65	2.59	2.49	2.39	2.28	2.22	2.16	2.09	2.03	1.95	1.88
27	5.63	4.24	3.65	3.31	3.08	2.92	2.80	2.71	2.63	2.57	2.47	2.36	2.25	2.19	2.13	2.07	2.00	1.93	1.85
28	5.61	4.22	3.63	3.29	3.06	2.90	2.78	2.69	2.61	2.55	2.45	2.34	2.23	2.17	2.11	2.05	1.98	1.91	1.83
29	5.59	4.20	3.61	3.27	3.04	2.88	2.76	2.67	2.59	2.53	2.43	2.32	2.21	2.15	2.09	2.03	1.96	1.89	1.81
30	5.57	4.18	3.59	3.25	3.03	2.87	2.75	2.65	2.57	2.51	2.41	2.31	2.20	2.14	2.07	2.01	1.94	1.87	1.79
40	5.42	4.05	3.46	3.13	2.90	2.74	2.62	2.53	2.45	2.39	2.29	2.18	2.07	2.01	1.94	1.88	1.80	1.72	1.64
60	5.29	3.93	3.34	3.01	2.79	2.63	2.51	2.41	2.33	2.27	2.17	2.06	1.94	1.88	1.82	1.74	1.67	1.58	1.48
120	5.15	3.80	3.23	2.89	2.67	2.52	2.39	2.30	2.22	2.16	2.05	1.94	1.82	1.76	1.69	1.61	1.53	1.43	1.31
∞	5.02	3.69	3.12	2.79	2.57	2.41	2.29	2.19	2.11	2.05	1.94	1.83	1.71	1.64	1.57	1.48	1.39	1.27	1.00

续表

$\alpha = 0.01$

n_2	n_1=1	2	3	4	5	6	7	8	9	10	12	15	20	24	30	40	60	120	∞
1	4 052	5 000	5 403	5 625	5 764	5 859	5 928	5 982	6 062	6 056	6 106	6 157	6 209	6 235	6 261	6 287	6 313	6 339	6 366
2	98.50	99.00	99.17	99.25	99.30	99.33	99.36	99.37	99.39	99.40	99.42	99.43	99.45	99.46	99.47	99.47	99.48	99.49	99.50
3	34.12	30.82	29.46	28.71	28.24	27.91	27.67	27.49	27.35	27.23	27.05	26.87	26.09	26.60	26.50	26.41	26.32	26.22	26.13
4	21.20	18.00	16.69	15.98	15.52	15.21	14.98	14.80	14.66	14.55	14.37	14.20	14.02	13.93	13.84	13.75	13.65	13.56	13.46
5	16.26	13.27	12.06	11.39	10.97	10.67	10.46	10.29	10.16	10.05	9.29	9.72	9.55	9.47	9.38	9.29	9.20	9.11	9.02
6	13.75	10.92	9.78	9.15	8.75	8.47	8.46	8.10	7.98	7.87	7.72	7.56	7.40	7.31	7.23	7.14	7.06	6.97	6.88
7	12.25	9.55	8.45	7.85	7.46	7.19	6.99	6.84	6.72	6.62	6.47	6.31	6.16	6.07	5.99	5.91	5.82	5.74	5.65
8	11.26	8.65	7.59	7.01	6.63	6.37	6.18	6.03	5.91	5.81	5.67	5.52	5.36	5.28	5.20	5.12	5.03	4.95	4.86
9	10.56	8.02	6.99	6.42	6.06	5.80	5.61	5.47	5.35	5.26	5.11	4.96	4.81	4.73	4.65	4.57	4.48	4.40	4.31
10	10.04	7.56	6.55	5.99	5.64	5.39	5.20	5.06	4.94	4.85	4.71	4.56	4.41	4.33	4.25	4.17	4.08	4.00	3.91
11	9.65	7.21	6.22	5.67	5.32	5.07	4.89	4.74	4.63	4.54	4.40	4.25	4.10	4.02	3.95	3.86	3.78	3.69	3.60
12	9.33	6.93	5.95	5.41	5.06	4.82	4.64	4.50	4.39	4.30	4.16	4.01	3.86	3.78	3.70	3.62	3.54	3.45	3.36
13	9.07	6.70	5.74	5.21	4.86	4.62	4.44	4.30	4.19	4.10	3.96	3.82	3.66	3.59	3.51	3.43	3.34	3.25	3.17
14	8.86	6.51	5.56	5.04	4.69	4.46	4.28	4.14	4.03	3.94	3.80	3.66	3.51	3.43	3.35	3.27	3.18	3.09	3.00
15	8.68	6.36	5.42	4.89	4.56	4.32	4.14	4.00	3.89	3.80	3.67	3.52	3.37	3.29	3.21	3.13	3.05	2.96	2.87
16	8.53	6.23	5.29	4.77	4.44	4.20	4.03	3.89	3.78	3.69	3.55	3.41	3.26	3.18	3.10	3.02	2.93	2.84	2.75
17	8.40	6.11	5.18	4.67	4.34	4.10	3.93	3.79	3.68	3.59	3.46	3.31	3.16	3.08	3.00	2.92	2.83	2.75	2.65
18	8.29	6.01	5.09	4.58	4.25	4.01	3.84	3.71	3.60	3.51	3.37	3.23	3.08	3.00	2.92	2.84	2.75	2.66	2.57
19	8.18	5.93	5.01	4.50	4.17	3.94	3.77	3.63	3.52	3.43	3.30	3.15	3.00	2.92	2.84	2.76	2.67	2.58	2.49
20	8.10	5.85	4.94	4.43	4.10	3.87	3.70	3.56	3.46	3.37	3.23	3.09	2.94	2.86	2.78	2.69	2.61	2.52	2.42
21	8.02	5.78	4.87	4.37	4.04	3.81	3.64	3.51	3.40	3.31	3.17	3.03	2.88	2.80	2.72	2.64	2.55	2.46	2.36
22	7.95	5.72	4.82	4.31	3.99	3.76	3.59	3.45	3.35	3.26	3.12	2.98	2.83	2.75	2.67	2.58	2.50	2.40	2.31
23	7.88	5.66	4.76	4.26	3.94	3.71	3.54	3.41	3.30	3.21	3.07	2.93	2.78	2.70	2.62	2.54	2.45	2.35	2.26

续表

n_2	n_1																		
	1	2	3	4	5	6	7	8	9	10	12	15	20	24	30	40	60	120	∞
24	7. 82	5. 61	4. 72	4. 22	3. 90	3. 67	3. 50	3. 36	3. 26	3. 17	3. 03	2. 89	2. 74	2. 66	2. 58	2. 49	2. 40	2. 31	2. 21
25	7. 77	5. 57	4. 68	4. 18	3. 85	3. 63	3. 46	3. 32	3. 22	3. 13	2. 99	2. 85	2. 70	2. 62	2. 54	2. 45	2. 36	2. 27	2. 17
26	7. 72	5. 53	4. 64	4. 14	3. 82	3. 59	3. 42	3. 29	3. 18	3. 09	2. 96	2. 81	2. 66	2. 58	2. 50	2. 42	2. 33	2. 23	2. 13
27	7. 68	5. 49	4. 60	4. 11	3. 78	3. 56	3. 39	3. 26	3. 15	3. 06	2. 93	2. 78	2. 63	2. 55	2. 47	2. 38	2. 29	2. 20	2. 10
28	7. 64	5. 45	4. 57	4. 07	3. 75	3. 53	3. 36	3. 23	3. 12	3. 03	2. 90	2. 75	2. 60	2. 52	2. 44	2. 35	2. 26	2. 17	2. 06
29	7. 60	5. 42	4. 54	4. 04	3. 73	3. 50	3. 33	3. 20	3. 09	3. 00	2. 87	2. 73	2. 57	2. 49	2. 41	2. 33	2. 23	2. 14	2. 03
30	7. 56	5. 39	4. 51	4. 02	3. 70	3. 47	3. 30	3. 17	3. 07	2. 98	2. 84	2. 70	2. 55	2. 47	2. 39	2. 30	2. 21	2. 11	2. 01
40	7. 31	5. 18	4. 31	3. 83	3. 51	3. 29	3. 12	2. 99	2. 89	2. 80	2. 66	2. 52	2. 37	2. 29	2. 20	2. 11	2. 02	1. 92	1. 80
60	7. 08	4. 98	4. 13	3. 65	3. 34	3. 12	2. 95	2. 82	2. 72	2. 63	2. 50	2. 35	2. 20	2. 12	2. 03	1. 94	1. 84	1. 73	1. 60
120	6. 85	4. 79	3. 95	3. 48	3. 17	2. 96	2. 79	2. 66	2. 56	2. 47	2. 34	2. 19	2. 03	1. 95	1. 86	1. 76	1. 66	1. 53	1. 38
∞	6. 63	4. 61	3. 78	3. 32	3. 02	2. 80	2. 64	2. 51	2. 41	2. 32	2. 18	2. 04	1. 88	1. 79	1. 70	1. 59	1. 47	1. 32	1. 00

续表

$\alpha = 0.005$

n_2	n_1=1	2	3	4	5	6	7	8	9	10	12	15	20	24	30	40	60	120	∞
1	16 211	20 000	21 615	22 500	23 056	23 437	23 715	23 925	24 091	24 224	24 426	24 630	24 836	24 940	25 044	25 148	25 253	25 359	25 465
2	198.50	199.00	199.20	199.20	199.30	199.30	199.40	199.40	199.40	199.40	199.40	199.40	199.40	199.50	199.50	199.50	199.50	199.50	199.50
3	55.55	49.80	47.47	46.19	45.39	44.84	44.43	44.13	43.88	43.69	43.39	43.08	42.78	42.62	42.47	42.31	42.15	41.99	41.83
4	31.33	26.28	24.26	23.15	22.46	21.97	21.62	21.35	21.14	20.97	20.70	20.44	20.17	20.03	19.89	19.75	19.61	19.47	19.32
5	22.78	18.31	16.53	15.56	24.94	14.51	14.20	13.96	13.77	13.62	13.38	13.15	12.90	12.78	12.66	12.53	12.40	12.72	12.14
6	18.63	14.54	12.92	12.03	21.46	11.07	10.79	10.57	10.39	10.25	10.03	9.81	9.59	9.47	9.36	9.24	9.42	9.00	8.88
7	16.24	12.40	10.88	10.05	9.52	9.16	8.89	8.68	8.51	8.38	8.18	7.97	7.75	7.65	7.53	7.42	7.31	7.19	7.08
8	14.69	11.04	9.60	8.81	8.30	7.95	7.69	7.50	7.34	7.21	7.01	6.81	6.61	6.50	6.40	6.29	6.18	6.06	5.95
9	13.61	10.11	8.72	7.96	7.47	7.13	6.88	6.69	6.54	6.42	6.23	6.03	5.83	5.73	5.62	5.52	5.41	5.30	5.19
10	12.83	9.43	8.08	7.34	6.87	6.54	6.30	6.12	5.97	5.85	5.66	5.47	5.27	5.17	5.07	4.97	4.86	4.75	4.64
11	12.23	8.91	7.60	6.88	6.42	6.10	5.86	5.68	5.54	5.42	5.24	5.05	4.86	4.76	4.65	4.55	4.44	4.34	4.23
12	11.75	8.51	7.23	6.52	6.07	5.76	4.52	5.35	5.20	5.09	4.91	4.72	4.53	4.43	4.33	4.23	4.12	4.01	3.90
13	11.37	8.19	6.93	6.23	5.79	5.48	5.25	5.08	4.94	4.82	4.64	4.46	4.27	4.17	4.07	3.97	3.87	3.76	3.65
14	11.06	7.92	6.68	6.00	5.86	5.26	5.03	4.86	4.72	4.60	4.43	4.25	4.06	3.96	3.86	3.76	3.66	3.55	3.44
15	10.80	7.70	6.48	5.80	5.37	5.07	4.85	4.67	4.54	4.42	4.25	4.07	3.88	3.79	3.69	3.52	3.48	3.37	3.26
16	10.58	7.51	6.30	5.64	5.21	4.91	4.96	4.52	4.38	4.27	4.10	3.92	3.73	3.64	3.54	3.44	3.23	3.22	3.11
17	10.38	7.35	6.16	5.50	5.07	4.78	4.56	4.39	4.25	4.14	3.97	3.79	3.61	3.51	3.41	3.31	3.21	3.10	2.98
18	10.22	7.21	6.03	5.37	4.96	4.66	4.44	4.28	4.14	4.03	3.86	3.68	3.50	3.40	3.30	3.20	3.10	2.99	2.87
19	10.07	7.09	5.92	5.27	4.85	4.56	4.34	4.18	4.04	3.93	3.76	3.59	3.40	3.31	3.21	3.11	3.00	2.89	2.78
20	9.94	6.99	5.82	5.17	4.76	4.47	4.26	4.09	3.96	3.85	3.68	3.50	3.32	3.22	3.12	3.02	2.92	2.81	2.69
21	9.83	6.89	5.73	5.09	4.68	4.39	4.18	4.01	3.88	3.77	3.60	3.43	3.24	3.15	3.05	2.95	2.84	2.73	2.61
22	9.73	6.81	5.65	5.02	4.61	4.32	4.11	3.94	3.81	3.70	3.54	3.36	3.18	3.08	2.98	2.88	2.77	2.66	2.55
23	9.63	6.73	5.58	4.95	4.54	4.26	4.05	3.88	3.75	3.64	3.47	3.30	3.12	3.02	2.92	2.82	2.71	2.60	2.48

续表

n_2	n_1																		
	1	2	3	4	5	6	7	8	9	10	12	15	20	24	30	40	60	120	∞
24	9.55	6.66	5.52	4.89	4.49	4.20	3.99	3.83	3.69	3.59	3.42	3.25	3.06	2.97	2.87	2.77	2.66	2.55	2.43
25	9.48	6.60	5.46	4.84	4.43	4.15	3.94	3.78	3.64	3.64	3.37	3.20	3.01	2.92	2.82	2.72	2.61	2.50	2.38
26	9.41	6.54	5.41	4.79	4.38	4.10	3.89	3.73	3.60	3.49	3.33	3.15	2.97	2.87	2.77	2.67	2.56	2.45	2.33
27	9.34	6.49	5.36	4.74	4.34	4.06	3.85	3.69	3.56	3.45	3.28	3.11	2.93	2.83	2.73	2.63	2.52	2.41	2.29
28	9.28	6.44	5.32	4.70	4.30	4.02	3.81	3.65	3.52	3.41	3.25	3.07	2.89	2.79	2.69	2.59	2.48	2.37	2.25
29	9.23	6.40	5.28	4.66	4.26	3.98	3.77	3.61	3.48	3.38	3.21	3.04	2.86	2.76	2.66	2.56	2.45	2.33	2.21
30	9.18	6.35	5.24	4.62	4.23	3.95	3.74	3.58	3.45	3.34	3.18	3.01	2.82	2.73	2.63	2.52	2.42	2.30	2.18
40	8.83	6.07	4.98	4.37	3.99	3.71	3.51	3.35	3.22	3.12	2.95	2.78	2.60	2.50	2.40	2.30	2.18	2.06	1.93
60	8.49	5.79	4.73	4.14	3.76	3.49	3.29	3.13	3.01	2.90	2.74	2.57	2.39	2.29	2.19	2.08	1.96	1.83	1.69
120	8.18	5.54	4.50	3.92	3.55	3.28	3.09	2.93	2.81	2.75	2.54	2.37	2.19	2.09	1.98	1.87	1.75	1.61	1.43
∞	7.88	5.30	4.28	3.72	3.35	3.09	2.90	2.74	2.62	2.52	2.36	2.19	2.00	1.90	1.79	1.67	1.53	1.36	1.00

习题参考答案

习　题　1

1.(1) 样本点 ω_i 表示"出现 i 点"($i=1,2,\cdots,6$),样本空间 $\Omega=\{\omega_1,\omega_2,\cdots,\omega_6\}$;

(2) $A=\{\omega_2,\omega_4,\omega_6\}$,$B=\{\omega_3,\omega_6\}$;

(3) $\overline{A}=\{\omega_1,\omega_3,\omega_5\}$,表示事件"出现奇数点",

$\overline{B}=\{\omega_1,\omega_2,\omega_4,\omega_5\}$,表示事件"出现的点数不能被 3 整除",

$A\cup B=\{\omega_2,\omega_3,\omega_4,\omega_6\}$,表示事件"出现的点数能被 2 或 3 整除",

$AB=\{\omega_6\}$,表示事件"出现的点数能被 2 和 3 整除",

$\overline{A\cup B}=\{\omega_1,\omega_5\}$,表示事件"出现的点数不能被 2 和 3 整除".

2.(1) $\Omega_1=\{2,3,\cdots,12\}$;　(2) $\Omega_2=\{5,6,\cdots\}$.

3.略.

4.$P(AB)\leqslant P(A)\leqslant P(A\cup B)\leqslant P(A)+P(B)$,理由略.

5.(1) $P(AB)=P(A)$ 时,0.6;　(2) $P(A\cup B)=1$ 时,0.4.

6.0.7.

7.(1) 0.6;　(2) 0.7.

8.(1) 0.375;　(2) 0.062 5;　(3) 0.562 5.

9.0.060 5.

10.0.066 7.

11.(1) 0.671;　(2) 0.779.

12.(1) $\frac{5}{18}$;　(2) $\frac{35}{228}$;　(3) $\frac{1}{4}$.

13.0.089.

14.0.973.

15.0.458.

16.0.279.

17. $\frac{25}{69},\frac{28}{69},\frac{16}{69}$.

18.(1) 0.86;　(2) $\frac{17}{86},\frac{12}{43},\frac{45}{86}$.

习 题 2

1.

X	0	1	2	3
P	$\frac{91}{228}$	$\frac{35}{76}$	$\frac{5}{38}$	$\frac{1}{114}$

2. $P\{X=k\}=(1-p)^{k-1}p, k=1,2,\cdots$.

3. (1) 0.378 5； (2) 0.226 2.

4. (1) 0.029 8； (2) 0.761 9.

5. (1) $\frac{1}{2}$； (2) $F(x)=\begin{cases}\frac{1}{2}e^{x}, & x\leqslant 0,\\ 1-\frac{1}{2}e^{-x}, & x>0,\end{cases}$ 图略.

6. (1) $\frac{8}{27}$； (2) $\frac{4}{9}$； (3) $\frac{19}{27}$.

7. $\sigma=228.578$.

8. (1)

Y	-3	-1	1	3	7
P	0.25	0.2	0.25	0.2	0.1

(2)

Z	-3	-1	5	15
P	0.25	0.4	0.25	0.1

9. (1) $f_{Y_1}(y)=\begin{cases}\frac{1}{2\sqrt{\pi(y-1)}}e^{-\frac{y-1}{4}}, & y>1,\\ 0, & y\leqslant 1;\end{cases}$ (2) $f_{Y_2}(y)=\begin{cases}\sqrt{\frac{2}{\pi}}e^{-\frac{y^2}{2}}, & y>0,\\ 0, & y\leqslant 0.\end{cases}$

10. $f_Y(y)=\begin{cases}\frac{y-8}{32}, & 8<y<16,\\ 0, & \text{其他}.\end{cases}$

11.

X	1	2	3	4	5	6
P	$\frac{3}{8}$	$\frac{15}{56}$	$\frac{5}{28}$	$\frac{3}{28}$	$\frac{3}{56}$	$\frac{1}{56}$

12. (1) $\frac{1}{2}$； (2) $F(x)=\begin{cases}0, & x\leqslant -\frac{\pi}{2},\\ \frac{1}{2}+\frac{1}{2}\sin x, & -\frac{\pi}{2}<x\leqslant\frac{\pi}{2},\\ 1, & x>\frac{\pi}{2};\end{cases}$ (3) $\frac{1}{2}$.

13. $f(y)=\begin{cases}\frac{1}{\sqrt{\pi y}}, & \frac{25\pi}{4}<y<9\pi,\\ 0, & \text{其他}.\end{cases}$

14. (1) $A=\frac{1}{2},B=\frac{1}{\pi}$； (2) 0.5； (3) $f(x)=\frac{1}{\pi(x^2+1)},-\infty<x<+\infty$.

15. 0.6.

16. 0.08.

17. 0.058 6.

18. 3.

习　题　3

1. (1) 12； (2) $F(x,y)=\begin{cases}(1-e^{-4y})(1-e^{-3x}), & x>0,y>0,\\ 0, & \text{其他};\end{cases}$

(3) $(1-e^{-8})(1-e^{-3})$.

2.

Y	X			$P\{Y=y_j\}$
	1	2	3	
1	0	$\frac{1}{6}$	$\frac{1}{6}$	$\frac{1}{3}$
2	$\frac{1}{6}$	0	$\frac{1}{6}$	$\frac{1}{3}$
3	$\frac{1}{6}$	$\frac{1}{6}$	0	$\frac{1}{3}$
$P\{X=x_i\}$	$\frac{1}{3}$	$\frac{1}{3}$	$\frac{1}{3}$	1

3. (1) 6； (2) 略.

4.

$X+Y$	-2	0	1	3	4
P	0.15	0.1	0.45	0.15	0.15

$X-Y$	-3	-2	0	1	3
P	0.3	0.1	0.3	0.15	0.15

XY	-2	-1	1	2	4
P	0.45	0.1	0.15	0.15	0.15

5. $f_X(x)=\begin{cases}6(x-x^2), & 0\leqslant x\leqslant 1,\\ 0, & \text{其他},\end{cases}$

$f_Y(y)=\begin{cases}6(\sqrt{y}-y), & 0\leqslant y\leqslant 1,\\ 0, & \text{其他}.\end{cases}$

6. $f_1(t)=\begin{cases}\frac{1}{3!}e^{-t}t^3, & t>0,\\ 0, & \text{其他},\end{cases}$

$$f_2(t)=\begin{cases}\dfrac{1}{5!}e^{-t}t^5, & t>0,\\ 0, & \text{其他}.\end{cases}$$

7. $f(x,y)=\begin{cases}4, & (x,y)\in D,\\ 0, & (x,y)\notin D,\end{cases}$

$$F(x,y)=\begin{cases}0, & x\leqslant-\dfrac{1}{2}\text{ 或 }y\leqslant 0,\\ 4xy-y^2+2y, & -\dfrac{1}{2}<x\leqslant 0,0<y\leqslant 2x+1,\\ (2x+1)^2, & -\dfrac{1}{2}<x\leqslant 0,y>2x+1,\\ 2y-y^2, & x>0,0<y<1,\\ 1, & x>0,y>1.\end{cases}$$

8. (1) $\dfrac{3}{8\pi}$； (2) $\dfrac{1}{2}$.

9. $f_X(x)=\begin{cases}3x^2, & 0<x<1,\\ 0, & \text{其他},\end{cases}$

$$f_Y(y)=\begin{cases}\dfrac{3}{2}(1-y^3), & |y|\leqslant 1,\\ 0, & \text{其他}.\end{cases}$$

10. (1) $A=\dfrac{1}{\pi^2},B=C=\dfrac{\pi}{2}$；

(2) $f(x,y)=\dfrac{6}{\pi^2(x^2+4)(y^2+9)}(-\infty<x,y<+\infty)$；

(3) $F_X(x)=\dfrac{1}{2}+\dfrac{1}{\pi}\arctan\dfrac{x}{2}(-\infty<x<+\infty)$,

$F_Y(y)=\dfrac{1}{2}+\dfrac{1}{\pi}\arctan\dfrac{y}{3}(-\infty<y<+\infty)$,

$f_X(x)=\dfrac{2}{\pi(x^2+4)}(-\infty<x<+\infty)$,

$f_Y(y)=\dfrac{3}{\pi(y^2+9)}(-\infty<y<+\infty)$.

11. $f_Z(z)=\begin{cases}6\lambda e^{-3\lambda z}(1-e^{-\lambda z})(2-e^{-\lambda z})^2, & z>0,\\ 0, & z\leqslant 0.\end{cases}$

习　题　4

1. $E(X)=-0.05,E(Y)=0.9,E(XY)=0.35,E(X^2+Y^2)=2.85$.
2. (1) $e^{-2.5}$； (2) $P\{X=k\}=C_{12}^k e^{-2.5k}(1-e^{-2.5})^{12-k}(k=0,1,2,\cdots,12)$； (3) $12e^{-2.5}$(月).

3. (1) $E(Z_1)=a\mu_1+b\mu_2, D(Z_1)=a^2\sigma_1^2+b^2\sigma_2^2$;

(2) $E(Z_2)=\mu_1\mu_2, D(Z_2)=\sigma_1^2\sigma_2^2+\mu_1^2\sigma_2^2+\mu_2^2\sigma_1^2$.

4. $\frac{6}{5}$.

5. 3. 361 6.

6. 286. 3(元).

7. $bp>a$.

8. $E(X)=0, D(X)=\frac{1}{2}$.

9. $E(X)=0, D(X)=2$.

10. $\frac{\pi}{12}(a^2+ab+b^2)$.

11. $\frac{1}{3}l$.

12. $E(X)=\frac{2}{3}, E(Y)=0, \mathrm{Cov}(X,Y)=0$.

13. $E(X)=E(Y)=\frac{7}{6}, \rho_{XY}=-\frac{1}{11}$.

14. $E(X)=\frac{4}{5}, E(Y)=\frac{3}{5}, E(XY)=\frac{1}{2}, E(X^2+Y^2)=\frac{16}{15}$.

15. $D(X+Y)=85, D(X-Y)=37$.

16. $\beta=\pm\frac{\sqrt{3}}{2}, \rho_{UV}=\frac{1}{2}$.

习　题　5

1. $\frac{8}{9}$.

2. 0. 022 8.

3. 0. 56.

4. 68.

5. 0. 5.

6. 0, 0. 966 4.

7. 0. 952 5.

习　题　6

1. $\overline{x}=2\,587, s^2=1\,054\,485.5$.

2. $E(\overline{X})=50, \sqrt{D(\overline{X})}=30$.

3. (1) 0.285 7； (2) 0.251； (3) 2 401.

4. (1) 0.110 3； (2) 0.645 4； (3) 0.339 5.

5. 该厂生产的所有电容器的使用寿命为总体，抽查的n只电容器的使用寿命为样本，样本的联合概率密度为$f(x_1,x_2,\cdots,x_n;\lambda)=\prod_{i=1}^{n}f(x_i)=\lambda^n e^{-\lambda(x_1+x_2+\cdots+x_n)}$.

6. 略.

7. 0.10.

习 题 7

1. $\frac{n}{k}-1$.

2. (1) $2\overline{X}$； (2) 是.

3. 矩估计值为$\hat{\theta}=\sqrt{\frac{1}{2n}\sum_{i=1}^{n}x_i^2}$，极大似然估计值为$\hat{\theta}=\frac{1}{n}\sum_{i=1}^{n}|x_i|$.

4. 略.

5. (1) (2.121, 2.129)； (2) (2.117, 2.133).

6. (1) (47.17, 49.63)； (2) (1.568, 11.037).

7. (−16.49, 24.49).

8. (0.856, 34.957).

9. (1) 104.19； (2) 4.532.

习 题 8

1. 该日打包机工作正常.

2. 可以认为熔化时间的标准差为 9 ms.

3. 两台车床的加工精度无显著差异.

4. 这两名化验员的化验结果无显著差异.

5. 该广告部的说法不正确.

6. 不能说明这块土地的面积不到 1.25 km^2.

7. 这批元件不合格.

8. 不可以认为该日生产的维纶纤度的方差是正常的.

参考文献

[1] 茆诗松，程依明，濮晓龙. 概率论与数理统计教程[M]. 3 版. 北京：高等教育出版社，2019.

[2] 陈希孺. 概率论与数理统计[M]. 合肥：中国科学技术大学出版社，2009.

[3] 汪仁官. 概率论引论[M]. 北京：北京大学出版社，1994.

[4] 同济大学数学系. 概率论与数理统计[M]. 北京：人民邮电出版社，2017.

[5] 同济大学数学系. 工程数学：概率统计简明教程[M]. 2 版. 北京：高等教育出版社，2012.

[6] 杨宏. 工程数学：线性代数与概率统计[M]. 2 版. 上海：同济大学出版社，2013.

[7] 张崇岐，李光辉. 统计方法与实验[M]. 北京：高等教育出版社，2015.

[8] 沈恒范. 概率论与数理统计教程[M]. 严钦容，沈侠，修订. 6 版. 北京：高等教育出版社，2017.

[9] 盛骤，谢式千，潘承毅. 概率论与数理统计[M]. 5 版. 北京：高等教育出版社，2019.

[10] 张民悦，张力远. 概率统计[M]. 兰州：甘肃民族出版社，2001.

图书在版编目(CIP)数据

概率论与数理统计 ：基于 R 语言 / 杨宏，孙晋易主编. -- 北京 ：北京大学出版社，2025. 1. -- ISBN 978-7-301-35831-3

Ⅰ. O21

中国国家版本馆 CIP 数据核字第 2025L7E675 号

书　　名	概率论与数理统计（基于 R 语言） GAILÜLUN YU SHULI TONGJI (JIYU R YUYAN)
著作责任者	杨　宏　孙晋易　主编
责任编辑	刘　啸　徐书略
标准书号	ISBN 978-7-301-35831-3
出版发行	北京大学出版社
地　　址	北京市海淀区成府路 205 号　100871
网　　址	http://www.pup.cn
电子邮箱	总编室 zpup@pup.cn
新浪微博	@北京大学出版社
电　　话	邮购部 010-62752015　发行部 010-62750672　编辑部 010-62752021
印 刷 者	湖南汇龙印务有限公司
经 销 者	新华书店
	787 毫米×1092 毫米　16 开本　11.75 印张　283 千字
	2025 年 1 月第 1 版　2025 年 1 月第 1 次印刷
定　　价	45.00 元
